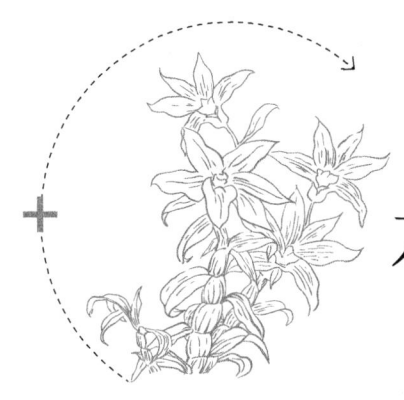

石斛的专利分析和技术路线预测

唐先博 —→ 著

知识产权出版社
全国百佳图书出版单位
—北京—

图书在版编目（CIP）数据

石斛的专利分析和技术路线预测 / 唐先博著 . —北京：知识产权出版社，2021.11
ISBN 978-7-5130-7812-2

Ⅰ.①石… Ⅱ.①唐… Ⅲ.①石斛—专利—分析—中国②石斛—产业发展—研究—中国 Ⅳ.① G306 ② F326.12

中国版本图书馆 CIP 数据核字（2021）第 215646 号

责任编辑：雷春丽	责任校对：谷　洋
封面设计：乾达文化	责任印制：孙婷婷

石斛的专利分析和技术路线预测

唐先博　著

出版发行：知识产权出版社 有限责任公司	网　　址：http://www.ipph.cn
社　　址：北京市海淀区气象路50号院	邮　　编：100081
责编电话：010-82000860转8004	责编邮箱：leichunli@cnipr.com
发行电话：010-82000860转8101/8102	发行传真：010-82000893 / 82005070 / 82000270
印　　刷：北京九州迅驰传媒文化有限公司	经　　销：各大网上书店、新华书店及相关专业书店
开　　本：720mm×1000mm　1/16	印　　张：16
版　　次：2021年11月第1版	印　　次：2021年11月第1次印刷
字　　数：262千字	定　　价：88.00元
ISBN 978-7-5130-7812-2	

出版权专有　侵权必究
如有印装质量问题，本社负责调换。

前 言

  石斛作为我国传统的名贵中药材，早在两千多年前的中医典籍《神农本草经》中就有记载，并被列为上品，具有"主伤中，除痹，下气，补五脏虚劳，羸瘦，强阴。久服厚肠胃，轻身延年"①的功效。石斛类药材来源复杂，在历版《中华人民共和国药典》中记载的石斛来源也有所不同，例如，1963年版《中华人民共和国药典》记载石斛的来源为"兰科（Ochidaceae）石斛属（Dendrobium）植物的新鲜或干燥茎"②。1977～2005年版《中华人民共和国药典》将石斛药材的来源固定为石斛属的几种植物，如铁皮石斛、美花石斛、流苏石斛、束花石斛等。2010年版、2015年版《中华人民共和国药典》在2005年版《中华人民共和国药典》的基础上增加了鼓槌石斛，且从2010年版《中华人民共和国药典》开始，石斛来源增加了"及其同属植物近似种"③，2020年版《中华人民共和国药典》在2015年版《中华人民共和国药典》基础上又增加了霍山石斛，至此石斛属其他植物也可作为石斛药用。从2010年版《中华人民共和国药典》开始将铁皮石斛单列，④作为铁皮石斛药用。铁皮石斛多糖含量较高，侧重于养生保健功能，其他石斛则石斛碱含量较高，

---

① 中医宝典：石斛 [EB/OL].[2021-05-23].http://zhongyibaodian.com/shennongbencaojing/104-6-2.html#m24-0.
② 中华人民共和国卫生部药典委员会.中华人民共和国药典：1963年版（第一部）[M].北京：人民卫生出版社，1964：67-68.
③ 国家药典委员会.中华人民共和国药典（一部）[M].北京：中国医药科技出版社，2010:85-86.
④ 国家药典委员会.中华人民共和国药典（一部）[M].北京：中国医药科技出版社，2010:265-266.

侧重于药用治疗。根据《中国植物志》记载，石斛属植物约1000种，广泛分布于亚洲热带和亚热带地区至大洋洲。我国有石斛74种和2变种，主要分布于秦岭－淮河以南诸省区（北纬30°以下），由南向北种类逐渐减少。云南省、广西壮族自治区、广东省、海南省、贵州省、台湾省等省区为该属植物的分布中心，另外，西藏自治区、四川省、福建省、安徽省、湖南省、湖北省、河南省、江西省、浙江省、陕西省、甘肃省等省区也有分布，其中云南省是我国石斛属植物资源分布第一大省。

随着人们生活水平提高、生活节奏加快，"亚健康"人群开始使用保健食品，国家公布的可用于保健食品的114个物品中就包括石斛，它含有丰富的石斛碱以及其他的功能性成分。铁皮石斛是我国的名贵中药材之一，具有养阴生津、补益脾胃等多种养生保健功效，近年来受到中医药和养生保健领域的高度关注。近年来，贵州省内铁皮石斛主要是从浙江省等地引进，并经过消化、吸收、转化、创新后进行种植。贵州省铁皮石斛产业发展十分迅速，种植规模逐年扩大，相关产品研发也积极跟进，目前已基本形成完整产业链。

金钗石斛作为中药石斛的主要来源之一，是我国三级珍稀濒危药用植物，原产于贵州省赤水市。贵州省金钗石斛产业发展位居全国前列，具有以下优势：一是基地面积最大，育苗基地400余亩，全省种植面积9.17万亩，其中原生态种植基地8.63万亩，占全国种植面积的90%以上；二是鲜品产量最多，投产面积约5万亩，年产金钗石斛鲜品8000余吨，占全国产量的90%以上；三是参与农户最多，仅贵州省赤水市就有12 700户农户40 160人参与金钗石斛产业发展；四是扶贫带动明显，通过发展金钗石斛，带动4050户贫困农户12 604人稳定脱贫。金钗石斛已经成为赤水市农业主导产业之一，更是赤水市脱贫攻坚优势产业。截至2020年5月底，贵州省石斛种植总面积15.95万亩，其中铁皮石斛6.78万亩、金钗石斛9.17万亩。[①] 铁皮石斛野生栽

---

① 邓钺洁. 贵州省石斛种植总面积达15.95万亩[EB/OL]. [2021-05-23].https://www.sohu.com/a/403378198_114731.

培总面积占全国的85%，金钗石斛种植面积占全国的90%，[①]目前铁皮石斛种植面积全国第一，金钗石斛种植面积、产量、产值均位居全国第一。赤水市的金钗石斛、安龙县的铁皮石斛均已获国家地理标志产品保护。

"2019年，贵州出台了《贵州省发展石斛产业助推脱贫攻坚三年行动方案（2019—2021年）》等一系列措施，明确了近三年发展目标、重点任务，从品种选育、种植模式、成分检测、产品研发等全产业链科学布局，为贵州省石斛产业发展奠定了坚实的基础"[②]。贵州省先后印发了《贵州省农村产业革命中药材产业发展2020年工作方案》《石斛产业联席会议制度》[③]《省财政厅省林业局关于下达2019年中央农业生产发展（第一批农村产业革命石斛产业发展）专项资金的通知》《省财政厅省林业局关于下达2019年中央农业生产发展（第二批农村产业革命石斛产业发展）专项资金的通知》等支撑产业发展的制度、政策和文件，进一步完善石斛产业发展体制机制和政策措施。同时，定期督促调度，确保各项任务落实。定期召开推进会、调度会、联席会研究石斛产业基地、科研、加工、政策等工作，统筹协调各部门协同推进产业发展，实现部门联动、资源共享、强化服务，使石斛产业发展各阶段的工作都能落地落实，推进石斛产业持续健康发展。

感谢贵州省科学技术厅、贵州中医药大学、贵州省石斛专班、贵州省中药材专班、贵州省农业农村厅、贵州省林业厅、贵州省赤水市人民政府、贵州省赤水市石斛专班、贵州威门药业股份有限公司、贵州省贵阳市乌当区人民政府、赤水市信天中药产业开发有限公司的大力支持和帮助，本书才得以完成。本书从石斛全产业链视角出发，根据建设创新型国家和产业结构优化升级的重大战略需求，以提高石斛产业自主创新能力、增强石斛产业核心竞争力和发展后劲为目标，并结合《贵州省发展石斛产业助推脱贫攻坚三年行动方案(2019—2021年)》的八大重点任务，开展了石斛产业链分析和技术预

---

① 陈慧，李斌. 山林之间植仙草 石头开出富贵花 [N/OL]. 贵州日报, 2019-12-27(08)[2021-05-23]. http://szbold.eyesnews.cn/gzrb/gzrb/rb/20191227/Articel08005JQ.htm.
②③ 人间仙草深山采 石斛花开幸福来：贵州深入推进石斛产业冲刺脱贫攻坚战 [N]. 贵州日报，2020-06-20（6）.

测。本书应用了专利分析和知识图谱等研究工具，借鉴国内外相关产业的发展经验，提出了技术路径及纳入科技计划项目指南的政策建议；进一步明确了贵州省石斛产业发展过程中存在的问题以及与江苏省、浙江省、云南省等地的差距，并提出有针对性的对策建议，以期能为贵州省石斛产业的快速、健康发展提供一定的帮助。

目 录

第一章　概　　述　　001

第一节　铁皮石斛概述 // 001
第二节　金钗石斛概述 // 016

第二章　石斛产业发展现状分析　　031

第一节　铁皮石斛产业发展现状 // 031
第二节　金钗石斛产业发展现状 // 053

第三章　铁皮石斛产业专利分析　// 078

第一节　铁皮石斛种植领域专利分析 // 078
第二节　铁皮石斛药品领域专利分析 // 093
第三节　铁皮石斛保健食品领域专利分析 // 103
第四节　铁皮石斛食品领域专利分析 // 135
第五节　铁皮石斛化妆品、日用品领域专利分析 // 145
第六节　总结与展望 // 170

第四章　金钗石斛产业专利分析　　172

第一节　金钗石斛种植领域专利分析 // 172

I

第二节　金钗石斛药品领域专利分析　// 184

　　第三节　金钗石斛保健食品领域专利分析　// 192

　　第四节　金钗石斛食品领域专利分析　// 204

　　第五节　金钗石斛化妆品、日用品领域专利分析　// 211

　　第六节　总结与展望　// 235

第五章　贵州省石斛产业发展制约因素及对策建议　237

参 考 文 献　245

第一章 概　述

本章依据国家药品监督管理局网站、国家市场监督管理总局网站以及中国知网（CNKI）查询的数据及文献资料，结合实地调研、座谈会、专家咨询意见等情况，从铁皮石斛与金钗石斛基本情况、主要产品及专利情况等方面，分别对铁皮石斛、金钗石斛的化学成分、药理作用、主要产品（药品、保健食品、化妆品），以及花、叶、茎不同部位的专利申请情况展开了系统、全面地论述，以便读者全面认识与了解铁皮石斛、金钗石斛。

第一节　铁皮石斛概述

一、铁皮石斛基本情况

铁皮石斛为兰科植物铁皮石斛的干燥茎。其味甘，性微寒，归胃、肾经。含多糖类、生物碱类、芪类、黄酮类、菲酮类、苯丙素类、甾体类等成分。铁皮石斛的主要成分为石斛多糖，具有益胃生津、滋阴清热功效。用于热病津伤、口干烦渴、胃阴不足、食少干呕、病后虚热不退、阴虚火旺、骨蒸劳热、目暗不明、筋骨痿软。[①]现代医学证明铁皮石斛具有增强免疫力、抗肿瘤、抗氧化、抗菌、抗炎、降血脂等作用。

（一）化学成分

1. 多糖类

多糖也称多聚糖，是由10个以上单糖通过糖苷键缩合而成的聚合碳水化合物，是生物有机体的基础物质之一。[②]2020年版《中华人民共和

---

① 国家药典委员会. 中华人民共和国药典（一部）[M]. 北京：中国医药科技出版社，2020：295-296.
② 马勇，刘雅茹，李晓娜. 医用化学[M]. 2版. 上海：上海科学技术出版社，2017：247-248.

国药典》对铁皮石斛的质量要求是：多糖含量以无水葡萄糖计不得少于25.0%，甘露糖含量应为13.0%～38.0%。目前，铁皮石斛多糖研究主要集中在相对分子质量、单糖摩尔比等方面，但部分研究也涉及对多糖骨架和支链组成的解析。

2. 生物碱类

生物碱类成分是最早从石斛属植物中分离得到的化合物，铁皮石斛中的生物碱主要是酰胺类生物碱，即氮原子未结合在环内的一种生物碱，主要的生物碱为N-p-香豆酰酪胺、顺式-N-阿魏酸酰酪胺、二氢阿魏酸酰酪胺、N-p-阿魏酸酰酪胺等。

3. 芪类

芪类化合物是具有二苯乙烯母核或其聚合物的一类物质的总称，包括菲类、联苄及其衍生物，目前已经从铁皮石斛中分离得到毛兰素和鼓槌菲。[①]由于芪类化合物是铁皮石斛的重要活性成分，具有广泛的生物活性，可能会成为新的研究方向。

4. 黄酮类

目前已从铁皮石斛中共标示出13个黄酮类特征峰，鉴别了6个黄酮碳苷（新西兰牡荆苷Ⅱ、新西兰牡荆苷Ⅰ、夏佛塔苷、异夏佛塔苷、佛莱心苷、异佛莱心苷）与1个黄酮氧苷（芦丁）共7个特征峰。[②]

（二）药理作用

1. 增强免疫力

铁皮石斛通过增加白细胞数、产生淋巴因子和增强巨噬细胞功能来增强机体的免疫力。同时，铁皮石斛多糖的硫酸化和脱乙酰化修饰可以增强其体外免疫调节活性，[③]而羧甲基化则具有明显的相反作用。

---

① 杨虹，龚燕晴，王峥涛，等. 鼓槌石斛化学成分的研究[J]. 中草药，2001(11)：972-974.
② 梁芷韵，谢镇山，黄月纯，等. 铁皮石斛黄酮苷类成分HPLC特征图谱优化及不同种源特征性分析[J]. 中国实验方剂学杂志，2019，25（1）：22-28.
③ 童微，余强，李虎，等. 铁皮石斛多糖化学修饰及其对免疫活性的影响[J]. 食品科学，2017，38（7）：155-160.

2. 抗氧化

铁皮石斛抗氧化的机制主要表现在其能够清除体内过多的自由基。铁皮石斛多糖不仅具有一定的体外抗氧化能力，而且可通过络合金属离子来发挥其抗氧化作用。此外，黄酮类和酚类化合物也是铁皮石斛抗氧化活性的来源之一。

3. 抗肿瘤

铁皮石斛提取物能抑制大鼠胃部癌变，其机制可能与降低组织中表皮生长因子（EGF）、表皮生长因子受体信使核糖核酸（EGFR mRNA）表达和血浆中 EGF、EGFR 的含量有关，同时可通过升高 Bax mRNA、降低 Bcl-2 mRNA 表达，诱导细胞发生凋亡。[1]

二、铁皮石斛主要产品

（一）铁皮石斛药材

2018 年，国家卫生和计划生育委员会首次公布拟将铁皮石斛等九种物质列入药食同源品种。2020 年，国家卫生健康委员会将铁皮石斛列入既是食品又是中药材的增补名单，并开展食药物质管理试点工作。然而，铁皮石斛药品及保健食品上市的技术门槛较高，审批严格。因此，目前铁皮石斛市场依然以铁皮石斛鲜条、干条、枫斗、种苗等为主，高附加值产品不到 5%。

（二）铁皮石斛药品

经查询国家药品监督管理局网站，截至 2020 年 6 月底，与铁皮石斛相关的中成药药品仅有 2 个，分别为：铁皮枫斗颗粒（批准文号：国药准字 B20020441）、铁皮枫斗胶囊（批准文号：国药准字 B20020442）。

（三）铁皮石斛保健食品

目前，铁皮石斛保健食品的剂型主要有颗粒、胶囊、浸膏、口服液、片剂等。经查询国家市场监督管理总局网站，截至 2020 年 6 月底，铁皮

---

[1] 赵益，刘燕，蓝希明，等. 铁皮石斛提取物对胃癌癌变的抑制作用及机制研究 [J]. 中草药，2015，46（24）：3704-3709.

石斛相关的保健食品共有 98 个（部分品种具有 2 个以上保健功能），主要涉及增强免疫力、缓解体力疲劳、免疫调节、缓解视疲劳、延缓衰老等 12 种主要功能，如表 1-1 所示。增强免疫力功能是被获批准最多的功能，在已批准的 98 个产品中共有 73 个，占比 74.49%；其次是缓解体力疲劳功能，共批准 27 个产品，占比 27.55%。提高缺氧耐受力和辅助降血糖是近年来批准的铁皮石斛的保健功能。铁皮石斛保健食品常与其他药物或成分配合使用，其中与西洋参配合的品种有 74 个，占比 75.51%，与灵芝配合使用的有 16 个，与枸杞子配合使用的有 14 个，与山药配合使用的有 14 个，与人参配合使用的有 7 个，与麦冬配合使用的有 5 个，与茯苓配合使用的有 6 个，与黄芪配合使用的有 4 个，与黄精配合使用的有 4 个，与绞股蓝配合使用的有 3 个，与淫羊藿配合使用的有 2 个。从配合使用的药物来看，主要是与补益类中药中的补气类药物配合，结合铁皮石斛的滋阴效果，共同发挥滋阴补气的功效。然而，由于各类产品的销售渠道有很大的差别，导致铁皮石斛产品的需求量、种类及价格参差不齐，不同企业所销售的场所也有所不同。因此，根据铁皮石斛的保健功效，开发能够辅助降血糖功能、对辐射危害有辅助保护功能、提高缺氧耐受力功能、抗氧化功能、对化学性肝损伤有辅助保护功能等市场急需且有差异化的铁皮石斛保健食品迫在眉睫。

表 1-1 铁皮石斛相关保健食品主要功能

序号	功能	数量/个	占比/%
1	增强免疫力	73	74.49
2	缓解体力疲劳	27	27.55
3	免疫调节	16	16.33
4	缓解视疲劳	6	6.12
5	延缓衰老	3	3.06
6	对化学性肝损伤有辅助保护	2	2.04
7	清咽	2	2.04
8	对辐射危害有辅助保护	2	2.04

第一章 概　述

续表

序号	功能	数量/个	占比/%
9	辅助降血压	1	1.02
10	辅助降血糖	1	1.02
11	抗突变	1	1.02
12	提高缺氧耐受力	1	1.02

浙江省获批的铁皮石斛保健食品最多，共52个，占比达到53.06%，其次为上海市、北京市、云南省。在获批企业方面，全国共有70多家企业获得铁皮石斛保健食品的批准。表1-2为获批数量2个及以上的企业，其中杭州天目山药业股份有限公司、浙江森宇药业有限公司分别获批6个，贵州威门药业股份有限公司获批2个。

表1-2　各省市相关企业获批铁皮石斛相关保健食品数量（获批2个及以上）

序号	省市	数量/个	占比/%	相关企业	获批数量/个
1	浙江	36	36.73	杭州天目山药业股份有限公司	6
				浙江森宇药业有限公司	6
				金华寿仙谷药业有限公司	3
				浙江民康天然植物制品有限公司	3
				杭州胡庆余堂药业有限公司	2
				杭州美澳生物技术有限公司	2
				浙江枫禾生物工程有限公司	2
				浙江济公缘药业有限公司	2
				浙江康恩贝集团医疗保健品有限公司	2

续表

序号	省市	数量/个	占比/%	相关企业	获批数量/个
1	浙江	36	36.73	浙江满堂花生物科技有限公司	2
				浙江普洛康裕生命科学有限公司	2
				浙江人天养生发展有限公司	2
				义乌市新金利保健食品有限公司	2
2	上海	6	6.12	上海倍康铁皮石斛有限公司	2
				上海雷允上药业有限公司	2
				上海增靓生物科技有限公司	2
3	北京	6	6.12	北京鼎维芬健康科技有限公司	3
				北京世纪合辉医药科技股份有限公司	3
4	云南	6	6.12	云南久丽康源石斛开发有限公司	2
				云南千年铁皮石斛开发有限公司	2
				光明食品集团云南石斛生物科技开发有限公司	2
5	深圳	3	3.06	—	—
6	湖南	2	2.04	—	—
7	贵州	2	2.04	贵州威门药业股份有限公司	2
合计		61	62.23	—	—

铁皮石斛保健食品相关剂型主要包括固体制剂和液体制剂两大类，如表1-3所示。从比例上看，仍以固体制剂特别是胶囊、颗粒为主，占比分别为35.72%、27.55%；液体制剂较少，可能与液体制剂在保存与运输上存在一定局限性有关。饮料与酒类形式是近三年才被批准的形式。近年来，为满足不同年龄层的需求，铁皮石斛保健食品的食用形式正朝着速食与即食形式发展。

表 1-3　已批准的铁皮石斛相关保健食品主要剂型

类别	剂型	已批品种 / 个	占比 /%
固体制剂	胶囊	35	35.72
	颗粒	27	27.55
	片剂	11	11.23
	丸剂	2	2.04
	浸膏	7	7.14
	枫斗晶	2	2.04
	粉	1	1.02
液体制剂	口服液	5	5.10
	饮料	4	4.08
	茶	3	3.06
	酒	1	1.02
合计		98	100.00

（四）铁皮石斛化妆品

铁皮石斛富含天然植物多糖，内服可滋阴生津，外用具有保湿、润滑、消炎、防辐射等作用。研究表明：铁皮石斛能调节新陈代谢和内分泌系统，修复受损细胞，从而达到美容养颜的效果。因此，结合铁皮石斛的现代药理学研究成果，开发以铁皮石斛多糖滋润保湿为基础功效，同时具备消炎、防敏、抑制自由基、抗衰老等多重作用的高级护肤品具有广阔的市场前景。经查询国家药品监督管理局网站，截至 2020 年 6 月底，铁皮石斛相关的国产非特殊用途化妆品共有 589 个，其中已注销的品种共 136 个，仍获得备案的有 453 个，生产状态占比情况如图 1-1 所示。主要种类包括面膜、霜（包括眼霜、面霜等）、精华液、乳液、洁面乳、水液等 12 种，其中面膜是国家药品监督管理局批准最多的铁皮石斛相关化妆品，有 192 个（占比 42.38%）；其次是霜（包括眼霜、面霜等），有 58 个（占比 12.80%），如表 1-4 所示。共有 15 个省区市对铁皮石斛相关的国产非特殊用途化妆品进行备案，其中备案最多的为广东省，有 172 个（占比 37.97%）；其次为浙江省，有 83 个（占比 18.32%）；之后为上海市，有 38 个（占比 8.39%），如图 1-2 所示。贵州省获得备案的共有 3 个，但均为委托广东省等地生产企业加工生产，如表 1-5 所示。

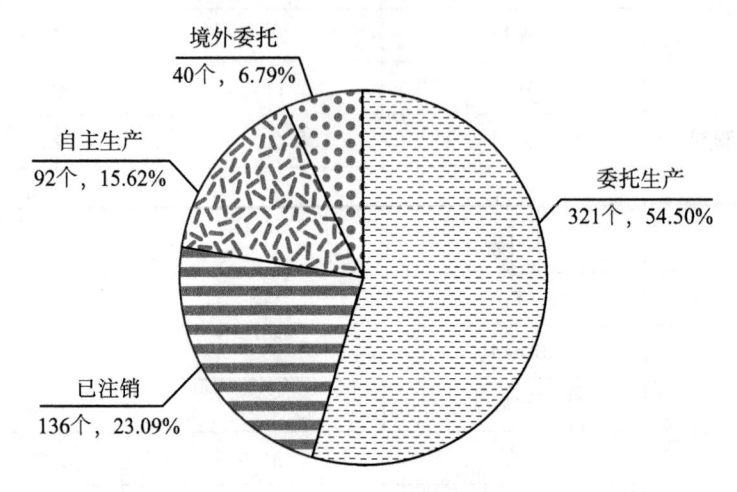

图 1-1 铁皮石斛国产非特殊用途化妆品生产状态占比情况

表 1-4 铁皮石斛相关化妆品主要种类、数量及占比情况

序号	种类	数量/个	占比/%
1	面膜	192	42.38
2	霜	58	12.80
3	水液	45	9.93
4	精华液	37	8.17
5	乳液	34	7.51
6	洁面乳	21	4.64
7	原液	17	3.75
8	洗发液	10	2.21
9	膏	8	1.77
10	沐浴露	5	1.10

续表

序号	种类	数量/个	占比/%
11	喷雾	6	1.32
12	其他	20	4.42
	合计	453	100.00

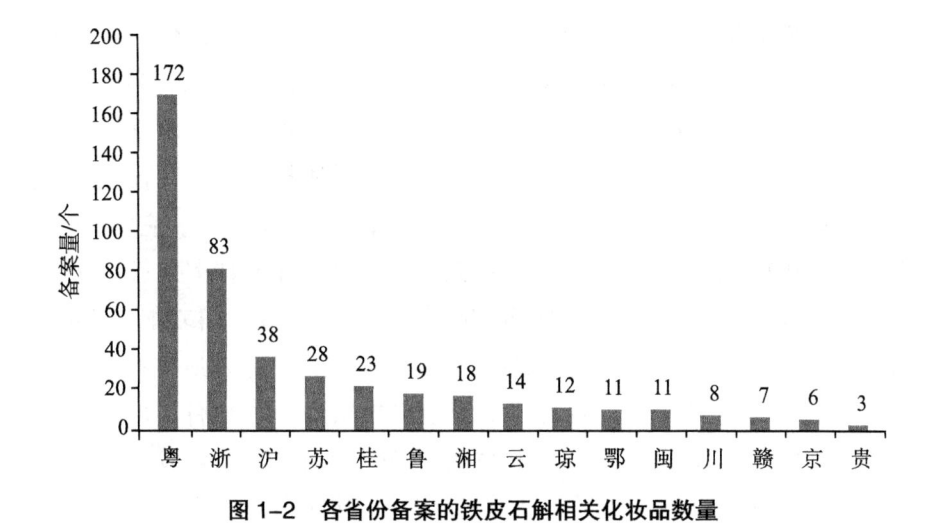

图 1-2 各省份备案的铁皮石斛相关化妆品数量

表 1-5 贵州省铁皮石斛化妆品企业

序号	产品名称（批准号）	委托企业	受托企业
1	吾爱·颐生铁皮石斛润肤透亮面膜（贵G妆网备字2019000282）	荔波恒美旅游投资发展集团有限责任公司	江西御美化妆品有限公司
2	笃山铁皮石斛补水保湿面膜（贵G妆网备字2019000577）	贵州省利增农业旅游发展有限公司	广州蜜妆生物科技有限公司
3	首草铁皮石斛水润滋养面膜（贵G妆网备字2019000587）	贵州首草健康发展有限公司	广州家安化妆品有限公司

三、铁皮石斛专利情况

本书以 IncoPat 专利数据库作为数据来源，使用铁皮石斛花、铁皮石斛叶、铁皮石斛茎为关键词，对标题、摘要和权利要求进行检索，简单同族合并后对检索数据进行人为去噪，并进行专利的查全、查准，剔除与铁皮石斛花、铁皮石斛叶、铁皮石斛茎不相关的数据进行专利分析。

（一）铁皮石斛花

截至 2020 年 6 月底，国内铁皮石斛花专利申请总数 120 件，其中中国专利 117 件、世界知识产权组织专利 2 件、韩国专利 1 件。从专利申请趋势分析，2016 年关于铁皮石斛花的专利申请开始增多，2016—2019 年分别为 30 件、31 件、24 件和 15 件，2020 年截至 6 月底暂时未有专利申请，如图 1-3 所示。从专利技术构成方面分析，A23F（咖啡；茶；其代用品；它们的制造、配制或泡制）申请最多，主要是一些茶、乳制品等非酒精类饮料；其次为 A61K（医用、牙科用或梳妆用的配制品），主要为一些非特殊功能化妆品类，如面膜等保湿护肤洗护类产品，如图 1-4 所示。从专利技术所在省份分布情况方面分析，浙江省最多，共 33 件；其次是广东省，共 20 件；再者是贵州省，共 19 件，如图 1-5 所示。贵州省的 19 件专利主要集中在铁皮石斛花的栽培种植、组培等方面，如人工诱导铁皮石斛在组培瓶内开花的方法、一种多糖含量高的铁皮石斛的栽培方法等，也有部分利用铁皮石斛花进行食品类的开发，如铁皮石斛狮子头、鸡蛋羹、冻糕等。从专利申请人方面分析，申请专利数量最多的申请人为：贵州绿健神农有机农业股份有限公司，共 5 件，主要集中在铁皮石斛花的栽培种植、组培等方面，如图 1-6 所示。

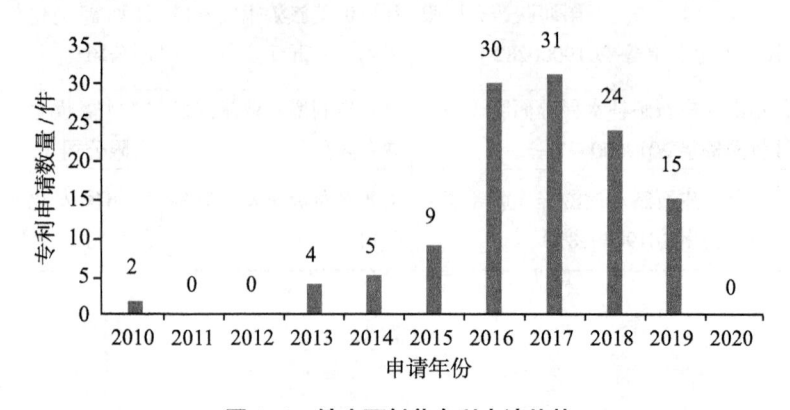

图 1-3 铁皮石斛花专利申请趋势

第一章 概 述

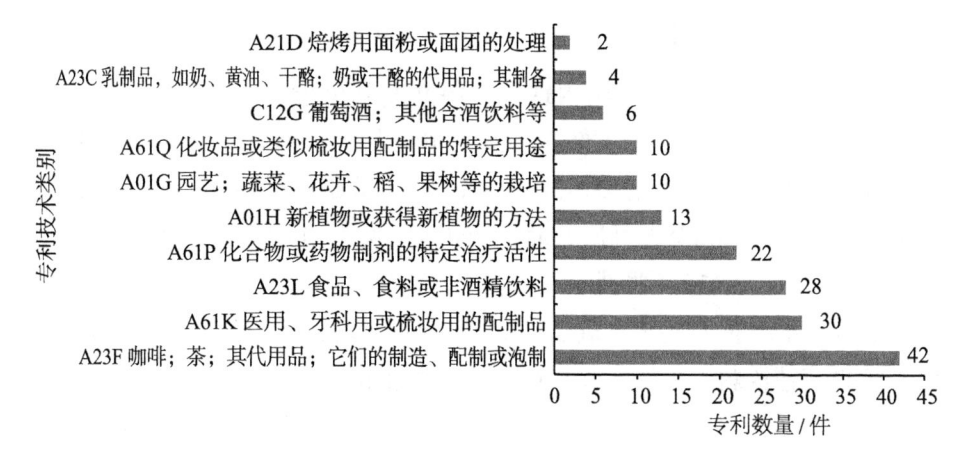

图1-4 铁皮石斛花专利技术构成

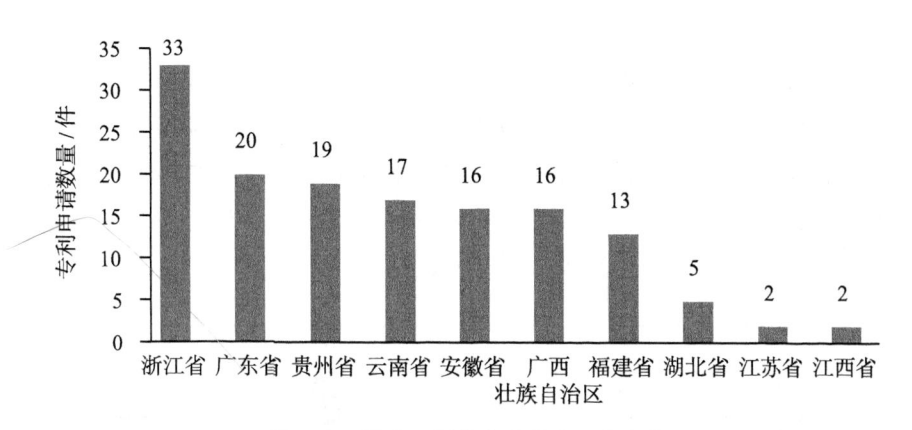

专利技术类别	专利数量/件
A21D 焙烤用面粉或面团的处理	2
A23C 乳制品，如奶、黄油、干酪；奶或干酪的代用品；其制备	4
C12G 葡萄酒；其他含酒饮料等	6
A61Q 化妆品或类似梳妆用配制品的特定用途	10
A01G 园艺；蔬菜、花卉、稻、果树等的栽培	10
A01H 新植物或获得新植物的方法	13
A61P 化合物或药物制剂的特定治疗活性	22
A23L 食品、食料或非酒精饮料	28
A61K 医用、牙科用或梳妆用的配制品	30
A23F 咖啡；茶；其代用品；它们的制造、配制或泡制	42

图1-5 铁皮石斛花各省份专利申请量

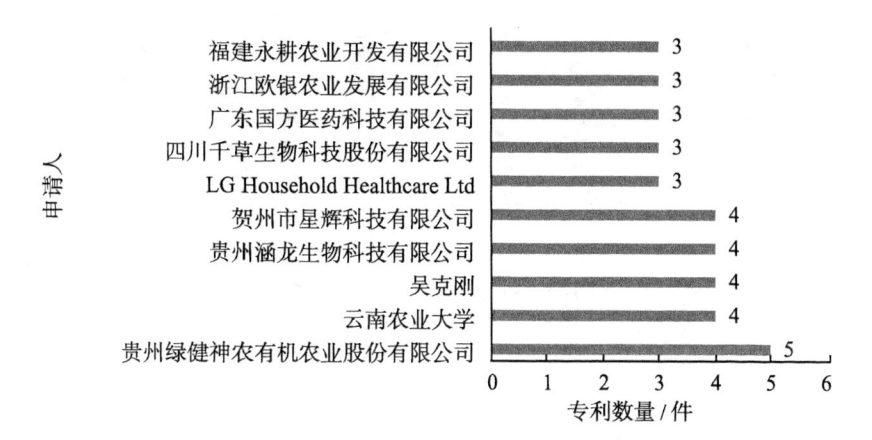

省份	专利申请数量/件
浙江省	33
广东省	20
贵州省	19
云南省	17
安徽省	16
广西壮族自治区	16
福建省	13
湖北省	5
江苏省	2
江西省	2

图1-6 铁皮石斛花专利申请人申请数量

申请人	专利数量/件
福建永耕农业开发有限公司	3
浙江欧银农业发展有限公司	3
广东国方医药科技有限公司	3
四川千草生物科技股份有限公司	3
LG Household Healthcare Ltd	3
贺州市星辉科技有限公司	4
贵州涵龙生物科技有限公司	4
吴克刚	4
云南农业大学	4
贵州绿健神农有机农业股份有限公司	5

011

（二）铁皮石斛叶

截至 2020 年 6 月底，国内铁皮石斛叶专利申请总数 131 件，其中中国专利 130 件、韩国专利 1 件。从专利申请趋势分析，2016 年关于铁皮石斛叶的专利申请开始增多，2016—2019 年分别为 28 件、31 件、28 件和 19 件，2020 年截至 6 月底暂时未有申请，如图 1-7 所示。从专利技术构成方面分析，A23K（咖啡；茶；其代用品；它们的制造、配制或泡制）申请最多，主要是一些茶、乳制品等非酒精类饮料；其次为 A23L（食品、食料或非酒精饮料），主要为一些非特殊功能化妆品类，如面膜等保湿护肤洗护类产品，如图 1-8 所示。从专利技术所在省份分布情况方面分析，浙江省最多，共 36 件；其次是广东省，共 30 件；再者是安徽省与广西壮族自治区，各 18 件，如图 1-9 所示。贵州省申请的专利共 8 件，主要集中在铁皮石斛叶的保健食品及食品开发方面，如铁皮石斛叶植物饮料和制法、铁皮石斛解酒保肝组合物和制法、一种铁皮石斛茶的制作方法等。从专利申请人方面分析，浙江科技学院申请专利数最多，共 7 件；贵州省内申请专利数最多的是贵州同威生物科技有限公司，有 2 件，主要集中在保健食品及食品开发方面，如图 1-10 所示。

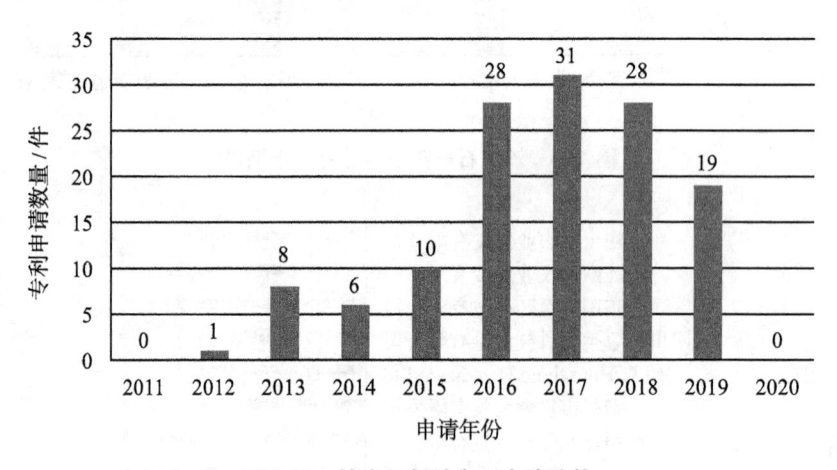

图 1-7 铁皮石斛叶专利申请趋势

专利技术类别

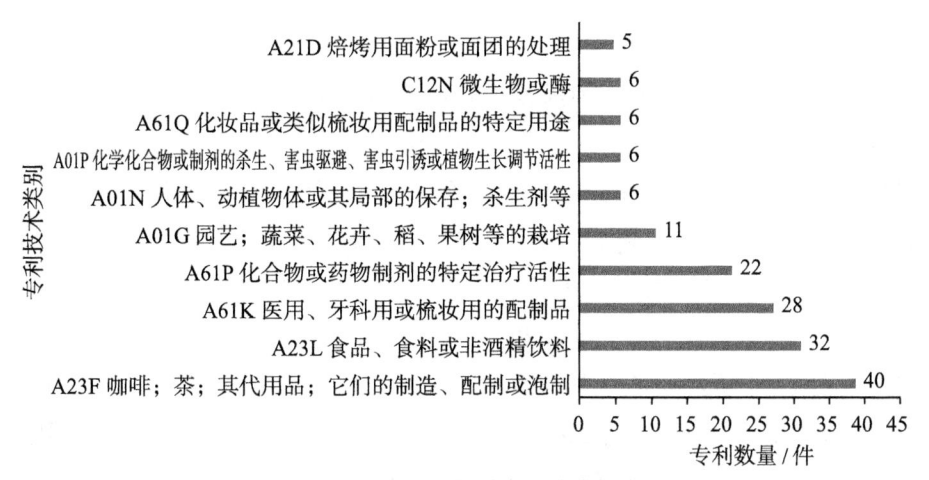

类别	数量
A21D 焙烤用面粉或面团的处理	5
C12N 微生物或酶	6
A61Q 化妆品或类似梳妆用配制品的特定用途	6
A01P 化学化合物或制剂的杀生、害虫驱避、害虫引诱或植物生长调节活性	6
A01N 人体、动植物体或其局部的保存；杀生剂等	6
A01G 园艺；蔬菜、花卉、稻、果树等的栽培	11
A61P 化合物或药物制剂的特定治疗活性	22
A61K 医用、牙科用或梳妆用的配制品	28
A23L 食品、食料或非酒精饮料	32
A23F 咖啡；茶；其代用品；它们的制造、配制或泡制	40

图 1-8 铁皮石斛叶专利技术构成

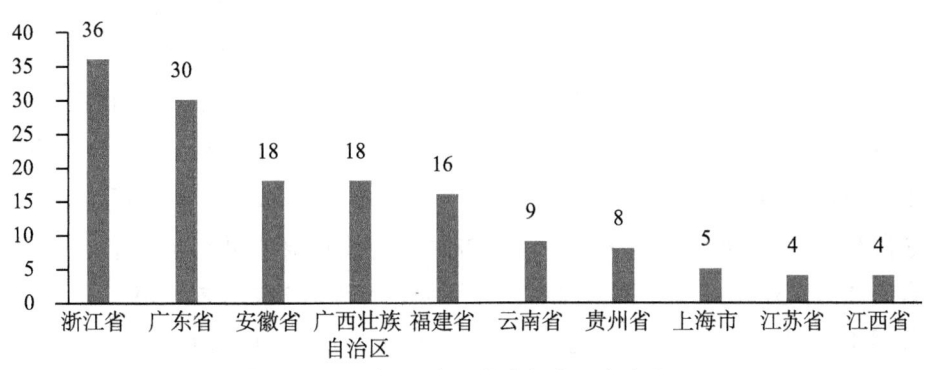

省份	专利申请量
浙江省	36
广东省	30
安徽省	18
广西壮族自治区	18
福建省	16
云南省	9
贵州省	8
上海市	5
江苏省	4
江西省	4

图 1-9 铁皮石斛叶各省份专利申请量

申请人	专利数量/件
贵州同威生物科技有限公司	2
佛山科学技术学院	2
云南云尚生物技术有限公司	2
中国农业科学院茶叶研究所	2
上海海洋大学	2
广西南宁元敬本草堂生物科技有限公司	3
厦门鹰君药业有限公司	3
厦门鹰君生态农业发展股份有限公司	3
张奉明	5
广东国方医药科技有限公司	6
浙江科技学院	7

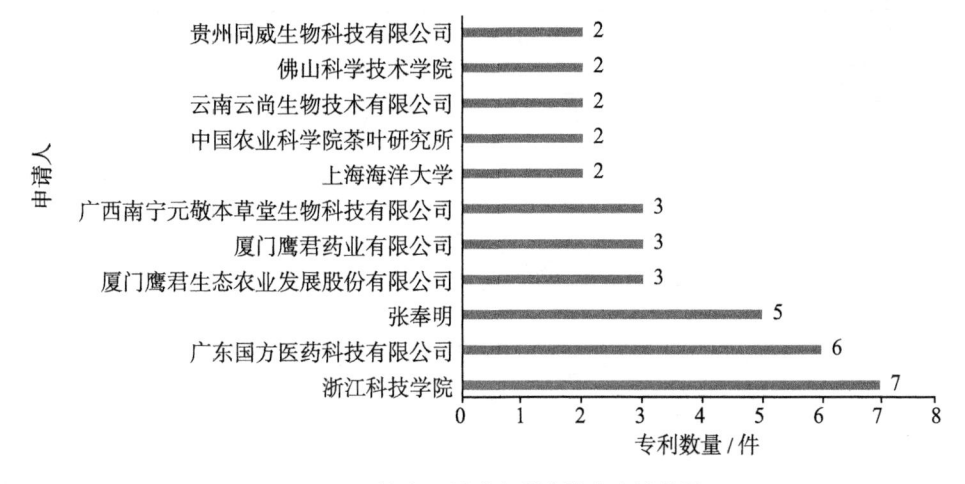

图 1-10 铁皮石斛叶专利申请人申请数量

（三）铁皮石斛茎

截至 2020 年 6 月底，国内铁皮石斛茎专利申请总数 4215 件，其中中国专利 3955 件、韩国专利 124 件、美国专利 58 件、世界知识产权组织专利 24 件、俄罗斯专利 21 件、印度专利 6 件、欧洲专利局专利 4 件、日本专利 4 件、澳大利亚专利 2 件、其他专利 17 件，如表 1-6 所示。从专利申请趋势分析，2012 年关于铁皮石斛茎的专利申请开始增多，2016—2019 年分别为 765 件、959 件、856 件和 466 件，2020 年截至 6 月底已有 4 件申请，如图 1-11 所示。从专利技术构成方面分析，A61K（医用、牙科用或梳妆用的配制品）最多，主要为一些非特殊功能化妆品类，如面膜等保湿护肤洗护类产品；其次为 A01G（园艺；蔬菜、花卉、稻、果树、葡萄、啤酒花或海菜的栽培；林业；浇水），主要涉及种植、栽培等，如图 1-12 所示。从专利技术所在省份分布方面分析，浙江省申请最多，有 751 件；其次是广东省，有 694 件；再其次是广西壮族自治区，有 569 件，如图 1-13 所示。贵州省的 356 件专利，主要集中在保健食品、食品及化妆品开发、铁皮石斛茎野生种植等方面。从专利申请人方面分析，江苏农林职业技术学院最多，有 48 件；其次为广东国方医药科技有限公司，有 38 件。贵州省有 2 家企业进入专利排名前列，分别为贵州绿健神农有机农业股份有限公司（32 件）、贵州济生农业科技有限公司（23 件），如图 1-14 所示。

表 1-6　不同国家、地区或组织铁皮石斛茎申请专利情况

序号	国家、地区或组织	数量/件
1	中国	3955
2	韩国	124
3	美国	58
4	世界知识产权组织	24
5	俄罗斯	21
6	印度	6
7	欧洲专利局	4
8	日本	4

续表

序号	国家、地区或组织	数量/件
9	澳大利亚	2
10	其他	17
	合计	4215

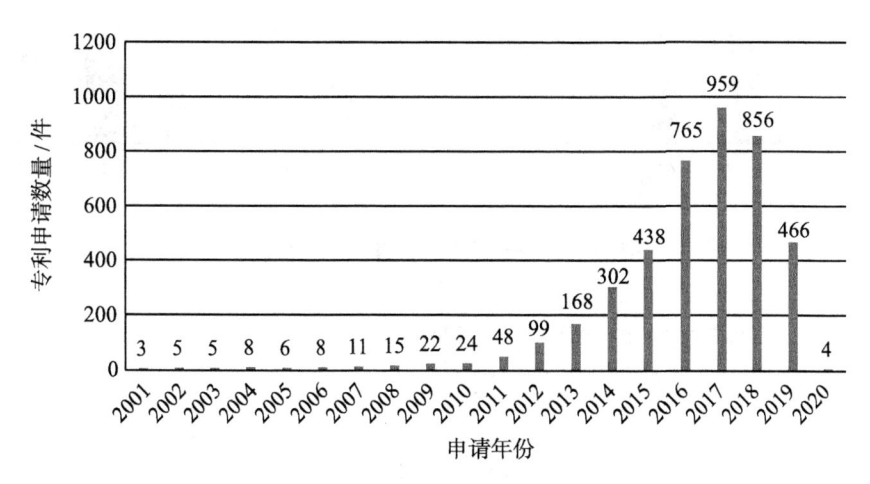

图 1-11 铁皮石斛茎专利申请趋势

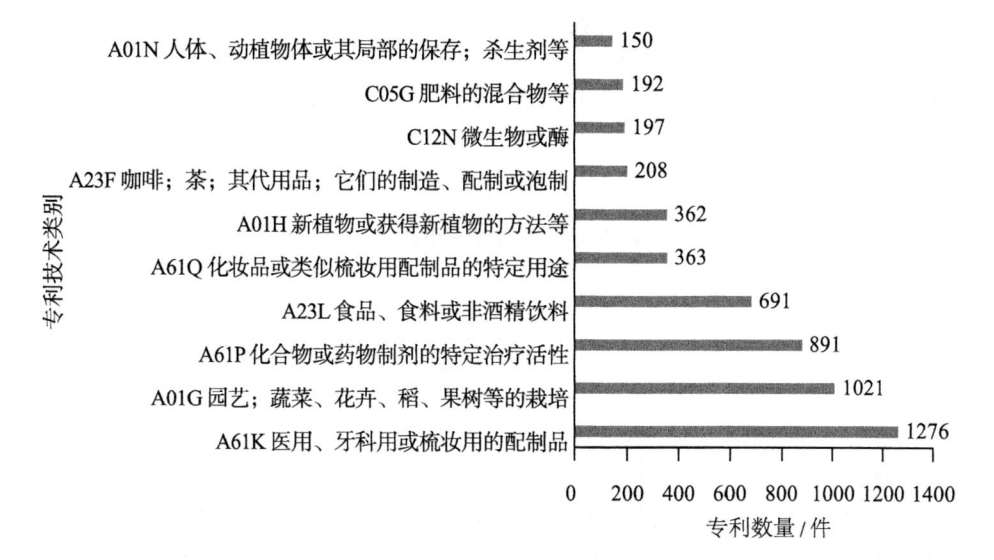

专利申请数量/件：
- 2001：3
- 2002：5
- 2003：5
- 2004：8
- 2005：6
- 2006：8
- 2007：11
- 2008：15
- 2009：22
- 2010：24
- 2011：48
- 2012：99
- 2013：168
- 2014：302
- 2015：438
- 2016：765
- 2017：959
- 2018：856
- 2019：466
- 2020：4

图 1-12 铁皮石斛茎专利技术构成

专利技术类别（专利数量/件）：
- A01N 人体、动植物体或其局部的保存；杀生剂等：150
- C05G 肥料的混合物等：192
- C12N 微生物或酶：197
- A23F 咖啡；茶；其代用品；它们的制造、配制或泡制：208
- A01H 新植物或获得新植物的方法等：362
- A61Q 化妆品或类似梳妆用配制品的特定用途：363
- A23L 食品、食料或非酒精饮料：691
- A61P 化合物或药物制剂的特定治疗活性：891
- A01G 园艺；蔬菜、花卉、稻、果树等的栽培：1021
- A61K 医用、牙科用或梳妆用的配制品：1276

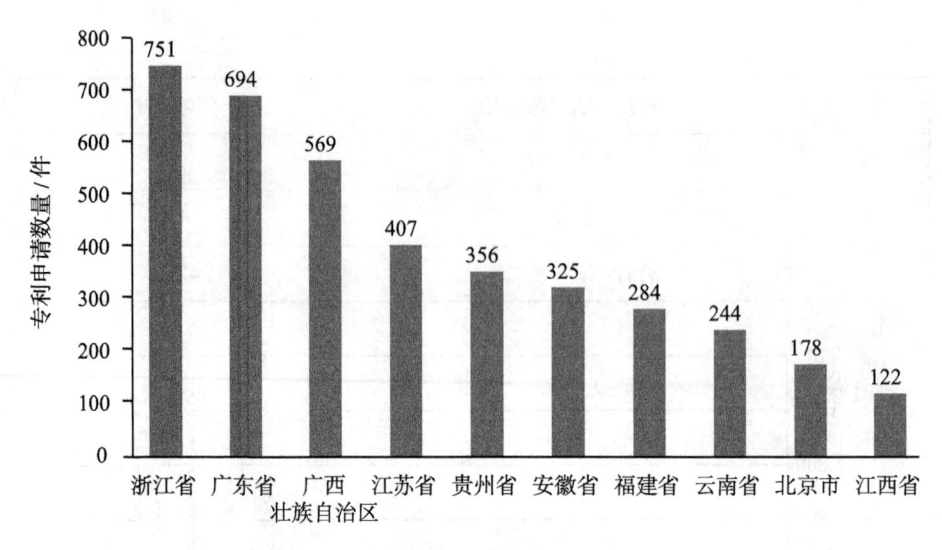

图 1-13　铁皮石斛茎各省份专利申请量

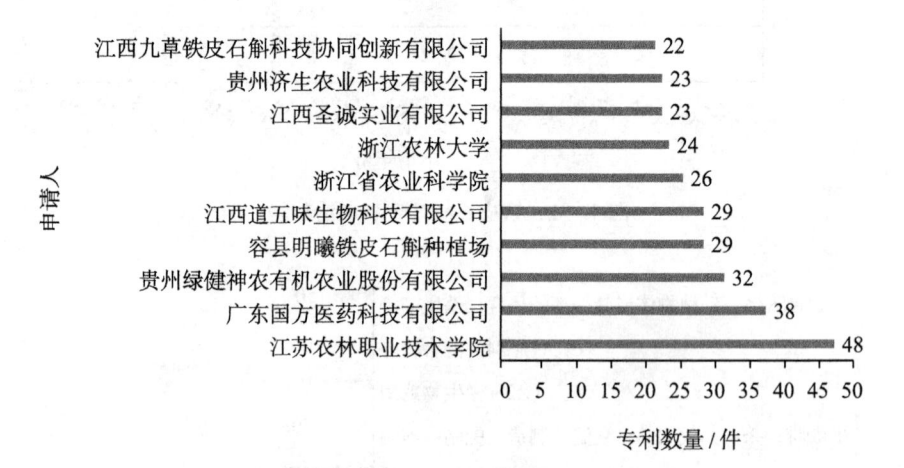

各省份专利申请量（件）：浙江省 751、广东省 694、广西壮族自治区 569、江苏省 407、贵州省 356、安徽省 325、福建省 284、云南省 244、北京市 178、江西省 122

图 1-14　铁皮石斛茎专利申请人申请数量

申请人专利数量（件）：
- 江西九草铁皮石斛科技协同创新有限公司 22
- 贵州济生农业科技有限公司 23
- 江西圣诚实业有限公司 23
- 浙江农林大学 24
- 浙江省农业科学院 26
- 江西道五味生物科技有限公司 29
- 容县明曦铁皮石斛种植场 29
- 贵州绿健神农有机农业股份有限公司 32
- 广东国方医药科技有限公司 38
- 江苏农林职业技术学院 48

第二节　金钗石斛概述

金钗石斛为石斛的药材来源之一，又名千年润，属多年附生草本兰科植物，茎两头细小，中间粗壮，整枝扁平状，色泽金黄，形如古代"发簪"金钗，故称为"金钗石斛"。金钗石斛原产于贵州省赤水市，因其石斛碱含量高，味苦，药效佳，被国际药用植物界称为"药界大熊猫"。因其表面金黄色或绿黄色，具有光泽，在民间又称吊兰花。赤水金钗石斛不仅具有药用价值，还具观赏价值，属名贵兰花品种之一。2006年3月，国家质量监督检验检疫总局批准对赤水金钗石斛实施地理标志产品保护。

一、金钗石斛基本情况

金钗石斛主要化学成分为生物碱、多糖、倍半萜类、菲类、联苄类等，其中石斛碱是其特征性成分。金钗石斛主要有抗白内障、兴奋肠管、免疫调节、降血糖、抗肿瘤、抗氧化、抗疲劳等作用。[①]

（一）化学成分

1. 生物碱类

生物碱类成分是最早从石斛属植物中分离并进行结构鉴定的化合物，也是兰科植物的特征性成分。近些年来，国内外学者对金钗石斛中的生物碱类成分进行了大量的研究，至今已鉴定出的生物碱主要为倍半萜类生物碱，如石斛碱、石斛次碱、6-羟基石斛碱等。

2. 多糖类

金钗石斛多糖的化学结构包括单糖残基排列顺序、单糖残基组成、相邻糖残基连接方式、异头碳构型、糖链分支等，以及由此形成的空间结构，它是多糖发挥药理活性的基础。金钗石斛粗多糖[②]主要包含葡萄糖、半乳糖、甘露糖和少量的鼠李糖、阿拉伯糖、木糖杂合而成。

3. 酚类化合物

从石斛属植物中分离出的酚类化合物主要包括酚酸类、联苄类、菲类和芴酮类这四类化合物。目前，从金钗石斛中共分离得到13个酚酸类化合物、

[①] 张晓敏，孙志蓉，陈龙，等. 金钗石斛的化学成分和药理作用研究进展[J]. 中国现代应用药学，2014, 31（7）：895-899.

[②] LUO A X, HE X J, ZHOU S D, et al.In vitro antioxidant activities of a water-soluble polysaccharide derived from Dendrobium nobile Lindl.extracts[J].International Journal of Biological Macromolecules, 2009, 45 (4) :359-363.

15个联苄类化合物、8个菲类化合物和2个芴酮类成分。[1]

（二）药理作用

1．对心血管系统的作用

用小鼠做实验，金钗石斛给药组均能显著延长小鼠全血的凝血时间，并且均能显著对抗胶原/肾上腺素，诱导小鼠体内血栓形成，使动物死亡率明显降低。[2] 金钗石斛可将凝血时间延长，但作用较束花石斛弱。金钗石斛的醇提取物有显著降低家兔全血黏度和抑制二磷酸腺苷诱导的血小板聚集，降低血浆纤维蛋白原含量，抑制内源性和外源性凝血系统，抑制血栓形成的作用，并延长凝血酶原时间、部分凝血活酶时间等。[3] 此外，不同剂量的金钗石斛水提物均对链脲霉素高血糖小鼠有明确的降血糖作用，且对正常小鼠血糖没有影响。[4]

2．对神经系统的作用

金钗石斛总生物碱 80 mg·kg^{-1} 对降低 Aβ_{1-42} 在神经元胞膜和胞浆中的含量及 caspases 3/8 mRNA 在海马组织中表达方面的作用强于布洛芬，可能与金钗石斛总生物碱具有抗氧化、清除自由基、扩张血管和增强大脑血氧供应等作用有关。[5] 金钗石斛总生物碱预防性给药对大鼠急性脑缺血有较好的保护作用，其机制与抗氧化应激、清除自由基及降低大鼠脑内 caspase-3 和 caspase-8 RNA 表达有关。[6]

---

[1] YE Q H, ZHAO W M.New alloaromadendrane, cadinene and cyclocopacamphane type sesquiterpene derivatives and bibenzyls from Dendrobium nobile[J].Planta Medica, 2002, 68 (8) :723-729.

[2] 李婵娟. 几种石斛粗提物抗凝抗血栓作用的对比研究[J]. 云南中医中药杂志, 2012, 33（12）：61-62.

[3] 林萍，汤依群，杨莉，等. 束花石斛抗凝血作用的初步研究[J]. 中国天然药物, 2005（1）：44-47.

[4] CAI W.Preliminary study on the chemical constituents of Dendrobium nobile and hypoglycemic effects[D]. Beijing:Beijing University of Traditional Chinese Medicine, 2011.

[5] 陈建伟，马虎，黄燮南，等. 金钗石斛生物总碱对脂多糖诱导大鼠学习记忆功能减退的改善作用[J]. 中国药理学与毒理学杂志, 2008, 22（6）：406-411.

[6] 刘俊，吴芹，龚其海，等. 金钗石斛生物总碱对大鼠急性脑缺血的保护作用[J]. 中国新药与临床杂志, 2010, 29（8）：606-610.

3. 抗肿瘤和抗诱变

金钗石斛多糖能直接抑制 K562 细胞增殖并诱导其凋亡,其机制可能与金钗石斛多糖抑制 K562 细胞中 BCR-ABL 融合基因 mRNA 的表达有关。[1]

4. 抗白内障

金钗石斛提取液可以抑制糖性白内障的关键酶醛糖还原酶和延缓半乳糖性白内障。[2] 此外,金钗石斛水提液还可以调节非蛋白质巯基的含量和白内障晶状体中还原型辅酶Ⅱ,使其恢复至正常晶状体的水平,也能纠正和阻止由半乳糖性白内障引起的总脂类含量降低、总胆固醇含量及脂类过氧化水平升高、总脂类与胆固醇之比明显下降等病理变化。[3]

二、金钗石斛主要产品

(一)金钗石斛药品

根据国家药品监督管理局数据查询的结果,截至 2020 年 6 月底,以石斛(含金钗石斛、流苏石斛、鼓槌石斛等)注册的药品有 10 个,批准文号有 187 个,分别为石斛夜光丸、复方石斛片、复方鲜石斛颗粒、石斛明目丸、石斛夜光颗粒、复方鲜石斛胶囊、养阴口香合剂、脉络宁口服液、脉络宁颗粒、脉络宁注射液,如表 1-7 所示。

表 1-7 已批准的石斛(含金钗石斛、流苏石斛、鼓槌石斛等)药品情况

序号	产品名称	数量/个	占比/%
1	石斛夜光丸	168	89.83
2	复方石斛片	6	3.20
3	复方鲜石斛颗粒	4	2.13

---

[1] ZHENG S Z.Effect of Dendrobium nobile polysaccharide on proliferation and apoptosis of K562 cells[D]. Zunyi:Zunyi Medical College, 2009.

[2] WANG J H.The study of chemical structure and anti cataract activity of polysaccharide from Dendrobium nobile Lindl[D].Hefei:Hefei University of Technology, 2011.

[3] 龙艳,魏小勇,詹宇坚,等. 金钗石斛提取物抗白内障的体外实验研究 [J]. 广州中医药大学学报,2008(4):345-349.

续表

序号	产品名称	数量/个	占比/%
4	石斛明目丸	3	1.60
5	石斛夜光颗粒	1	0.54
6	复方鲜石斛胶囊	1	0.54
7	养阴口香合剂	1	0.54
8	脉络宁口服液	1	0.54
9	脉络宁颗粒	1	0.54
10	脉络宁注射液	1	0.54
	合计	187	100.00

在187个批准文号中，金钗石斛、流苏石斛、鼓槌石斛等均可作为石斛原料。贵州省以石斛为原料的药品有三个：贵州万顺堂药业有限公司生产的养阴口香合剂（国药准字Z20025095）、贵阳德昌祥药业有限公司生产的石斛夜光丸（国药准字Z52020221）、贵州汉方药业有限公司的复方石斛片（国药准字Z52020436）。由于金钗石斛较流苏石斛、鼓槌石斛等价格高（金钗石斛：36~50元/千克，流苏石斛：13元/千克，鼓槌石斛：15~20元/千克），制药企业几乎不用，导致贵州省近10万亩金钗石斛可持续发展堪忧。

（二）金钗石斛保健食品

根据国家市场监督管理总局数据查询的结果，截至2020年6月，金钗石斛相关的保健食品共有7个，如表1-8所示。金钗石斛主要具有增强免疫力、缓解体力疲劳、抗氧化、抗疲劳等7种功能，如表1-9所示，其中增强免疫力功能为批准最多的功能（部分品种具有2种以上功能），有4个，占比57.14%。金钗石斛保健食品常与其他药物或成分配伍使用，其中与西洋参配伍的品种有3个，占比42.86%，其次与葛根配伍的有2个，与杜仲、牛膝、灵芝等配伍的各有1个。从配伍的药物来看，主要是与补益类中药中的补气类药物配伍，结合金钗石斛的滋阴效果，共同发挥滋阴补气的功效。金钗石斛相关保健食品剂型主要包括固体制剂，如表1-10所示，其中胶囊剂5个，颗粒剂、片剂各1个。表1-11为各省获批金钗石斛保健食品情况，从表中可以看出，云南省获批金钗石斛保健食品最多，共4个，占比达57.13%，其次为江苏省、广西壮族自治区、贵州省，各1个。在获批企业方面，全国共有5家企业得到金钗石斛保健食品的批准，其中云南林洋生物科技有限公司获批最多，共3件，其余4家各获批1件。

表1-8 金钗石斛保健食品

产品名称	批准文号	申请人中文名称	保健功能	主要原料
林兰花牌金钗石斛西洋参胶囊	国食健注G20080243	云南林洋生物科技有限公司	增强免疫力、缓解体力疲劳	金钗石斛、西洋参
林兰花牌金钗石斛胶囊	国食健注G20120229	云南林洋生物科技有限公司	抗氧化、增强免疫力	金钗石斛
林兰花牌石斛葛根杜仲叶胶囊	国食健注G20120100	云南林洋生物科技有限公司	对化学性肝损伤有辅助保护功能、增强免疫力	金钗石斛、葛根提取物、杜仲叶提取物
英茂牌金钗石斛含片	国食健字G20060563	云南英茂生物技术有限公司	清咽润喉（清咽）	金钗石斛提取物、茶多酚、薄荷脑、蔗糖、乳糖、柠檬酸、甜菊甙
桂慈牌金钗石斛西洋参三七胶囊	国食健注G20050875	南宁广慈生物技术有限公司	增强免疫力	三七、西洋参、金钗石斛、灵芝
威然牌金石颗粒	国食健字G20060565	金陵药业股份有限公司南京金威保健品分公司	提高缺氧耐受力	金钗石斛、当归、玄参、乳糖、怀牛膝、可溶性淀粉、金银花、甜菊苷
苗氏牌金钗石斛葛根西洋参胶囊	卫食健字（2001）第0171号	贵州苗氏药业股份有限公司	抗疲劳	金钗石斛、西洋参、葛根

表1-9 金钗石斛保健食品主要功能

序号	功能	数量/个	占比/%
1	增强免疫力	4	57.14
2	缓解体力疲劳	1	14.29
3	抗氧化	1	14.29
4	抗疲劳	1	14.29
5	对化学性肝损伤有辅助保护功能	1	14.29
6	提高缺氧耐受力	1	14.29
7	清咽	1	14.29

表1-10 金钗石斛相关保健食品主要剂型

序号	剂型	数量/个	占比/%
1	胶囊	5	71.42
2	颗粒	1	14.29
3	片剂	1	14.29
合计		7	100.00

表1-11 各省份获批金钗石斛相关保健食品情况

序号	省份	数量/个	占比/%	主要企业	获批数量/个
1	云南	4	57.13	云南林洋生物科技有限公司	3
				云南英茂生物技术有限公司	1
2	江苏	1	14.29	金陵药业股份有限公司南京金威保健品分公司	1
3	广西	1	14.29	南宁广慈生物技术有限公司	1
4	贵州	1	14.29	贵州苗氏药业股份有限公司	1
合计		7	100.00		7

（三）金钗石斛化妆品

根据国家药品监督管理局网站数据查询的结果，截至2020年6月底，金钗石斛相关的国产非特殊用途化妆品有124个，其中已注销的品种有33个，获得备案的有91个，生产状态占比情况如图1-15所示。主要种类包括：面膜、霜（包括眼霜、面霜等）、精华液、水液、乳液等12种，如表1-12所示。其中，面膜是批准量最多的金钗石斛相关化妆品，已批准28个（占比30.77%）。其次是原液，已批准18个（占比19.78%）；霜（包括面霜、眼霜等）已批准10个（占比10.99%）。仍在备案中的有91个，共有12个省份有关于金钗石斛相关的国产非特殊用途化妆品备案，如表1-13和图1-16所示，其中广东省共备案45个（占比49.45%），其次是海南省14个（占比15.38%）。在进口化妆品备案中，仅有美国薇碧生化科技有限公司1家公司进行备案，共有3种产品，分别为兰蒎滋润保湿石斛精华面膜、薇碧抗皱石斛面霜、薇碧抗皱保湿石斛精华面膜。

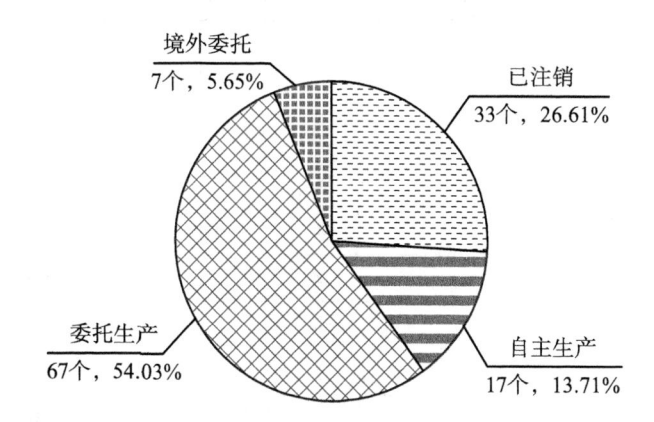

图1-15 金钗石斛国产非特殊用途化妆品生产状态占比情况

表1-12 金钗石斛相关化妆品主要种类、数量及占比情况

序号	种类	数量/个	占比/%
1	面膜	28	30.77
2	霜	10	10.99
3	精华液	8	8.79
4	水液	7	7.69

续表

序号	种类	数量/个	占比/%
5	乳液	9	9.89
6	洁面乳	3	3.30
7	原液	18	19.78
8	洗发液	0	0
9	膏	0	0
10	沐浴露	0	0
11	喷雾	2	2.20
12	其他	6	6.59
合计		91	100.00

表1-13 各省份备案的金钗石斛相关化妆品数量、占比情况

序号	省份	数量/个	占比/%
1	粤	45	49.45
2	鄂	13	14.28
3	赣	1	1.10
4	沪	4	4.39
5	琼	14	15.38
6	津	1	1.10
7	浙	3	3.30
8	湘	1	1.10
9	川	3	3.30
10	新	1	1.10
11	鲁	3	3.30
12	桂	2	2.20
合计		91	100.00

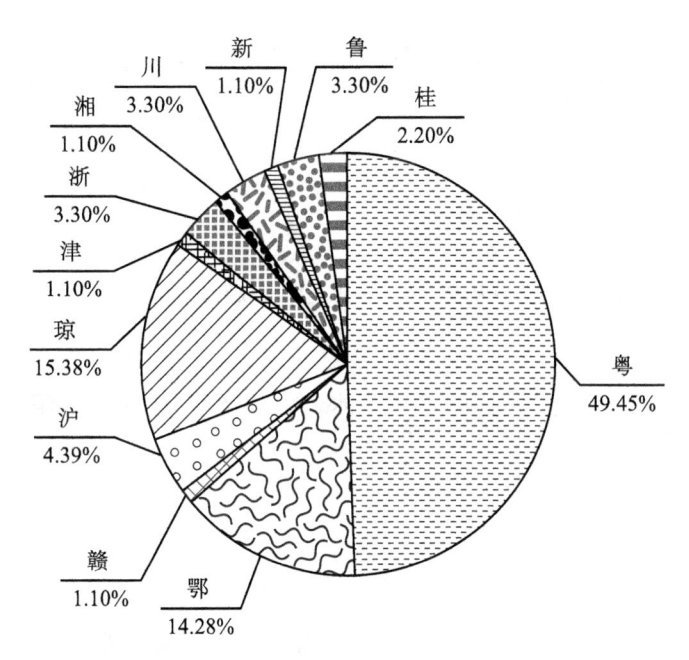

图 1-16　各省份备案的金钗石斛相关化妆品占比情况

三、金钗石斛专利情况

本书以 IncoPat 专利数据库作为数据来源，使用金钗石斛花、金钗石斛叶、金钗石斛茎为关键词，在标题、摘要和权利要求进行检索，简单同族合并后对检索数据进行人为去噪，并进行专利的查全、查准，剔除与金钗石斛花、金钗石斛叶、金钗石斛茎不相关的数据进行相关专利分析。

（一）金钗石斛花

截至 2020 年 6 月底，国内金钗石斛花申请专利总数 13 件，如表 1-14 所示，其中以酒、茶最多（共 6 件），面膜等化妆品 3 件，花干燥技术 4 件。从专利申请人分布省份方面分析，贵州省申请最多（10 件），占比 66.67%，分别为赤水芝绿金钗石斛生态园开发有限公司（4 件）、赤水市亿成生物科技有限公司（2 件）、赤水市信天中药产业开发有限公司（2 件）和贵州省新科金钗石斛研究院（1 件）、遵义医科大学（1 件），如图 1-17 所示。

表 1-14　金钗石斛花的发明专利情况

序号	标题	申请人	法律状态
1	一种金钗石斛露酒的制备方法	赤水芝绿金钗石斛生态园开发有限公司	实质审查
2	一种金钗石斛养生露酒及其制备方法	赤水芝绿金钗石斛生态园开发有限公司	实质审查
3	一种金钗石斛黄酒及其制备方法	赤水芝绿金钗石斛生态园开发有限公司	实质审查
4	一种金钗石斛花的加工方法	赤水芝绿金钗石斛生态园开发有限公司	实质审查
5	一种采用减压沸腾干燥金钗石斛花的方法	贵州省新科金钗石斛研究院	实质审查
6	一种金钗石斛花茶的加工工艺	赤水市信天中药产业开发有限公司	实质审查
7	一种金钗石斛花酒的制备方法	赤水市信天中药产业开发有限公司	实质审查
8	金钗石斛花烘干装置	赤水市亿成生物科技有限公司	实质审查
9	金钗石斛花烘干设备	赤水市亿成生物科技有限公司	实质审查
10	一种具有降血脂作用的石斛花茶及其制备方法	遵义医科大学	实质审查
11	一种天然防脱育发石斛花油	温岭市锦华铁皮石斛有限公司	实质审查
12	一种高亲和凝胶面膜及其制备方法	广州市和一医疗科技有限公司	实质审查
13	具有抗氧化性能的化妆品组合物	上海百雀羚生物科技有限公司	实质审查

```
申请人
遵义医科大学                          1
贵州省新科金钗石斛研究院              1
温州市锦华铁皮石斛有限公司            1
广州市和一医疗科技有限公司            1
上海百雀羚生物科技有限公司            1
赤水市信天中药产业开发有限公司        2
赤水市亿成生物科技有限公司            2
赤水芝绿金钗石斛生态园开发有限公司    4
        0   0.5   1   1.5   2   2.5   3   3.5   4   4.5
                          专利数量/件
```

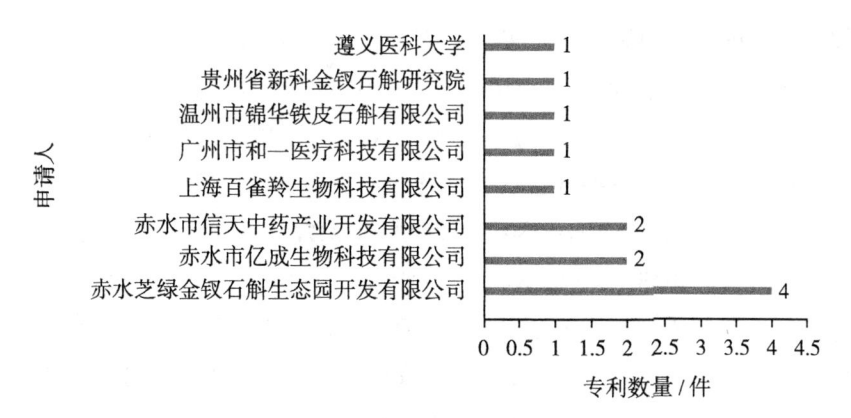

图 1-17　金钗石斛花专利申请人申请数量

（二）金钗石斛叶

截至 2020 年 6 月底，国内金钗石斛叶专利申请总数为 4 件，如表 1-15 所示，其中酒 2 件、装置 1 件、试剂 1 件（已授权）。申请人数贵州省最多，共 3 件：赤水芝绿金钗石斛生态园开发有限公司 2 件，主要是金钗石斛酒的开发；遵义医科大学 1 件，为试剂研发。

表 1-15　金钗石斛叶的专利情况

序号	标题	专利类型	申请人
1	一种金钗石斛露酒的制备方法	发明申请	赤水芝绿金钗石斛生态园开发有限公司
2	一种金钗石斛黄酒及其制备方法	发明申请	赤水芝绿金钗石斛生态园开发有限公司
3	一种金钗石斛叶鞘的清理装置	实用新型授权	合江妙灵中药材开发有限公司
4	一种赤水金钗石斛原生质体分离、纯化方法及专用试剂	发明授权	遵义医科大学

（三）金钗石斛茎

截至 2020 年 6 月底，国内金钗石斛茎专利申请总数为 577 件，其中申请中国专利 555 件，申请世界知识产权组织专利 8 件，申请美国等其他国家、地区或组织专利 14 件，如表 1-16 所示。从专利申请趋势分析，2013 年关于金钗石斛茎的专利申请逐渐增多，2017—2019年分别为119件、132件和62件，2020年截至6月底暂未有申请，且2018年专利申请量达到最多，如图1-18所示。从专利技术构成方面分析，A61K（医用、牙科用或梳妆用的配制品）最多，主要为一些非特殊功能化妆品类，如面膜等保湿护肤洗护类产品；其次为A61P（化合物或药物制剂的特定治疗活性），主要涉及药物制剂工艺、质量等，如图1-19所示。从专利技术所在省份分布方面分析，其中贵州省最多，有177件；其次是广东省，有144件；再者是安徽省，有117件，如图1-20所示。从申请人方面分析，安徽金钗石斛有限公司和遵义医科大学最多，各申请专利30件。在贵州省申请人中，有5家企业排名前十，分别为赤水市信天中药产业开发有限公司（19件）、赤水市梽龙虫茶饮品有限责任公司（15件）、赤水芝绿金钗石斛生态园开发有限公司（14件）、赤水市亿成生物科技有限公司（10件）和贵州省赤水市金钗石斛产业开发有限公司（8件），如图1-21所示。遵义医科大学申请的30件中有8件已获得专利授权，如表1-17所示，主要集中在：提取（2件）、药物及其组合物（3件）、制备方法（2件）、试剂（1件）、组培（1件）。遵义医科大学的专利已在多个领域进行布局，有一定的应用价值。

表1-16 不同国家、地区或组织金钗石斛茎申请专利情况

序号	国家、地区或组织	数量/件
1	中国	555
2	世界知识产权组织	8
3	美国	5
4	欧洲专利局	2
5	法国	2
6	其他	5
合计		577

第一章 概述

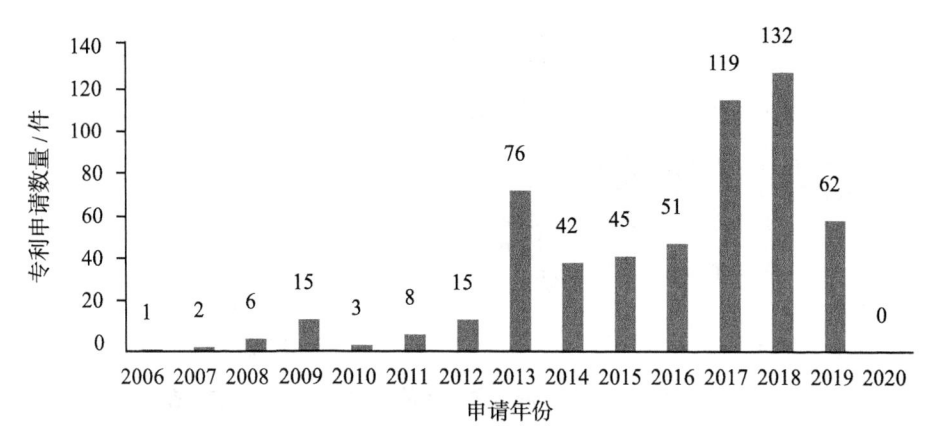

图 1-18 金钗石斛茎专利申请趋势

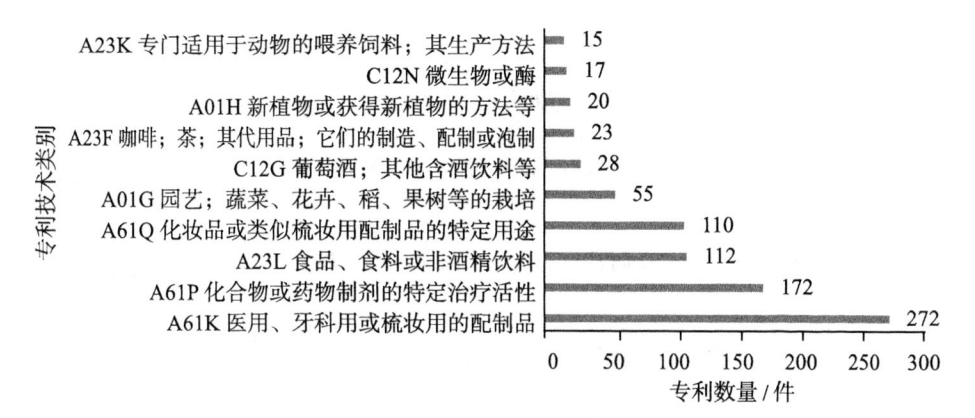

图 1-19 金钗石斛茎专利技术构成

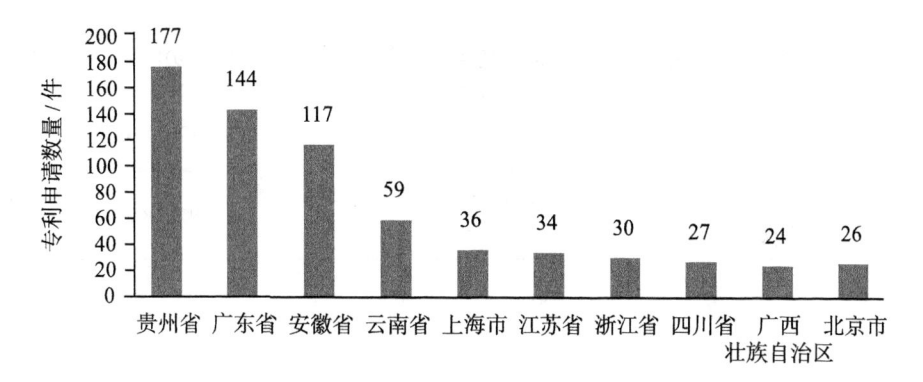

图 1-20 金钗石斛茎各省份专利申请量

029

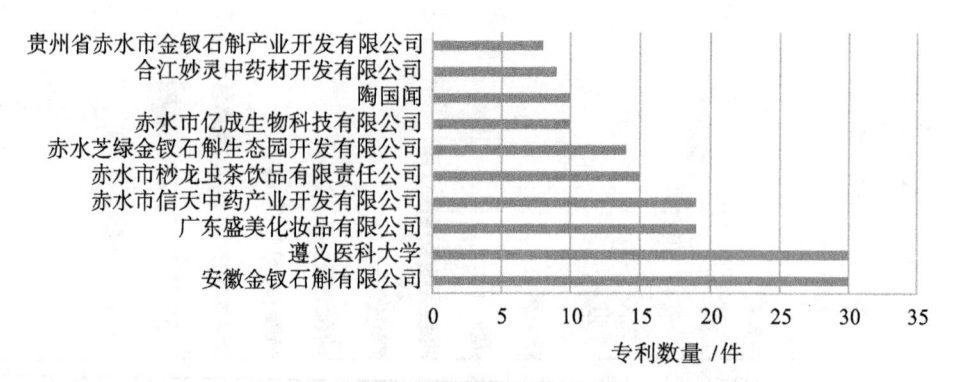

贵州省赤水市金钗石斛产业开发有限公司
合江妙灵中药材开发有限公司
陶国闻
赤水市亿成生物科技有限公司
赤水芝绿金钗石斛生态园开发有限公司
赤水市蚺龙虫茶饮品有限责任公司
赤水市信天中药产业开发有限公司
广东盛美化妆品有限公司
遵义医科大学
安徽金钗石斛有限公司

图1-21 金钗石斛茎专利申请排名前十的申请人及申请数量

表1-17 金钗石斛茎已授权专利（遵义医科大学）

序号	标题	申请号
1	从金钗石斛中提取纯化石斛碱的方法	CN201010300497.0
2	金钗石斛生物总碱在制备治疗老年痴呆的药物中的应用及产品	CN200910301762.4
3	金钗石斛生物总碱在制备治疗缺血性脑损伤的药物中的应用及产品	CN200910301763.9
4	金钗石斛生物总碱在制备治疗糖尿病的药物中的应用及产品	CN200910302172.3
5	一种赤水金钗石斛原生质体分离、纯化方法及专用试剂	CN201410153412.9
6	一种金钗石斛养胃保健口服液及其制备方法	CN201410408279.7
7	一种金钗石斛种苗的组培方法	CN201610058649.8
8	一种联苄基二聚体类化合物及其从金钗石斛中提取分离的方法与应用	CN201810898716.6

第二章　石斛产业发展现状分析

本章在文献资料基础上，分别从铁皮石斛、金钗石斛产业市场规模、产业上游——原料产业发展现状、产业下游——经销商情况、产业终端——消费者消费情况、技术现状、技术热点和技术难点等方面，对全国铁皮石斛、金钗石斛产业发展现状进行深度分析，针对产业存在的技术热点与难点，为石斛产业的发展提供新的思路和参考。

第一节　铁皮石斛产业发展现状

据火石创造数据库显示，当前全国铁皮石斛种植加工企业共1377家，其中浙江省有549家，占39.9%[①]，如图2-1所示，从全国石斛加工产业布局来看，浙江、广西是铁皮石斛种植与深加工产业的主要分布地。全国铁皮石斛加工产业发展现状如表2-1所示。销售市场目前主要在浙江省，其次是上海市、北京市等地，而主产区包括贵州省、云南省在内的大部分区域仍未形成大规模市场。从市场销售情况可知，以铁皮石斛为主要原料的产品可分为三大类：一是中药材及饮片，包括铁皮枫斗、铁皮石斛鲜条及干条、鲜铁皮石斛粉（冻干）、铁皮石斛破壁粉、铁皮石斛普通粉；二是精深加工产品，包括保健食品、日化产品；三是食品，包括铁皮石斛茎、铁皮石斛冻干花和铁皮石斛叶的相关食品。近年来，由于铁皮石斛的药用价值、保健价值不断被发掘，带动其产业种植规模不断扩大。2019年，全国铁皮石斛产量达3.1万吨左右。随着铁皮石斛产地的西移、社会经济的发展、人民生活水平的提高和保健意识的增强，未来国内各大城市也将成为铁皮石斛的广阔市场。

---

① 火石创造.浙江省铁皮石斛产业发展现状分析[EB/OL].（2020-04-01）[2020-06-10].https://www.cn-healthcare.com/articlewm/20200401/content-1099967.html.

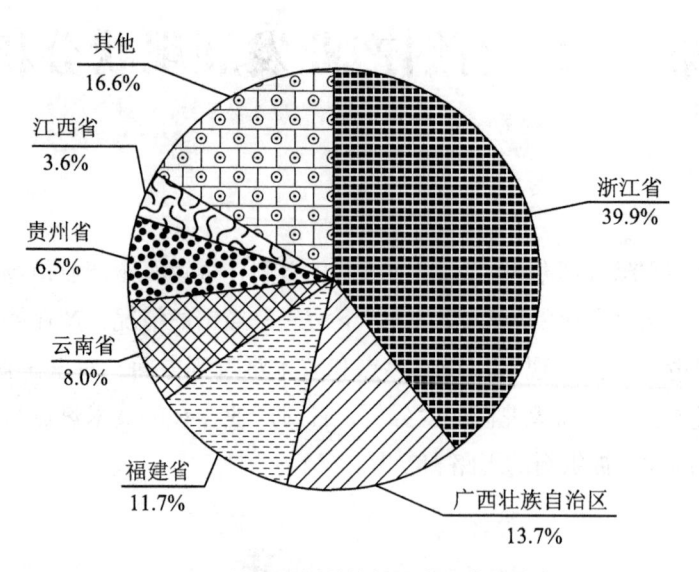

图 2-1 铁皮石斛种植加工企业全国分布

资料来源：火石创造．浙江省铁皮石斛产业发展现状分析 [EB/OL].(2020-04-01)[2020-06-10]. https://www.cn-healthcare.com/articlewm/20200401/content-1099967.html.

表 2-1 全国铁皮石斛加工产业发展情况

省份	发展模式	主要产品	产业特点	重点企业
浙江	"公司+基地+种植户+制药企业"	中药材及饮片：铁皮枫斗、铁皮石斛鲜条及干条 中成药：铁皮枫斗颗粒、铁皮枫斗胶囊 保健食品：铁皮石斛人参颗粒、春荣胜宝口服液、杭健牌铁皮石斛茶、胡庆余堂牌铁皮枫斗晶等 食品：铁皮石斛含片、铁皮石斛饮料、铁皮石斛花茶、铁皮石斛酒类等	1. 全国铁皮石斛的主产区、深加工主要分布地与销售终端市场 2. 产供销一体化 3. 龙头企业集种植、生产加工、销售于一体，具有集约化的特点	浙江寿仙谷医药股份有限公司、杭州天目山药业股份有限公司、浙江森宇药业有限公司、杭州胡庆余堂药业有限公司、浙江天皇药业有限公司

续表

省份	发展模式	主要产品	产业特点	重点企业
贵州	"公司+基地+种植户+制药企业"	中药材及饮片：铁皮枫斗、铁皮石斛鲜条及干条、鲜铁皮石斛粉（冻干）等 保健食品：威门牌铁皮石斛西洋参牛磺酸口服液、威门牌铁皮石斛蝙蝠蛾拟青霉颗粒 食品：铁皮石斛叶面条、铁皮石斛叶植物饮料、铁皮石斛花茶、铁皮石斛叶酒类等	1. 全国铁皮石斛的主产区、铁皮石斛种植面积和近野生种植面积均位居全国第一 2. 种植多、资源丰富，但加工少，产品匮乏 3. 产供销一体化程度低 4. 缺乏联合意识及龙头企业	贵州威门药业股份有限公司、贵州百灵企业集团制药股份有限公司
云南	"公司+农业合作组织+种植户"	中药材及饮片：铁皮枫斗、铁皮石斛鲜条及干条 保健食品：久丽康源牌铁皮石斛红参口服液、玲素牌铁皮石斛胶囊等	精深加工尚处于起步阶段，高附加值的产业链尚未形成	云南久丽康源石斛开发有限公司、云南天保桦生物资源开发有限公司
广东	"公司+基地+种植户"	中药材及饮片：铁皮枫斗、铁皮石斛鲜条及干条 保健食品：铁皮石斛西洋参含片、康富来牌铁皮石斛西洋参颗粒等	1. 采青现象突出，深加工产品缺乏，产品研发不足，质量不高，结构调整速度慢，影响整体市场形象，缺乏市场竞争力 2. 生产设施不足，生产规模小 3. 缺乏联合意识及龙头企业 4. 缺少产品质量控制，影响市场秩序	广东国方医药科技有限公司、广州白云山陈李济药厂有限公司、广东鸿利丰生物科技有限公司、广州碧莲生物科技有限公司
广西	"公司+基地+种植户"	中药材及饮片：铁皮枫斗、铁皮石斛鲜条及干条	种植多、资源丰富，但加工少，产品匮乏	广西万通制药有限公司、广西容县天顺石斛有限公司、广西南宁百会药业集团有限公司、广西维威制药有限公司

续表

省份	发展模式	主要产品	产业特点	重点企业
安徽	"公司+基地+种植户"	中药材及饮片：以霍山石斛中药材或饮片为主	1.野生资源的枯竭，引起种源混乱现象 2.石斛质量参差不齐，缺乏相关的标准 3.产业链短，无真正意义上的深加工	安徽乐然堂药业有限公司、安徽省霍山县福康石斛开发有限公司、安徽省鑫龙石斛有限公司
湖南	"公司+基地+种植户"	中药材及饮片：铁皮枫斗、铁皮石斛鲜条及干条	产业化研发及规模化生产发展较晚	—

贵州省有着得天独厚的铁皮石斛发展优势，自然生态条件特别适合铁皮石斛的生长。2017年，"安龙石斛"（铁皮石斛）获地理标志保护登记。贵州省企业从一开始就坚持走近野生发展道路，目前近野生种植面积全国最大，品质也得到全国同行的认可，形成了"大棚种植看云浙，近野生种植看贵州"的全国新格局。铁皮石斛在贵州省主要分布于黔西南布依族苗族自治州的安龙县、贞丰县，铜仁地区的江口县、沿河县；黔东南苗族侗族自治州的锦屏县；遵义地区的赤水市、习水县等地。2019年，全省新增石斛种植面积2.62万亩，总面积达13.92万亩。石斛鲜条总产量达7207吨，其中金钗石斛鲜条5000吨，铁皮石斛鲜条2207吨，产值达35.48亿元，带动贫困人口4.687万人致富。截至2020年5月，贵州省发展石斛的企业及合作社约85家，贵州省石斛种植面积达15.95万亩，其中铁皮石斛种植面积为6.78万亩，铁皮石斛种植面积和近野生种植面积均位居全国第一。贵州省铁皮石斛近野生栽培总面积占全国85%，区域特色产业优势明显。贵州省石斛产业正慢慢改变我国石斛产业的格局。①

一、铁皮石斛产业市场规模分析

目前，铁皮石斛市场需求量逐年增加，人工种植面积逐年扩大，种植技术成熟度越来越高。据全国中药资源普查统计，目前整个铁皮石斛市场年需

---

① 陈慧.山林之间植仙草 石头开出富贵花[N/OL].贵州日报，2019-12-27(08)[2020-06-10]. http://szbold.eyesnews.cn/gzrb/gzrb/rb/20191227/Articel08005JQ.htm.

求总量在 10 000 吨以上，且每年的需求量不断递增，主要因其药用、保健、美容、食品开发的商家逐年增加，其市场供给力增强。

铁皮石斛种苗、盆栽鲜切花、药品、保健食品、食品、化妆品、日化品等产品均有广阔的市场前景。国内市场，铁皮枫斗价格为 1000～4000 元/千克，一等品出口价格高达 10 000 元/千克；鲜铁皮石斛药材的收购价格可达 200～300 元/千克，而铁皮石斛深加工制成的药品、保健食品等，其附加值则成倍数增加。铁皮枫斗晶的售价为 28 000 元/千克。截至 2019 年，行业产值超过 400 亿元。据专家预估，按照现有发展速度和《智慧健康养老产业发展行动计划（2017—2020 年）》，养生产业将迎来前所未有的发展机遇，未来 5～10 年全国石斛产业产值有望发展到 500 亿元～1000 亿元。国际市场铁皮枫斗价格在 1300 美元/千克左右；东南亚一带，历史上早已形成消费习惯，价格曾高达 1500 美元/千克。

因此，人工种植铁皮石斛及其高附加值产品的开发上市销售，具有巨大的市场盈利空间。

二、铁皮石斛产业上游——原料产业发展现状分析

（一）铁皮石斛原料产品类型及产业特点

以铁皮石斛为直接原料的产品类型主要有：一是鲜品，包括茎、叶、花；二是以铁皮石斛茎制成的干品（干条、枫斗）。其中，鲜条、干条及枫斗是铁皮石斛目前最主要的销售品。

铁皮石斛药材种植产业是典型的技术密集型和资金密集型产业。种植企业若没有一定的技术积累，将难以实现组培苗的规模化生产，且难以保证组培苗的质量。另外，种植方面也面临病虫害多发、日常浇灌或施肥不当等导致的品质差、产量低等一系列技术难题。大棚种植成本为 12 万元/亩～15 万元/亩、树培成本为 3 万元/亩～5 万元/亩。因此，铁皮石斛规模化种植需要充足的资金支持。

（二）铁皮石斛药材质量差异分析

铁皮石斛不仅品种繁多，而且由于盲目引种杂交造成种源混杂。造成不同品种、产地、种植方式和采收期的铁皮石斛在药用价值、化学成分和功效方面存在较大差异。

（三）铁皮石斛药材供给现状分析

据中国中药协会石斛专业委员会统计的数据显示：铁皮石斛人工种植主要分布在长江以南，秦岭以南地区，铁皮石斛企业以南方为主。我国铁皮石斛主要分布于浙江省、广西壮族自治区、四川省、云南省、湖南省、贵州省、广东省等地，其中，贵州省、浙江省、云南省、广东省等四省的种植面积最大，其次是广西壮族自治区、湖南省等省区。截至2019年底，全国铁皮石斛种植面积约达18万余亩。其中，云南省铁皮石斛的种植面积约达6万亩，贵州省铁皮石斛种植面积约达4.75万亩（截至2020年5月底，贵州省铁皮石斛种植面积已达6.78万亩，位居全国第一），浙江省铁皮石斛的种植面积约达4.2万亩。近几年，铁皮石斛产量呈增长趋势，2019年铁皮石斛产量约达3.1万吨[①]，如图2-2所示。近年，铁皮石斛种植在我国南方地区迅速发展，成为南方特色生物产业。全国铁皮石斛种植面积迅速增加，年产量约3万吨。从产量分布来看，铁皮石斛主要分布在浙江省、贵州省、云南省、广东省、广西壮族自治区等地。目前，铁皮石斛原料如鲜条、干条、枫斗是最主要的销售品，而中药材饮片（如鲜铁皮石斛粉、铁皮石斛破壁饮片）、保健食品（如威门牌铁皮石斛西洋参牛磺酸口服液、威门牌铁皮石斛蝙蝠蛾拟青霉颗粒）等深加工产品数量及市场认可度有限，导致对铁皮石斛药材的需求有限，整个铁皮石斛药材产业供给呈现供大于求的局面。

年份	2013	2014	2015	2016	2017	2018	2019
产量/万吨	2.1	2.4	2.5	2.6	2.7	2.9	3.1

图2-2 2013—2019年铁皮石斛产量

（四）铁皮石斛药材市场价格分析

近年来，铁皮石斛种植规模迅猛发展，但高附加值产品数量有限且

---

① 火石创造.浙江省铁皮石斛产业发展现状分析[EB/OL].(2020-04-01)[2020-06-10].https://www.cn-healthcare.com/articlewm/20200401/content-1099967.html.

市场占有率低，导致铁皮石斛药材供大于求，走销不畅，销售价格大幅下滑。2010年前，铁皮石斛鲜条价格根据产地、品种、品质的不同，售价在1000～2000元/千克不等，铁皮枫斗售价在10 000元/千克左右，浙江省、贵州省产出的铁皮石斛鲜条价格在200元/千克左右，干条价格在800元/千克以下；云南产出的鲜条价格在150元/千克左右，干条价格在500元/千克以下。

（五）上游产业发展影响因素分析

1. 受政策影响

2018年6月，国家卫生健康委员会将铁皮石斛花、铁皮石斛叶纳入了"地方特色食品"管理，其各地方安全标准即将颁布；2020年1月，铁皮石斛被作为药食同源物质进行试点管理，但试点相关许可未公布，以铁皮石斛为原料的食品仍未合法化，严重制约其扩大销售。

2. 市场混乱、产品质量参差不齐

在我国，石斛共有76个品种和2个变异品种，常见品种有15个左右。[1]铁皮石斛与多种同属植物在形态上并没有显著区别，尤其是加工成枫斗或者深加工产品后，从外观上更难以区别。由于铁皮石斛价值高，种植难度大，市场上存在同属植物制成的伪品冒充铁皮石斛出售的情况。伪品的药用价值和保健价值大打折扣，严重损害铁皮石斛的声誉，影响铁皮石斛产业的健康有序发展。

3. 技术研发水平低、高端产品少

铁皮石斛相关科研技术水平相对滞后。近年来，虽然有一些龙头企业针对铁皮石斛的人工组培、种植等环节投入科技研发，取得一定的成绩，但整体来说，科研投入的总量不足、各自为政，造成优质铁皮石斛的选育推广滞后，铁皮石斛栽培技术、绿色防控、药效物质基础、作用机理、质量控制等诸多领域的基础研究明显不足。古籍配方的挖掘、产品种类的拓展等方面有待进一步加强。另外，当前铁皮石斛产业中规模较大的龙头企业较少，企业规模较小。近年来，由于上游产业迅速扩张与粗放式生产经营，铁皮石斛的产能出现结构性的过剩，亟须加大深加工力度，延长产业链。

三、铁皮石斛产业下游——经销商情况分析

（一）铁皮石斛品牌现状分析

创品牌是石斛产业未来的通行证。由于目前市场不成熟，有些企业和种植户没有重视品牌打造。2006年，中央电视台《每周质量报告》的仙草之谜节目，主要针对浙江省部分企业在铁皮石斛产品销售中鱼目混珠、以假充真、以次充好的情况进行曝光，让许多消费者失去了对一些铁皮枫斗的信任。因此，诚信经营，保障铁皮石斛质量，创立铁皮石斛品牌产品尤为重要。

（二）铁皮石斛经销商区域分布

铁皮石斛的主要消费市场集中在浙江省、广东省，其次是江苏省、广西壮族自治区、湖南省和福建省，安徽省、江西省、四川省、贵州省等省份的消费市场也在逐渐形成，铁皮石斛经销商也主要分布在这些主消费区域。

（三）下游产业发展影响因素分析

由于铁皮石斛是我国名贵的中药材之一，产品市场营销群体定位主要以高端消费群体为主。可以实行以客户为中心的营销策略，重点做好高端消费群体的分析，推行顾问式销售等现代营销方式，采用经销商、大客户、专卖店、促销等模式，多管齐下，建设管理销售网络，提高管理销售队伍的水平。

发展信息网络，注重宣传力度。铁皮石斛产业发展仍处于初级阶段，消费者对铁皮石斛了解不多，于是很多企业并不注重宣传。当今人类社会大规模、高速度地进入信息时代，从某种意义上讲，信息就是效益，市场竞争就是信息竞争。可以重点借助电视台、报刊、网络等媒体工具，有计划地组织新闻采访或访谈等活动，提升人们对铁皮石斛的了解，为市场逐步扩展推广创造良好的舆论环境，营造良好的市场氛围。

四、铁皮石斛产业终端——消费者消费情况分析

（一）中国人均铁皮石斛消费情况分析

铁皮石斛是我国传统名贵中药材，具有益胃生津、滋阴清热等功效。纵观我国铁皮石斛行业发展态势，近年来种植面积逐年增加，产量也不断提

高，消费量稳步上升，铁皮石斛需求量总体呈现上升趋势。随着经济的发展，消费者越来越注重养生，铁皮石斛越来越受到消费者的青睐，其需求不断增长。

伴随人类文明的进步，社会的发展，人们在生活和社会实践中逐步总结和积累了大量丰富的养生健康知识。改革开放四十多年来，国家发生了巨大变化，人民生活得到了前所未有的改善，如何吃得健康、吃得长寿，如何保持身材苗条，如何少生病，是富裕的中国人民的一个新的追求。铁皮石斛因其自然生长环境要求较苛刻，野生铁皮石斛自然繁殖能力极低，生长缓慢，产量低，历代皆是名贵稀有的保健佳品，只能满足极少数人群享有，普通百姓甚至都难闻其名。近十几年来，在无数科研人员的辛勤努力下，铁皮石斛的人工种植技术得到突破，并逐步成熟。尤其是从2006年至今，人工种植技术发展迅速，形成了产业化，为普通百姓消费铁皮石斛，提高生活质量迈出了重要一步。按照消费传统铁皮石斛产品的费用计算，如长期食用，人均月消费在千元左右。从这个层面来说，养生保健是人民生活水平提高后的一种高质量生活的追求。目前，铁皮石斛产品主要有铁皮枫斗、铁皮石斛茶、铁皮枫斗晶、铁皮石斛酒、铁皮枫斗胶囊等产品。未来，随着人民养生保健需求的日益增长，经国家相关部门认可、审批可用于保健和养生的铁皮石斛产品会更加丰富。

据资料显示，截至2018年底，我国60岁及以上人口数量约2.49亿，近1.8亿老年人患有慢性病，患有一种及以上慢性病的比例高达75%。[1] 铁皮石斛是滋阴良品，应用范围相当广泛，适用于阴虚体质者、各种燥热症（消渴症、胃病属阴虚胃火盛者、咽喉炎、干燥综合征等）患者、早期白内障患者、中老年人、肿瘤患者等。铁皮石斛有甘之而不槁，口嚼之而无渣滓，味浓而富脂膏，益胃益液，却无清凉碍脾之虑的说法，说明了铁皮石斛的独到之处。铁皮石斛作为中草药种类中珍稀的中药材，在石斛市场上的价格也是居高不下，尽管如此，铁皮石斛仍然"活跃"在消费者的视线里。铁皮石斛之所以能够成为人们的"专宠"，是因为其具有非常高的药用价值，可为人们的健康"添砖加瓦"。

---

[1] 健康中国行动推进委员会.健康中国行动（2019—2030年）[EB/OL].（2019-07-15）[2020-06-16]. http://www.gov.cn/xinwen/2019-07/15/content_5409694.htm.

（二）铁皮石斛消费者地域分布情况分析

从我国的铁皮石斛分布来看，其种植面积在逐年增加，产量也随之递增。目前，铁皮石斛的主要消费市场集中在浙江省和广东省，其次是江苏省、广西壮族自治区、湖南省和福建省，贵州省、安徽省、江西省、四川省等省份的消费市场还在逐渐形成，其他地区的消费市场也开始萌动。

（三）铁皮石斛消费者品牌忠诚度分析

铁皮石斛作为中药材的一种，其产品具有一定的滋补、生津养胃的功效，深受老百姓喜爱。目前，国内已逐渐形成以下品牌产品。

1.森山铁皮石斛

浙江森宇药业有限公司是一家专业从事保健食品、高档食品、药品，并以名贵药用植物铁皮石斛为主的，集研究、开发、种植、生产和销售为一体的高科技企业。20世纪90年代末，浙江森宇药业有限公司率先对铁皮石斛人工栽培技术进行研发，历经二十余年的培育和发展，目前拥有国内规模较大的人工栽培和产品初加工产区，已成为全国铁皮石斛行业的龙头企业，是中国铁皮枫斗行业的领导者。

森山铁皮枫斗是中国铁皮枫斗第一品牌。在消费者对铁皮枫斗品牌认知度调查中，无论是铁皮枫斗的知名度（指提到铁皮枫斗，消费者首先会想到的品牌），还是铁皮枫斗品牌认知的深度和广度，"森山"均位于第一位，且远远领先于其他品牌。森山铁皮枫斗主要以中药材饮片形式销售。

2.同仁堂铁皮石斛

同仁堂健康药业集团拥有符合国家食品药品监督管理医药行业标准的GMP10万级大型现代化生产厂房，有食品、保健食品、软胶囊、固体制剂等现代化生产线，并设有大型的物流配送中心；公司在全国拥有近500家服务一流、形象精美的"北京同仁堂专卖店"及近千家形象专柜，管理体系成熟。这种无任何中间代理商，产、供、销为一体的经营模式，使积淀了几百年的同仁堂产品的品质得以保障，赢得了广大消费者良好的口碑。该集团铁皮石斛产品有铁皮枫斗、铁皮石斛粉、铁皮石斛西洋参冻干粉等，涉及原料、中药饮片（含深加工饮片）、保健食品。

3. 胡庆余堂铁皮石斛

杭州胡庆余堂药业有限公司，创立于1874年，浙江省知名商号，以研制成药著称于世。其中，胡庆余堂牌铁皮枫斗晶是以铁皮石斛为主要原料制成的一种保健产品，具有免疫调节、抗疲劳的功效。

4. 寿仙谷铁皮石斛

寿仙谷药业股份有限公司是集名贵中药材品种选育、研究、栽培、生产、营销为一体的高新技术企业。公司长期不懈坚持铁皮石斛、灵芝、西红花等名贵中药材的优良品种选育、生态有机栽培、中药炮制技艺和新产品的研发。公司在远离污染与风景秀丽的源口、刘秀垄等地建立了铁皮石斛等名贵中药材标准化仿野生栽培基地，确保了药材纯天然无污染。该公司研究开发的铁皮枫斗颗粒、铁皮枫斗浸膏等产品通过了浙江省科技新产品鉴定。公司实现了从良种选育、种苗培养、近野生有机种植、中药炮制、有效成分提取、产品精加工生产、检验检测等全程质量控制，确保了产品的安全、纯正、道地、高效。

5. 康恩贝高山铁皮石斛

康恩贝集团下属的浙江济公缘药业有限公司是专业从事名贵药材铁皮石斛的人工组培、种植、生产、销售于一体的企业。公司与中国农业科学院航天育种中心、浙江大学农业科学院等多家科研单位倾力合作，进行规模化铁皮石斛近野生种植和系列产品的研制、开发。铁皮石斛类主导产品为"济公缘"铁皮枫斗、铁皮枫斗晶、铁皮石斛鲜品、铁皮石斛花、铁皮石斛浸膏等。

6. 立钻铁皮石斛

浙江天皇药业有限公司是一家专门从事药用植物和名贵中草药——铁皮石斛栽培、研发、生产、营销，集科、工、贸一体化，具有自营进出口经营权的高新技术企业。经过近十年的刻苦钻研，攻克了铁皮石斛大田移植栽培技术难题，在天台山建成了铁皮石斛栽培生产基地，并成功地开发了铁皮枫斗晶（胶囊）系列保健药品。立钻牌铁皮枫斗晶以铁皮石斛为主要原料，经高科技提取制剂的方法精制而成，具有滋阴润肺、养胃生津、健脑明目、补五脏虚劳、抗疲劳、抗肿瘤、提高机体免疫力等功效。

7. 神象铁皮石斛

上药神象健康药业有限公司，专注健康产业几十年，始终视质量为生命、严把质量关，通过原料基地建设、加工基地建设等对产品质量从原料到成品进行全程把控。上药神象健康药业有限公司陆续建立了云南仿野生紫皮石斛基地，在全国尤其是在华东地区拥有广为覆盖的终端营销网络，除传统医药渠道以及在优势地区开设直营店外，公司一直致力高端百货和大型超市卖场的开发。

8. 雷允上铁皮石斛

雷允上药业集团有限公司创始于1734年，位于苏州，中华老字号，以六神系列药品著称。雷允上铁皮石斛产品以霍山产铁皮石斛为首选原料。

9. 威门铁皮石斛

贵州威门药业股份有限公司创立于1996年。公司运用现代先进"冻干粉"技术，率先做到铁皮石斛冻干粉无损营养、储存"新鲜"、方便食用，并在"互联网+"的威门大健康电商平台上联动销售。

威门药业股份有限公司以铁皮石斛为主要原料开发的威门牌铁皮石斛西洋参牛磺酸口服液、威门牌铁皮石斛蝙蝠蛾拟青霉颗粒是贵州省目前唯一获批的2个铁皮石斛系列保健食品；鲜铁皮石斛冻干粉，采取先进冻干工艺，最大限度保留铁皮石斛有效成分；同时，开发了铁皮石斛花茶、铁皮石斛叶面条、铁皮石斛叶植物饮料，目前均获得贵州省食品安全企业标准备案。

10. 贵州绿健神农有机农业股份有限公司铁皮石斛

贵州绿健神农有机农业股份有限公司是一家专门从事名贵中药材铁皮石斛组培、规模化大棚种植、仿野生树上栽培、技术研发及铁皮石斛系列产品深加工的现代农业企业。目前，公司已建成一座13 000平方米"鸟巢"温室大棚，"鸟巢"内部建成2000平方米的铁皮石斛组培室和10 000平方米的炼苗区，年产优质种苗1000万瓶，整座大棚设有餐厅、茶楼、垂钓等区域，环廊设计气雾栽培、无土快繁、立柱栽培种植区，全部以现代科技农业、休闲观光、旅游为一体，空中花园绿化带与18米高度环梯可供游客徒步"鸟巢"峰顶，感受现代科技农业的奇妙独特。

（四）铁皮石斛行业销售渠道现状分析

渠道营销策略是营销策略中的重要组成部分，是以实现销售为目标，通过不同方式将产品和信息输送给消费者的一种策略。

1. 直销渠道

采用人员推销的直销模式是有一定优势的，销售人员可以准确地了解客户对产品的需求及他们对产品的看法，具有市场调研的作用，对产品的研发改进及为客户提供优质服务有很大的帮助。

2. 中医堂、养生会所、高端餐饮场所的特通渠道

铁皮石斛位居"中华九大仙草"之首，其中医养生的功效已经受到越来越多的关注。与中医堂、高端养生会所合作，将产品引入此渠道，既有利于销售，也能较好地打造自身的品牌。同时，可以与相应的高端餐饮场所合作，将铁皮石斛作为一种高端食材使用，推出石斛养生汤产品。

3. 网络渠道

随着移动互联网的发展，网络渠道已经成为一种不可忽视的销售渠道。可以在天猫和京东等网络平台开设旗舰店，方便客户直接从网上下单购买产品。

4. 体验式营销模式

可以依托铁皮石斛种植基地的优势，在基地里附加种植部分时令水果蔬菜及养殖家禽。经常组织对企业产品黏性较强以及具备潜在消费能力的客户到基地去体验，向他们介绍铁皮石斛的功效、种植过程，让他们亲身体会铁皮石斛产品的有机无公害种植模式，让客户自己剪摘石斛，在基地品尝新鲜石斛宴，使他们能够在体验中增加对石斛产品的了解。

（五）铁皮石斛渠道营销策略

1. 宣传单推广

发放宣传单，进行相关的科普宣传。这样可以让大家很好地知晓铁皮石斛的相关知识，更加了解铁皮石斛属性。

2. 信息发布推广

信息发布是网站推广的常见方法之一。将有关推广信息发布在潜在用户可能访问的网站上，利用用户在这些网站获取信息的机会实现网站推广的目的。适用于这些信息发布的网站包括在线网页、分类广告、论坛、微博、供求信息平台、行业网站。

3. 微博推广

每天更新相关的知识及商品信息，以增加微博的粉丝数，让各类人群接触铁皮石斛，发掘网络上的潜在客户。

五、铁皮石斛产业技术现状分析

铁皮石斛产业属于高投入、高风险、高科技支撑产业，组培工厂化生产技术研发与推广应用，解决了种苗大量繁育难题，确保了生产栽培每年数亿丛苗木的需求问题；栽培基质的研发与集成栽培技术的应用，解决了从野生到家化栽培的技术瓶颈；依据中医养生理论，通过药味的配伍，生物活性物质的高科技提取工艺研发，形成了一批专利技术与新产品。现代科技进步有力地支撑了行业的转型升级，提高了产品的科技含量，支撑了行业的快速发展。但种苗的组织培养工厂化生产不仅需要技术，也需要较高的投入（小型组织培养室需要30万元以上的一次性投入）。这一特点决定了铁皮石斛生产并非普通农户所能独立完成的，而需要较大型的农业合作组织、骨干龙头企业的直接组织参与；绝大多数地区需要栽培设备，即需要投入建设大棚设备，费用高达12万元/亩~15万元/亩。在高附加值产品加工领域，更需要现代高科技有效成分的提取工艺与技术。种植铁皮石斛对技术要求较高，加上受各种自然灾害的影响较大，必然存在较高的投入风险。另外，贵州省铁皮石斛品种选育、质量控制、新产品开发等产业发展共性关键技术相对滞后，产品销售市场狭窄，伪品冲击等均是产业发展面临的重要问题。因此，组建产业联盟，协调产业健康持续发展，进一步加强品种选育、质量控制、新产品开发等产业发展共性的关键技术研究，是铁皮石斛产业技术发展大趋势。

（一）铁皮石斛品种提纯复壮（品种改良、种质资源的优化）现状分析

自然生长的铁皮石斛多分布于海拔1000～3400米的热带、亚热带雨林及类似的温暖湿润的环境中，附生于树干及林下岩石上，在湿度为70%左右，年均温度为12～18℃，降雨量1100～1500毫米的地区长势良好。铁皮石斛在我国分布较广，在浙江省、安徽省、江西省、福建省、广东省、广西壮族自治区、云南省、贵州省、四川省、河南省、湖南省均有分布。[2]长期以来，石斛类药材主要利用野生资源，自然繁殖率很低，加之过度采挖，野生资源濒临灭绝，种质资源收集十分困难。倪勤武等[3]在浙江富阳发现野生铁皮石斛，并对其分布地区的地理和生态环境、气候特点的描述较为详细。周丽等[4]对黔西南布依族苗族自治州石斛资源进行调查，收集到包括铁皮石斛的十多种的石斛资源，并提出要合理开发利用野生资源。雷衍国等[5]在对广西壮族自治区西北部的隆林县金钟山保护区、九万山保护区和巴马县西山乡平峒大队3地野生石斛资源实地调查中发现了齿瓣石斛、铁皮石斛、勐海石斛等10种石斛，但蕴藏量很少，提出野生石斛保护和开发利用的建议。铁皮石斛分布较广，由于地域及气候差异导致品种出现差异，这种情况在多种中药材中都有反映。因此，系统研究铁皮石斛种质资源的分布状况并建立种质资源库，有助于实现药材的"道地性"，有利于药材的质量稳定，并对引种驯化、育种有现实的指导意义。药用植物种质资源研究是优良品种选育的基础，对生药的开发和可持续利用起着至关重要的作用。[6]在铁皮石斛种质资源收集的基础上，铁皮石斛种质资源的引种驯化也取得了突破。倪勤武等[7]自2000年开始在富阳上官乡的山坞中建造了栽培基地，利用富阳本地铁皮资源开展驯化栽培研究，解决了铁皮石斛的仿生栽培的基质问题，摸索出一套简单易行的仿生栽培技术。张绍云[8]在云南省思茅地区石斛属植物资源的调查中发现思茅地区的铁皮石斛是从文山州广南县引种并组织培养育种而形成规模化的种植。胡永亮等通过对云南德宏傣族景颇族自治州药用石斛资源调查，发现其中12种药用石斛主要栽培品种（包括铁皮石斛）的人工种植总面积达1.8136平方千米。[9]浙江省农作物品种审定委员会认定了铁皮石斛"天斛1号"（杭州天目永安集团有限公司），该品种铁皮石斛是从浙江临安天目山上采集的野生种经组培快繁驯化而成，适宜在临安天目山地

区广泛种植。[10] 目前，大多数的科研院所和企业对铁皮石斛种质资源收集和驯化有一定的基础，但大多只重视当地种质资源的收集与驯化，对铁皮石斛鉴别大多停留在真伪鉴别上，很少评价种质资源的优劣。然而，种质资源是药用植物生产的源头，种质的优劣对药材的产量和质量具有决定性的作用。

（二）铁皮石斛种植技术发展现状（粗放式发展转化为高效绿色发展）分析

20世纪90年代，铁皮石斛成功实现了人工种植，而在品种调查收集，以及细胞学、遗传学方面的工作较少，影响了铁皮石斛优良品种的开发。[11] 由于中药材人工种植时间不长，绝大多数中药材只是简单的野生引种，大大落后于粮食作物等农作物育种。因此，当前铁皮石斛研究的一个新的工作重点应是良种选育。除了调查已有野生种的农艺性状和有效成分外，还需通过杂交育种等方法进行品种改良。

2009年，斯金平等[12]对铁皮石斛人工栽培技术研究发现，铁皮石斛自花基本不育，长期以来人工杂交一直不理想，自然结实主要依靠昆虫传播授粉，结实率很低。自然结实率低导致资源濒临灭绝；昆虫传播授粉因父本无法控制，导致目前栽培的铁皮石斛品系复杂，品种内一致性差，世代之间遗传稳定性差等问题。近年来，浙江农林大学、浙江大学等科技人员的人工授粉技术取得了突破，先后培育出一批全同胞F_1代，子代初步测定结果表明，杂交后代能够有效地解决铁皮石斛种植过程中高产与优质之间的矛盾，优良子代可溶性多糖可达干质量的40%以上，品系内一致性好，遗传稳定。

已有研究对九种石斛（密花石斛、鼓槌石斛、球花石斛、美花石斛、兜唇石斛、铁皮石斛、无距石斛、钩状石斛、单斑石斛）进行人工授粉，只有美花石斛和铁皮石斛能自花授粉；在同序异花授粉中，只有铁皮石斛能授粉成功；在异株授粉中，九种石斛都能成功。[13] 通过人工授粉获得铁皮石斛蒴果，再以蒴果种子为材料进行组培快繁试验，结果表明人工杂交育种结实率达83%。[14] 当前，铁皮石斛育种手段以杂交育种培育全同胞F_1代、组织培养无性扩繁为重点，研究表明石斛种子可以在适合的培养基上进行无菌萌发。[11] 这使得铁皮石斛杂交育种的规模化发展成为可能。种苗的大量、快速生长已成为规模化生产的关键，而组培快繁技术是解决该问题的最好方法。

通过智能温室系统自动化调控温度、湿度、光照，营造对铁皮石斛最适宜生长的环境，在智能温室中进行规模化栽培铁皮石斛，可以提高品质，实现四季栽培，周年供应，对中药材的生产和园林景观工程运用有积极深远的意义。

（三）铁皮石斛产品的创新、研发、推广技术现状分析

铁皮石斛作为一种中药材，因其含多种功能性成分使其具有增强免疫力、抗氧化、降血脂、降血压、促消化、抗肿瘤等药理作用。铁皮石斛主要的有效成分为石斛类多糖，也是铁皮石斛的特征性成分。铁皮石斛在临床上对于消化系统疾病、糖尿病、肿瘤等具有一定的辅助疗效。[15]研究表明，铁皮石斛在新药开发方面有较好的前景。到2020年6月底为止，国家市场监督管理总局已批准含铁皮石斛的国产保健食品有98种。铁皮石斛是国家批准的可用于保健食品的114个物品之一，它含有丰富的多糖成分、氨基酸以及其他的功能性成分，根据国家市场监督管理总局批准的国内保健食品目录和进口保健食品目录，金钗石斛、铁皮石斛和霍山石斛这三种石斛可被开发成保健食品。其中，以铁皮石斛为原料开发剂型较多，主要有颗粒、胶囊、口服液、注射剂、片剂、浸膏、丸剂等，这些产品的开发主要是依据铁皮石斛具有免疫调节或增强免疫力的保健功能，其次是其抗疲劳和抗氧化的保健功能。根据铁皮石斛所含的功能性成分，铁皮石斛保健食品开发主要有三类：第一类是利用其具有增强免疫力和抗氧化的功效，开发出适用于老年人的保健食品，以增强其体质，防治骨质疏松等老年病；第二类是开发出适用于工作压力大、经常熬夜、生活节奏快的年轻人的保健食品，以抗疲劳，提高机体应激能力，保持旺盛精力等；第三类是从铁皮石斛的功能出发，开发针对某些特定人群使用的保健食品，例如，用于养胃护胃、保肺利咽、抗辐射、抗癌等方面的保健食品。[16]除了国家已经批准上市的铁皮石斛保健食品产品外，还出现了铁皮石斛酒、铁皮石斛挂面、铁皮石斛香烟、铁皮石斛速溶粉、铁皮石斛糖果、铁皮石斛果蔬饮料等多种新产品；除了利用铁皮石斛的茎，还出现了利用叶片制茶、花提取挥发油、茎萃取液制护肤品等方法加工的新产品。[16]由于目前很多铁皮石斛产品的开发仅处于初加工低水平，而深加工产品不足或新产品开发力度不够，加之因铁皮石斛具有较高的商

业价值，市场上对其宣传过于夸大，导致以次充好的现象层出不穷，使得铁皮石斛保健食品市场由盛转衰。虽然如此，铁皮石斛所具有的增强免疫力、抗氧化、抗疲劳等功能，使其作为保健食品依然受到青睐。因此，市场应利用好铁皮石斛保健功效，加大加快研发投入，从而创造出更多新的方便食用的铁皮石斛保健食品。

（四）铁皮石斛功能性成分的技术现状分析

中药所含化学成分与中药具有的功效是密切相关的，但这些成分不是单一的化合物，也不是杂乱无章的多成分，而是由特定的药效组分有序的组合，各成分之间具有量化和比例的关系。但仅以铁皮石斛的一个或者两个化学成分作为定量、定性指标远远不能从整体上反映中药的内在质量。因此，有学者通过对其黄酮类等成分进行研究，旨在通过建立多指标的有效成分（组分）含量测定，以达到对其进行更可靠的质量评价。有研究发现，在360纳米下，正丁醇部位中黄酮类成分会随着铁皮石斛的种植年限变化产生一定的变化，其中2年生中黄酮类化合物相对极性较小，且较集中。3年生极性分布较广，其含量相对较大。4年生主要分布在极性大的黄酮类化合物，含量相对较低。酚类及黄酮类成分与铁皮石斛中多糖及甘露糖含量规律有所背离。[17]陈晓梅等[18]以近10年来国内外发表的文献为依据，通过归纳、总结等方法，获知铁皮石斛主要含有多糖、苷类、酸类、木质素类等化合物，认识到指纹图谱分析、单糖组成分析、多元统计分析等方法有助于鉴别铁皮石斛，能更全面地评价其质量；要对多种类型化学成分的多项指标进行分析是有利于完善铁皮石斛的质量评价体系的。龚庆芳等[19]通过研究发现，铁皮石斛花的氨基酸中主要以精氨酸为主，其次为脯氨酸；铁皮石斛茎的多糖含量高于铁皮石斛花，而铁皮石斛花的总酚和总黄酮高于铁皮石斛茎；铁皮石斛花的还原力强于铁皮石斛茎。铁皮石斛花有广阔的开发前景。孙恒等[20]经过查阅国内外铁皮石斛近10年的文献报道，对研究其化学成分的相关文献进行整理、分析和归纳，得知铁皮石斛以多糖及苷类成分为主，化学成分类别较多，包括多糖、苷类、氨基酸、矿质元素、生物碱、挥发油等。这将为铁皮石斛的深入研究开发和新药配伍提供理论参考。

（五）铁皮石斛精深加工产品的开发技术现状分析

目前，铁皮石斛产品主要以传统的铁皮枫斗为主，深加工产品不到5%。为改善铁皮石斛干品的品质，降低成本，研究者对铁皮石斛的干燥特性进行了研究。由研究结果可知，机械加工法中，将原料切成短段并压扁，可使铁皮石斛的角质层撕裂，促进水煎时石斛多糖的溶出，故机械加工方法与传统手工加工方法相比，对铁皮石斛的有效成分多糖的含量无显著影响，不影响产品质量。在烘干前采用砂炒预处理的方法对铁皮石斛的鲜茎进行干燥加工，与传统加工方法相比，药材浸出物含量较高，同时减少了操作环节和环境污染，降低了生产成本，还能保证和提高药材质量。除了传统的干燥工艺，研究者也在探讨其他现代干燥方式对铁皮石斛干制品品质的影响。真空冷冻干燥可以较好地保持铁皮石斛干制品的品质。研究表明，真空冷冻干燥铁皮石斛干品颜色鲜亮，色泽保持较好且多糖及石斛碱含量损失少。我国亚健康人群正不断年轻化，因此，中青年人对铁皮石斛的增强免疫力、缓解体力疲劳等保健功能的需求在不断增加，铁皮石斛保健食品的剂型应朝着方便快捷的时尚即食性食品形式发展。

六、铁皮石斛产业技术热点和难点分析

（一）铁皮石斛品种提纯复壮（品种改良、种质资源的优化）技术热点和难点分析

1．热点

（1）铁皮石斛采用无基质保水驯化技术，能充分满足铁皮石斛对通风透气性、水分、氧气、光照等方面的需求，其中采用无基质保水1厘米处理进行驯化效果最佳，具有多方面的优势。

①移栽技术简单易操作，能大幅度提高种植密度。瓶苗移栽后长势在短期内得到恢复，根系活力强，叶片浓绿。

②通风透光透气性好，保水吸肥能力强，茎基部裸露，可使芽早生快发，萌芽率高，驯化周期短。

③瓶苗移栽成活率高，达99%以上；无基质、通风透气性好可有效防止病虫害的发生，减少了驯化损失，提高了驯化苗的质量，降低了生产成本。

（2）育种方法主要有选择育种、杂交育种、诱变育种、倍性育种等常规育种方法，此外，分子标记辅助育种、转基因育种等现代生物技术手段将成为今后铁皮石斛育种的工作重点。

2. 难点

（1）瓶苗驯化过程所需时间长，栽植烦琐，病虫害易发生，若管理不善，将严重影响幼苗成活率、产量和品质，增加生产成本，造成驯化苗价格居高不下，一定程度上打击了企业和种植户的生产积极性，从而制约了产业的发展。

（2）铁皮石斛的引种试种、驯化栽培十分普遍，然而部分种植企业不关注品系的来源，不在意种源的混杂，不考虑产品质量的均一性、稳定性。对于非原产区，易导致产品质量不均一；对于原产区，不仅产品质量参差不齐，更可能导致原产地品系优势的丧失。针对引种驯化，研究发现由于气候的差异，引种后铁皮石斛在生长过程中就存在一定的差异。另外，同一种源移栽到不同地区、不同种源引种到同一地区其化学成分组成相似，但相对比例及含量存在显著差异。

（3）目前缺乏对铁皮石斛种源的评价、鉴定研究，解决种源混乱是质量把控的首要问题，其次需解决引种驯化后产品质量的稳定性、均一性。针对引种驯化，应标注引种栽种的地区以区别种源的原产地，或将引种驯化后的种质认定为新的品质或新的品种。针对不同的种源、品系、品种，应研究种植模式、采收年限、采收时间、加工方式等其对质量的影响；针对不同类型的产品，应研发建立科学、合理的真伪品检测体系。针对铁皮石斛全产业链，应鼓励产学研合作开展研发；规范种植模式，限制化肥、农药的施加，严控农药、重金属残留，提倡绿色种植、有机种植；建立产品质量标准，建立产品分级标准，加强产品质量检测，进而打造绿色、健康产业。

（二）铁皮石斛高效绿色种植热点和难点分析

1. 热点

树栽最接近野生铁皮石斛的生长环境，产出来的石斛也最好。不与粮食争田地，可以最大化利用空间，而且害虫也较少，最重要的是仿野生自然生成，保住石斛的灵气，传递石斛的精华。

2. 难点

（1）树栽相比大棚种植密度低，同样的种植数量，树栽的种植面积会更大；（2）相同面积的种植，对于管理上的人工投入，树栽比传统大棚种植要多1.5倍以上；（3）树栽浇水比大棚种植难度要大很多；（4）树栽更依赖于自然天气，对于自然灾害及病虫害的抵御能力较差，预防难度较大；（5）树栽的生长周期相较于大棚种植要缓慢一些；（6）野外种植受森林面积、树木胸径等影响较大，要找到一片适合种植铁皮石斛的环境不容易。

（三）铁皮石斛产品的创新、研发、推广技术热点和难点分析

1. 热点

铁皮石斛产业发展进程中形成了众多的产品类型：原料及初加工产品方面包括鲜条、烘干条、烘干切片、枫斗、超微粉、冻干花茶等；开发剂型较多，包括颗粒、胶囊、口服液、饮料、片剂、浸膏、丸剂等；而在医用中成药中则包括石斛颗粒、石斛夜光丸、脉络宁注射液、通塞脉片及养阴口服液等。

2. 难点

（1）在原料及初加工品方面，由小型企业或个体生产销售，在产品质量方面则缺乏监督管理，缺乏相应的产品分级，导致产品价格差异大，造成市场混乱；（2）产品研发既要保持铁皮石斛的有效成分，又要考虑节约成本，实为两难全；（3）价格昂贵，消费人群受限；（4）市场发展途径不够开阔。尽管铁皮石斛产业近几年发展得越来越迅猛，但它的市场还受限制，主要销往国内市场以及固定产业，难以兼顾海外市场。此外，在产销对接方面也有所欠缺，品牌知名度还不够，或知名度传播不够远，阻碍了铁皮石斛产业的进一步发展。

（四）铁皮石斛功能性成分的技术热点和难点分析

1. 热点

铁皮石斛的主要化学成分为铁皮石斛多糖、生物碱、菲类和联苄类化合

物、氨基酸、黄酮类、酚酸类、微量元素等，其中，铁皮石斛多糖具有抗氧化、抗衰老、调节免疫力及抗肿瘤等作用。

（1）抗氧化、抗衰老作用。石梅兰[21]研究发现，铁皮石斛多糖能有效抑制高糖诱导的人脐静脉内皮细胞氧化应激损伤。唐军荣等[22]发现组培的铁皮石斛多糖能很好地清除羟基自由基、超氧阴离子自由基和1,1-二苯基-2-苦基苯肼自由基。董昕等[23]通过观察铁皮石斛多糖对1-甲基-4-苯基吡啶离子（MPP⁺）所致PC12细胞损伤的抑制作用及可能机制，发现铁皮石斛对神经细胞的损伤具有抑制作用，其神经保护的机制可能是通过抑制氧化应激。梁楚燕等[24]提示铁皮石斛具有辅助改善小鼠记忆及延缓重要脏器衰老病变的功能。

（2）免疫调节作用。铁皮石斛可有效改善由环磷酰胺所致的细胞免疫、体液免疫、非特异性免疫抑制。其作用机制与其免疫抑制小鼠血清中IL-2、IL-6、IFN-γ、ACTH及cAMP等细胞因子的表达水平有关。[25]凌敏等[26]观察铁皮石斛纯浓缩粉对小鼠免疫功能的影响，通过二硝基氟苯（DNFB）诱导小鼠迟发性变态反应（DTH）试验、刀豆球蛋白A（ConA）诱导的小鼠脾淋巴细胞转化试验（MTT法）和NK细胞活性测定检测细胞免疫功能；通过抗体生成细胞检测和血清溶血素测定检测体液免疫功能；通过小鼠碳廓清试验和小鼠腹腔巨噬细胞吞噬鸡红细胞试验检测单核-巨噬细胞功能，表明铁皮石斛纯浓缩粉具有增强免疫力的功能。刘易[27]发现高剂量的铁皮石斛多糖可明显纠正肾阴虚大鼠的免疫紊乱状态，表明其具有改善大鼠肾阴虚证的作用，且表现出剂量依赖性，其疗效优于六味地黄丸。

（3）抗肿瘤作用。铁皮石斛的联苄类化合物、菲类化合物均具有抗肿瘤的作用，在这些联苄类化合物及菲类化合物中，鼓槌菲和毛兰素抗肿瘤活性的作用最为显著。郑秋平等[28]通过MTT结合色谱技术进行分离纯化，确定了铁皮石斛抗肿瘤的活性成分金钗石斛菲醌，该成分能明显抑制肝癌细胞HepG-2、胃癌细胞SGC-7901和乳腺癌细胞MCF-7的增殖。张红玉等[29]研究发现，高、中、低剂量的铁皮石斛多糖对S_{180}实体瘤均有一定的抑制作用，其抑制率为9.7%～26.8%。

（4）抗肝损伤作用。吕圭源等[30]研究发现不同剂量鲜铁皮石斛及铁皮枫斗均能降低慢性酒精性肝损伤模型小鼠肝功能相关指标的水平，说明铁皮石斛具有一定的改善肝功能的作用。铁皮石斛鲜榨汁液能显著抑制 CCl_4 肝损伤小鼠血清谷草转氨酶、谷丙转氨酶及亚急性酒精性肝损伤小鼠血清谷草转氨酶的升高,表明铁皮石斛具有很好的保肝作用。[31] 王爽等[32]研究发现石斛多糖可显著提高小鼠血清和肝组织中超氧化物歧化酶、谷胱甘肽过氧化物酶活性,并能降低丙二醛的含量。

(5)抗疲劳作用。鹿伟等[33]研究发现,铁皮石斛可显著延长小鼠负重游泳时间,降低血乳酸和肌酸激酶含量,能提高运动耐力,同时还能加快清除代谢产物,调节机体免疫功能,达到抗疲劳的功效。辛甜等[34]进行大鼠跑台实验,跑步30分钟后,铁皮石斛胚状体各剂量组均能明显降低血尿素氮的含量,提高血糖含量及降低全血乳酸含量,中、高剂量组可降低运动后肝糖原和肌糖原的消耗。

2. 难点

(1)定性、定量指标单一;(2)尽管铁皮石斛化学成分研究已经表明铁皮石斛茎中主要含有芪类、酚及酚苷类和木质素类成分,但仍不能确定其中主要有效的小分子成分。

第二节　金钗石斛产业发展现状

金钗石斛作为重要的中药材、保健品原料和观赏植物,其用途广泛,开发利用历史悠久,市场需求量一直较大,且在不断增长,并且价格不断攀升。

一、金钗石斛产业市场规模分析

国内金钗石斛产品市场主要有药材市场、保健食品消费市场、花卉市场等。

(一)药材市场

金钗石斛是我国中医传统补阴药材。石斛商品药材应用领域为国内企业健字号产品原料、国内制药企业、中药店等。药材市场需求量约18 000吨,其中，国内160余家以石斛为原料的制药企业年需求石斛总量为15 000吨，国内中医院和商业网点使用和销售约2500吨，年出口石斛饮片500多吨。国内目前金钗石斛主产区在赤水市，石斛商品多数以种苗形式扩大再生产，只有极少量的鲜品石斛进入药市，由于价格因素，在药材市场的需求极低。目前，供应市场主要从泰国、越南、老挝等东南亚国家进口野生石斛资源，但品种混杂。市场主要需求金钗石斛鲜草和经过加工后的干草，而目前金钗石斛药材价格不断攀升，市场价由2004年的3~7元/千克，到2007年上升到13.60元/千克，之后一路飙升，到2016年已经达到100元/千克，并且还供不应求，目前市场平均价格约50元/千克。在未来的5~10年，预计国内中药材市场的金钗石斛鲜品药材潜在消费量约30 000吨。

（二）保健品消费市场

随着社会进步和人们生活水平的提高，人们对保健品的需求越来越大。金钗石斛具有较高的药用价值，具有较好的保健功效，预计市场将对金钗石斛有较大的需求量。

（三）花卉市场

金钗石斛除药用外，还具有较高的观赏价值，其花形花姿优美、艳丽多彩、花期较长、气味芳香，倍受人们喜爱。近年来，石斛作为观赏植物发展迅速，已形成独立产业。我国规模化生产金钗石斛主要从20世纪90年代初开始，虽起步晚，但发展速度快，在盆花和切花生产方面具有较大的市场前景，特别是随着世界花卉市场的拓展，金钗石斛还将在国际花卉市场上占有重要地位。

因此，人工种植金钗石斛及其高附加值产品的开发上市销售，具有巨大的市场潜力。

二、金钗石斛产业上游——原料产业发展现状分析

（一）金钗石斛原料产品类型及产业特点

目前，金钗石斛原料产品类型主要分为两类：一是鲜品（鲜条、鲜花）；二是以金钗石斛茎制成的干品（干条、干花）。

石斛是"石头上的生命传奇",是"山区农民养老产业"。石斛产业是特色产业、优势产业、富民产业。生态效益方面,金钗石斛种植不占耕地,不占良田熟土,可利用闲散的荒山、荒石地,种于石上,与苔藓共生,防风固土,可创造出"荒石改绿地""石头开红花"的美丽景象。社会效益方面,金钗石斛种植一次,连续收益15年,劳动强度低,可利用农村的闲散劳动力,种植地点多在半山腰,贫困户比较多,符合国家扶贫产业带动贫困户致富脱贫的政策,让贫困户在家乡就能脱贫致富。经济效益方面,经测算,一亩(3000余丛)金钗石斛进入丰产期年可产鲜品200余千克。目前,鲜品市场均价50元/千克,再加上金钗石斛花的收入,每亩收入超出1.2万元/年,种植户可实现人均增收5000余元/年,可创造"荒石荒坡无效益,岩石旮旯出金银"的奇迹,以真正践行习近平总书记"绿水青山就是金山银山"的发展理念。

(二)金钗石斛药材供给现状分析

金钗石斛在我国主要分布于贵州、云南、陕西、四川等省区,以贵州的赤水,四川的万源,湖北的神农架、武当山,陕西的镇安、宁强、镇坪等地产量较多、质量较好。此外,印度、锡金、不丹、尼泊尔等也有分布。石斛药材市场需求量约18 000吨,其中,国内160余家以石斛为原料的制药企业年需求石斛总量为15 000吨,国内中医院和商业网点使用和销售约2500吨,年出口石斛饮片500多吨。由于金钗石斛仅是石斛的一种,价格较贵,贵州赤水市信天中药产业发展有限公司的金钗石斛饮片的市场定价为9000元/千克,其粉定价为10 000元/千克,导致药材市场应用较少。国内目前金钗石斛主产区在赤水市,石斛商品多数以种苗形式扩大再生产,只有极少量的鲜品石斛进入药市。目前,供应市场主要从泰国、越南、老挝等东南亚国家进口野生石斛资源,但品种混杂。市场主要需求金钗石斛鲜草和经过加工后的干草,而目前全国可供量较少。

(三)金钗石斛药材市场价格分析

金钗石斛资源匮乏导致供求关系变化,药材价格不断攀升,鲜品市场价由2004年的3~7元/千克,到2007年上升到13.60元/千克,以后一路飙升,到2016年已经达到100元/千克,并且还供不应求,目前市场平均价格稳定在约50元/千克。

（四）上游产业发展影响因素分析

1．种植积极性下降

2015年以前，老百姓种植金钗石斛可享受金钗石斛种苗补助0.3~0.8元/丛不等，以及贷款1~3年贴息等补助政策。2015年以来，金钗石斛产业发展都以扶贫项目的形式集中投入，由实施主体采取利益联结贫困户（贫困人口只占9%）方式组织实施，普通农户种植或零星种植不再享受任何补助。失去补助，老百姓思想上受到了影响，种植积极性明显下降。而且，近两年企业资金链出现问题，出现金钗石斛鲜条收购不及时、收购资金不到位等现象，也极大地影响了农户种植积极性，阻碍了金钗石斛原料产业的发展。

2．基础设施较陈旧

现有的金钗石斛基地，其配套设施不同程度地存在缺乏产业路、生产管理便道、水池管网、管理用房、监控设备等问题，在现有基础设施的管理中也存在安全隐患突出且无法实现标准化管理的问题，导致管理成本增大，产量难以提高。

3．企业融资失信心

近年来，不少企业消耗了大量的人力、物力、财力，在资金上出现问题时，都想通过融资进一步改善企业环境，发展金钗石斛产业。但是，较难获得银行资金的支持。

4．原料销售不顺畅

在原料销售方面，2018年少有企业向农户收购金钗石斛鲜条。整体表现为销售渠道零星分散、企业之间各自为政、市场稍有波动则很不稳定，根本不能形成完整网络，更不能保证销售渠道稳定畅通。

5．宣传效果未凸显

虽然金钗石斛的价值很高，但是由于宣传推广力度不够，导致市场占有率低，知晓金钗石斛价值的人不多，严重制约了金钗石斛在市场上的销售。多数企业反馈，即使在注重养生的北京、上海、广州等城市以及江浙一带人群中，对金钗石斛却鲜为人知。

6. 技术人员较匮乏

乡镇一级的单位中懂得金钗石斛种植的技术人员相对缺乏，种植农户在金钗石斛栽种、管护、病虫害防治等方面缺乏专业的技术指导，技术水平达不到要求。

7. 产品市场较混乱

现有产业发展状况为龙头企业"带不起"，专业合作社"聚不起"，国有公司"统不起"，相互之间未形成合力，各自为政，重复投资，发展受限，市场较为混乱。

三、金钗石斛产业下游——经销商情况分析

（一）金钗石斛销量发展现状分析

金钗石斛产业发展历史悠久。石斛资源在我国南方曾十分丰富，特别是西南地区的四川、云南、贵州、广西等省区，《本草纲目》称石斛："处处有之，以蜀中者为胜。"据有关资料，新中国成立前后，川南各县年产金钗石斛达数十万斤以上，仅四川合江县1953年就收购干石斛4万多斤，相当于鲜石斛30多万斤。[1]

贵州省市场，农贸市场每年鲜品销售量在15吨左右，电商微商销售每年在100吨左右，盆景销售在40吨左右，餐饮用量在1吨左右。赤水市企业2017年收购477.5吨，2018年收购587.6吨，2019年收购585.48吨，价格都在40元/千克以上，是赤水金钗石斛销售的主渠道。

（二）金钗石斛经销商规模情况分析

目前，批量经销金钗石斛的经销商较少，从赤水芝绿金钗石斛生态园开发有限公司了解到：了解金钗石斛的企业实力不强，实力强的企业不了解金钗石斛；金钗石斛的经销商中，销售规模稍大的主要分布在金钗石斛的产地贵州、四川等地，如赤水市信天中药产业开发有限公司、赤水芝绿金钗石

---

[1] 张明. 药用石斛种植业的发展现状及前景[EB/OL].[2020-03-28]. http://www.cangjiang.net/2020/0308/5539.html.

斛生态园开发有限公司等,以及中药材比较聚集的广西神力堂大药房有限公司。此外,部分药材市场药材销售商铺量不大。

(三)金钗石斛经销商区域分布

金钗石斛主产于贵州、四川、云南等地,据赤水芝绿金钗石斛生态园开发有限公司介绍:金钗石斛经销商除西藏自治区外全国其他省区市均有分布,但量不大,主要集中在贵州、四川、广东、浙江四省。

(四)下游产业发展影响因素

目前,市场上金钗石斛产品主要有金钗石斛花、金钗石斛饮片、金钗石斛粉、金钗石斛提取物等,以金钗石斛为原料的产品较少。金钗石斛产品在市场的占有率较铁皮石斛低,究其原因:一是金钗石斛产地收购价格高,限制了金钗石斛产品的利润空间,且尚未找到其他以金钗石斛为原料的产品获得高利润的切入点。二是受金钗石斛市场占有率的影响,大家对金钗石斛的了解不够,加之金钗石斛口感不佳,主要是药用,限制了其在生活中的应用。三是由于种植成本比较大,因而经销商的成本也比较高,再加上金钗石斛只能当药用,多数药品生产企业中药材投料时,基本上不用金钗石斛投料,故需求较少,从而影响了金钗石斛下游产品的发展。

四、金钗石斛产业终端——消费者消费情况分析

(一)中国人均金钗石斛消费情况分析

金钗石斛素有"千金草,软黄金"之称,驰名中外。据调查,目前国内市场鲜品均价约50元/千克。以金钗石斛为主,相继推出了石斛夜光丸、石斛明目丸、石斛清胃散等产品,对咽喉疾病、肠胃疾病、白内障、心血管疾病、糖尿病有一定疗效,受到我国广大咽喉炎患者、气管炎患者、肺癌患者、近视患者、糖尿病患者、教师队伍及众多烟民的喜爱,同时在东南亚一带及日本、韩国、美国等也有一定的市场。除此之外,金钗石斛还可以用作母本,和其他种类的石斛进行杂交,培育出的杂交种具有花朵更大、更艳丽的特点,观赏价值更高,已被引种到世界各地作盆栽花。

（二）金钗石斛消费者地域分布情况分析

金钗石斛营养价值高，深受消费者喜爱。随着金钗石斛的种植规模不断增大，推广力度不断增加，金钗石斛的消费者也越来越多，国内消费者主要分布于贵州、四川、浙江等地。随着人们越来越了解金钗石斛，其他地区的消费市场也开始萌动。

（三）金钗石斛消费者品牌忠诚度分析

金钗石斛具有益胃生津、滋阴清热等功能，用于热病伤津、口渴舌燥、病后虚热等症状的治疗，对心脑血管疾病、消化系统疾病、呼吸系统疾病、眼科疾病及"三高"人群有治疗效果，在民间享有"人间仙草"的美誉。业内公认其药用价值较高，但在社会中其知名度较低。业界正在努力地推广和宣传金钗石斛，不断让金钗石斛为人们熟知和认可。1998年，国家中医药管理局批复在赤水市建立"国家级石斛生产基地"；2006年3月，赤水金钗石斛首获国家地理标志产品保护；2010年，金钗石斛荣获国家食品博览会金奖；2011年，《金钗石斛组培育苗及规范化种植技术研究》获贵州省级科学技术进步奖二等奖；2013年，赤水市被评选和认定为"中国绿色生态金钗石斛之乡"；2014年5月，赤水金钗石斛获得国家中药材生产质量管理规范认证；2015年，赤水金钗石斛入选《中国地理标志产品大典》，同年，赤水市被列入贵州省100个现代高效农业示范园区；2015年，赤水市获"国家林下经济示范基地"称号，同年，列入国家金钗石斛农业科技示范园区；2015年，赤水金钗石斛获农业部农产品地理标志产品认证，同年，获有机产品认证；2017年，赤水市被列入国家金钗石斛种植综合标准化示范区，同年，成功创建国家级出口食品农产品质量安全示范区和生态原产地保护示范区，并列入国家农业有机农产品示范区创建；2018年，赤水市信天中药产业开发有限公司厂房建成并通过生产质量管理规范认证验收，获得药品生产许可，同年，被命名为贵州大健康医药产业示范基地；2007—2018年，赤水金钗石斛产业累计申请专利144件，其中授权82件（发明专利授权5件），获得省级、市级科技成果3项。2015年，四川合江金钗石斛获得国家地理标志产品称号；2012年，合江县先滩镇金钗石斛种植示范区被认定为四川省中药现代化科技产业（泸州）重点药材种植示范区。在合江金钗石斛规范化种植与中药材生产质量管理规范生产基地建设的基础上，筹建了石斛种质资源圃，并开展了金钗石斛的野生抚育工作。

（四）金钗石斛行业销售渠道现状分析

金钗石斛作为重要的中药材、保健食品原料和观赏植物，其用途广泛，开发利用历史悠久，市场需求量一直较大，且不断增长，其价格不断攀升，还供不应求。国内主要销售渠道为药材市场、保健食品市场、花卉盆景等方面。

1. 直销渠道

采用人员推销的直销模式是有一定优势的，销售人员可以准确地了解客户对产品的要求及他们对产品的看法，通过市场调研，对产品的研发改进及为顾客提供优质服务有很大的帮助。

2. 中医堂、养生会所、高端餐饮场所的特通渠道

金钗石斛养生的功效备受关注。同中医堂、高端养生会所合作，将产品引入此渠道，既利于销售，又能较好地打造自身的品牌。同时，可与相应的高端餐饮场所合作，将金钗石斛作为一种高端食材使用，推出石斛养生汤产品。

3. 网络渠道

随着移动互联网的发达，网络渠道已经成为一种不可忽视的销售渠道。可在天猫和京东等网络平台开设旗舰店，方便客户直接从网络下单购买产品。

4. 体验式营销模式

体验式经济，是指企业以服务为重心，旨在为消费者创造出值得回忆的感受，商品反而是次要的，起到素材的作用。体验式营销与传统的营销有很大的不同，体验式营销注重在活动过程中能给消费者创造美好回忆，其主要产品是虚幻的，实物商品成了次要的商品。依托金钗石斛种植基地的优势，在基地里附加种植部分时令水果蔬菜及养殖家禽。经常组织对企业产品黏性较强以及具备潜在消费能力的客户到基地去体验，介绍金钗石斛的功效及种植过程，让客户亲身体验金钗石斛产品的有机无公害种植模式，让客户自己剪摘石斛，在基地品尝新鲜石斛宴。使他们能够在体验过程中，增强对石斛

产品的了解。

（五）金钗石斛渠道营销策略

金钗石斛在销售上，可采用线上与线下联动销售模式，各乡镇、各企业可以建立电商销售平台和微商销售网络。一是通过电商平台的"6·18""双11""双12"等促销活动，加大促销力度。二是在广东、浙江、贵州等地成立营销中心，建立医院、各大型连锁药店、基地认养和高端消费人群专门定制等销售渠道，确保市民能够买到品质高、质量好的金钗石斛。三是通过召开金钗石斛推广大会，邀请石斛经销商及药品生产企业了解金钗石斛，签订意向协议，建立长期合作关系，推动金钗石斛销售。

五、金钗石斛产业技术现状分析

金钗石斛以茎入药，临床常用于治疗热病伤津、口干烦渴、舌光少苔、食少干呕、病后虚热、目暗不明等病症。现代研究证明，金钗石斛对心脑血管、消化系统和呼吸系统、眼科等疾病也有治疗作用。

（一）金钗石斛品种提纯复壮（品种改良、种质资源的优化）现状

金钗石斛是我国石斛类植物的原生种，是常用的名贵中药，具有抗肿瘤、抗衰老、增强机体免疫力、扩张血管及抗血小板凝集等作用，其花卉还具观赏价值。赤水"金钗石斛"已获得国家地理标志产品保护。野生的金钗石斛多生长于树皮或岩石上，开花多，结果少。每个果实可容纳近100万粒种子，种子细如尘，由于种子缺少胚乳组织，自然环境下很难萌发，萌发率不超过5%。由于长期的过度采挖和生态环境的破坏，以及其自然繁殖率低、生长进程缓慢，年生长量不高，且野生的金钗石斛十分稀少。1987年，石斛被列入《濒危动植物种国际贸易公约》。针对市场和生产需要，有目的筛选出优良种质资源，用于金钗石斛的人工生产以提高生产效益是必要的。因此，应提高金钗石斛品质，改善目前市场上伪劣品对其正品冲击和市场供不应求的现状。

金钗石斛漫长的生命周期及较低的繁殖率严重限制了其物种的保育、大规模人工栽培和新品种培育的发展，同时也限制了其生长发育。近十年来，通过对金钗石斛品种改良、种质资源的优化的研究，取得了不错的成效。利

用组织培养和转基因技术在一定程度上占据巨大的优势。组织培养上的研究主要有种子无菌萌发、外植体诱导原球茎发生、增殖与分化、在培养基上生根与壮苗等；金钗石斛能作为亲本和其他种类的春石斛进行杂交，培育出新的杂交品种。如何建立金钗石斛快速高效的基因功能分析及性状检测的系统仍迫在眉睫。

姜朝林等[1]对赤水金钗石斛不同栽培品种（鱼肚兰、蟹爪兰、七寸兰和竹叶兰）特征特性进行了分析研究，结果表明：四种金钗石斛中，虽然蟹爪兰在某些指标上优于鱼肚兰，但最终表现在茎秆产品干物质积累上却不如鱼肚兰，两者相差2%，而七寸兰和竹叶兰绝大多数考查指标不及鱼肚兰，种植面积也相对较少。因此，鱼肚兰不仅种植面积大、分布广、适应性强、株型适中，而且叶片和茎秆干物质积累较多，可以得到较高的产量和品质。

金钗石斛的花绚丽多彩并具有清新的花香，具有较高的观赏价值，但其开花时期的难题一直未得到解决。金钗石斛能作为亲本和其他种类的春石斛进行杂交，培育出的杂交种具有花朵更大、更艳丽的特点，观赏价值更高，已被引种到世界各地作盆栽花卉。[2]邓莹[3]采用石蜡切片和半薄切片技术对金钗石斛的胚胎发育过程进行观察，旨在确定金钗石斛的受精时间，利用子房注射法将功能基因转入金钗石斛，以便于获得稳定高效的金钗石斛转基因体系，促进其新品种培育，使其能得到缩短开花年限、应节上市的金钗石斛新品种。

刘玉洋等[4]对铁皮石斛和金钗石斛杂交后代进行分子鉴定研究，以铁皮石斛和金钗石斛2个为亲本，以及它们的131个杂交单株作为研究对象，从320对SSR引物中筛选出特异性引物，用于铁皮石斛和金钗石斛杂交后代的真假杂种鉴定，结果表明：将杂交群体扩增带型分为真杂交种型、母本型、父本型、缺失型，进而从131个杂交群体中共鉴定出119个真杂交种，真杂

---

[1] 姜朝林,张芳,邓贤芬,等.赤水金钗石斛不同栽培品种特征特性分析[J].农业与技术,2016,36（3）：17-19.

[2] 明兴加,冯婷婷.中国石斛属植物种苗繁育技术的研究进展[J].安徽农业科学,2010,38（6）：2899-2902,2920.

[3] 邓莹.子房注射法转化金钗石斛初步研究[D].广州：仲恺农业工程学院,2015.

[4] 刘玉洋,徐靖,何金宇,等.铁皮石斛和金钗石斛杂交后代的分子鉴定[J].浙江农业科学,2018,59（9）：1709-1713.

交种占杂交群体的 91%。因此，利用 SSR 分子标记技术鉴定石斛杂交群体是可行的。吴炫柯等[1]对不同野生石斛品种的生长发育和产量性状进行了研究，结果表明：云南文山金钗石斛是一个优良的品种，植株粗壮直立，主茎明显，具有纵向纹路，形状似钗，叶片大厚，常绿，长势旺盛，抗高温寒冷性强，植株高度：10～35 厘米，粗：0.8～1.5 厘米，单株产量高，是综合性状较好的品种。王昊等[2]以金钗石斛种子为外植体建立组织培养体系，在培养基中添加 0.5 毫克 / 升萘乙酸和 2% 蔗糖能有效地诱导原球茎，诱导率达91.67%；添加 0.25 毫克 / 升萘乙酸和 3% 蔗糖则更适于原球茎分化形成不定芽；添加 0.10 毫克 / 升萘乙酸和 2% 蔗糖适宜于不定根的诱导。同时，建立了根癌农杆菌转化金钗石斛的方法和体系：使用根癌农杆菌侵染 30 分钟，共培养 3 天时，金钗石斛的根段、根尖和组培幼苗的转化率最高，而含腋芽的茎节则需要共培养 5 天。结果还表示：从金钗石斛的一个果实出发，可获得数以万计的原球茎，通过诱导分化不定芽和根则可以获得再生植株。以金钗石斛种子诱导形成的原球茎不仅是组织培养的极佳材料，且容易处理，因此是理想的转化受体材料。在金钗石斛的种质保存方面，严文津[3]开展了石斛野生居群保护遗传学研究，提出一种提高金钗石斛传粉结实率的方法及专用处理剂并申请专利，该方法可明显提高金钗石斛的结实成功率，提高种子产量，而且操作简便，易于掌握，可在大规模人工育种中推广应用。

优良的品种和种质是金钗石斛药理药效、保健功能等特征的基础保障，经多年来不断对金钗石斛品种改良、种质资源的优化等进行研究，虽取得部分研究成果，但是目前金钗石斛的种植品种仍欠缺，种质资源也有待进一步的优化。

---

[1] 吴炫柯，刘永裕，唐国敏，等.不同野生石斛品种的生长发育和产量性状研究 [J].农业研究与应用，2015（2）：10–12.

[2] 王昊，邓柠檬，张雅文，等.金钗石斛转基因体系的建立 [J].华南师范大学学报（自然科学版），2019，51（2）：62–68.

[3] 严文津.金钗石斛的种质保存、遗传多样性及叶绿体基因组研究 [D].南京：南京师范大学，2015.

（二）金钗石斛种植技术发展现状（粗放式发展转化为高效绿色发展）分析

金钗石斛属热带、亚热带植物，喜湿润、荫蔽的环境，附生于林木上或林下岩石上。主要分布在安徽、浙江、江西、湖北、湖南、四川、贵州、云南、广西、广东、福建、台湾等省区，其中广西、广东、云南、贵州、四川等省区产量较大。由于长期的过度采挖和生态环境的严重破坏，野生的金钗石斛变得十分稀少，且其对生长环境要求苛刻，在自然条件下繁殖系数低，生长进程缓慢，年产量不高，市场对其处于供不应求的状态。为挽救这一濒危资源，对金钗石斛进行人工种植刻不容缓。近年来，我国学者对金钗石斛的人工栽培进行了广泛研究，试图通过人工栽培扩大资源，实现濒危资源的可持续利用。

张华通等[①]通过对金钗石斛工厂化育苗试管苗移栽技术研究，筛选试管苗移栽最佳的移栽方法、基质、时期和栽培管理技术，从而达到提高金钗石斛工厂化育苗试管苗移栽成活率和试管苗质量，降低金钗石斛工厂化育苗生产成本的目的。结果表明：采用种植前先晾苗，移栽成活率比洗苗消毒后直接种植提高23.0%；每年4~6月，采用移栽基质配比为3∶2的木屑和松树皮混合材料进行试管苗移栽，有利于提高试管苗移栽的成活率并加速试管苗的生长，移栽成活率可达98.0%，而且根系发达，根粗壮，苗生长快。最佳单一材料移栽基质为刨花，移栽成活率为95.0%，新根生长快，根系发达，苗生长快；最佳的移栽季节为春季，发根快，苗生长好，移栽成活率高。

金钗石斛试管苗移栽环境的温度在一年中随季节的变化而变化，其高低影响着试管苗移栽的成活率。一年中不同季节移栽的成活率不同，呈现显著的差异，其中夏季和冬季的成活率比较低，最好避开这两个时期，春季和秋季移栽的成活率最高，在92.0%以上。广东生态工程职业学院生物技术综合实训基地于2016年11月利用广东省林业科学研究院生物技术所提供的金钗石斛种苗为种源材料，借助广东省应用植物学重点实验室开放课题资助项目开展组织培养工厂化育苗，对无性繁殖体系的建立、初代培养、继代增殖培养、炼苗生根和试管苗移植栽培管理等关键技术进行集成研究，总结出一套

---

① 张华通, 吴坤林, 何旭君, 等. 金钗石斛工厂化育苗试管苗移栽技术研究[J]. 中国热带农业, 2019（3）：47-52.

成熟的金钗石斛工厂化育苗生产技术,并在生产中推广应用。

卢文芸等[①]对五种药用石斛快速繁殖技术进行研究,以石斛的茎段作为外植体进行了组培和快繁,并根据石斛的生物学特性,配制了多种基质进行炼苗。结果表明:不同种类的石斛在诱导侧芽萌发时所需培养基不同,但是在增殖、壮苗生根以及炼苗移栽时所需基质却具有相似性。研究表明:金钗石斛在诱导侧芽萌发时的最适合的培养基为基础培养基+萘乙酸0.1毫克/升+6-苄氨基腺嘌呤2.0毫克/升;增殖、壮苗生根的最适合的培养基为1/2基础培养基+萘乙酸0.7毫克/升;移栽最适合的基质为:碳酸盐小石子:木屑=1:2,再覆盖1厘米厚的苔藓,幼苗移栽成活率达95%以上。将培养出来的石斛幼苗大批返还其原生地炼苗圃中进行近野生栽培,经六个月生产观察,移栽苗长势良好,株高和茎粗平均增加2~3倍,成活率达80%以上,表明该技术适合于金钗石斛大面积种植。中药材近野生栽培是一种近年来新兴起的中药材生态产业种植模式,是一种环境友好的中药资源再生技术。张子燕等[②]根据野生石斛生物学特性,选择贴树栽培和贴石栽培两种仿野生栽培试验模式,经对比研究成活率和鲜重等指标,确定了贴树栽培为最优模式,铁皮石斛、金钗石斛和细茎石斛为最佳栽培品种。金钗石斛的近野生栽培不需要占用耕地,充分利用山区林下自然环境,只在药材生长过程中实施较低限度的人为干预,最大限度地利用药材的自然生长特性,大幅降低了生产成本。近野生栽培突破了以往的传统中药材生产经营形式,把中药材大田种植和野生采集的优势有机地结合了起来,较好地解决了目前中药材生产经营过程中所面临的资源濒危、生态环境恶化和药材质量差等问题,与大棚栽培的石斛相比较,可以获得更好的品质和更大的经济效益。

在金钗石斛的种质保存方面,严文津[35]开展了石斛野生居群保护遗传学研究,提出一种提高金钗石斛传粉结实率的方法及专用处理剂,该法可明显提高金钗石斛的结实成功率,提高种子产量,而且操作简便,易于掌握,可在大规模人工育种中推广应用。

---

① 卢文芸,唐金刚,乙引,等. 五种药用石斛快速繁殖的研究[J]. 种子,2005(5):23-25,28.
② 张子燕,石海英,白音. 石斛仿野生栽培模式研究[J]. 韶关学院学报,2016,37(8):56-58.

（三）金钗石斛产品的创新、研发、推广技术现状分析

金钗石斛为我国常用的中药材。据《本草纲目》记载，石斛其茎状中金钗之股，故古有金钗石斛之称。金钗石斛主治五脏虚劳羸弱，强阴益精，久服厚肠胃，定神除惊，轻身延年，健阳，补肾益力，壮筋骨等，常用于清胃生津。金钗石斛中含有石斛碱、多糖、黄酮类、酚类等化学成分，具有良好的免疫调节、降血糖、抗肿瘤、抗氧化和抗衰老等作用，是良好的保健食品开发原料。目前，金钗石斛保健食品的开发应用还处于起步阶段，但其保健食品市场具有很大的发展潜力。探索研发功能明确、剂型新颖的金钗石斛保健食品将会大力推动石斛产业的发展。

目前，石斛是国家批准的可用于保健食品的物种之一，金钗石斛、铁皮石斛和霍山石斛均可作为保健食品原料开发。据公布的数据，目前以金钗石斛为原料的保健食品主要涉及增强免疫力、缓解体力疲劳、抗氧化、清咽等保健功能。现有的保健食品种类相对较少，多以传统剂型为主，主要有片剂、胶囊、颗粒、口服液、丸剂等。与批准的金钗石斛保健食品相比较，申请专利涉及的保健功能更为全面，配方组成更加多样化，剂型更为新颖。金钗石斛相关的复方制剂及其应用专利中涉及的保健功能更为广泛，且大部分单项专利项目中涉及多个保健功能。除含有现已获批的保健食品中涉及增强免疫力、抗氧化功能外，还涉及缓解疲劳、对酒精性肝损伤有保护作用、养胃、润肺止咳、降血糖、保护心脑血管、明目、降血脂、抗癌、抗衰老等功能。金钗石斛相关保健食品制剂及应用涉及口服液、养生酒、粉剂、胶囊等传统剂型。

在当今快速发展、竞争激烈的社会中，人们经常熬夜，作息不规律，精神压力过大、失眠等，这些均易引起阴虚，常常表现出"亚健康"的状态。并且随着经济发展和人类生活水平的提高，人们对养生保健的关注度也日益提升，对保健食品的需求也愈加旺盛。中国已成为世界第二大保健食品市场和全球最大的保健食品消费国。据调查发现，亚健康人群中，阴虚体质占13.14%。因此，能调节机体功能的保健食品必然会发挥一定作用，成为食品行业发展的新支点。而金钗石斛具有益胃生津，滋阴清热的功效，以其良好的滋阴养生功效，尤其适合于现代人由于生活习惯或社会压力造成的"阴虚火旺"，可以说，具有非常广阔的市场空间。

金钗石斛除了茎能入药外，它的花、叶也是宝。鲜品石斛可加工为枫斗、饮片、干茶、浸膏、滴眼液、花茶和金钗石斛精粉剂等产品，用法可以煎、泡或直接吞服等，美食家还用石斛做成各种养身保健汤。金钗石斛中含有石斛碱、多糖、酚类等化合物，具有良好的免疫调节、降血糖、抗肿瘤、抗氧化和抗衰老等作用，是良好的保健食品开发原料。探索研发功能明确、剂型新颖的金钗石斛保健食品将会大力推动石斛产业的发展。

（四）金钗石斛功能性成分的技术现状分析

金钗石斛作为我国传统名贵中药材，含有生物碱类、多糖类、萜类和酚类等活性成分，石斛碱是其特征性成分，对该类成分的研究始于20世纪30年代。现代药理研究表明：金钗石斛还具有抗肿瘤、抗衰老、增强机体免疫力、扩张血管及抗血小板凝集等作用。目前对其活性成分分析技术也在不断更新。

徐晓林等[1]对17个不同地区金钗石斛的石斛碱进行含量测定及分析，采用气相色谱法测定石斛碱的含量，以火焰离子化检测仪为检测器，结果显示：有三个地区的金钗石斛样本的石斛碱含量没有达到药典的标准，其余均达标，其中含量最高的为广西壮族自治区百色市靖西县的金钗石斛，而含量较低的如海南省白沙市鹦哥岭、四川省泸州市、西藏自治区墨脱县等地的金钗石斛，各样本间含量差距较大。该实验对较大范围内的金钗石斛野生资源进行了收集和有效成分的含量测定，筛选出石斛碱含量较高的样本，在一定程度上为金钗石斛遗传新育种提供了支持，也为进一步对不同地区金钗石斛的质量评价奠定一定的基础。

黎梅桂[2]通过高效液相色谱法建立金钗石斛黄酮苷的含量测定方法，以赤水金钗石斛黄酮苷为指标性成分，测定不同产地的金钗石斛、不同品种的石斛是否含有此成分，探索赤水金钗石斛黄酮苷的特异性。结果表明：高效液相色谱法测定该含量具有良好的准确性、重复性和稳定性，可用于金铁石斛的质量控制。不同石斛的黄酮苷成分明显不同，可用于石斛类的鉴别，

---

[1] 徐晓林，丁刚，李标. 不同地区金钗石斛的石斛碱含量测定及分析 [J]. 时珍国医国药，2019，30（2）：451-453.

[2] 黎梅桂. 赤水金钗石斛黄酮苷的分离鉴定、含量测定及抗氧化研究 [D]. 广州：广州中医药大学，2016.

且赤水金钗石斛与其他产地的金钗石斛指纹图谱有差异，赤水产地的金钗石斛存在峰面积占比较大的特征性图谱峰。

许莉等[1]对金钗石斛化学成分进行了研究，将金钗石斛95%乙醇提取物采用硅胶、羟丙基葡聚糖凝胶进行分离纯化，根据理化性质及波谱数据鉴定所得化合物的结构，从中分离得到毛兰素（1）、石斛酚（2）、拖鞋状石斛素（3）、毛兰菲（4）、4,5-二羟基-2-甲氧基-9,10-二氢菲（5）、香豆素（6）、棕榈酸甲酯（7）、邻苯二甲酸二丁酯（8）等8个化合物，其中化合物（1）（3）（5）（6）（7）（8）均为首次从该植物中分离得到。

贺雨馨等[2]采用傅里叶红外光谱法对金钗石斛原料、水提醇沉提取物、无水乙醇提取物进行结构分析及鉴别，结果显示：金钗石斛水提醇沉提取物和无水乙醇提取物的红外谱图中均出现了脂类、芳香类和糖类的特征峰，且与原料相比，峰数、峰强都有改变。金钗石斛水提醇沉提取物一维和二阶导数谱中均出现了较强的淀粉特征峰，说明水提物中主要是水溶性多糖，且多糖主要以淀粉形式存在。而无水乙醇提取物谱图更清楚地出现了脂类和芳香类的相关特征峰，且峰数与峰形和油类标准品比对，重叠性高。因此得出金钗石斛中主要含有多糖类以及脂肪类物质，多糖主要是以淀粉存在，且金钗石斛中的脂肪类含量较高。不同提取溶剂样品的谱图存在很大的差异性，完美诠释了"相似相溶"原则。红外光谱适合于金钗石斛的快速鉴别及质量评价与控制。

宋小蒙等[3]以贵州省金钗石斛花为原料，对其进行提取纯化并使用高效液相色谱-质谱联用法分析其组成，进一步通过还原力测定1,1-二苯基-2-三硝基苯肼法和2,2'-联氨-二（3-乙基-苯并噻唑啉-6-磺酸）二铵盐法对其抗氧化能力进行研究。结果显示：金钗石斛花中矢车菊素类化合物有10种，飞燕草色素类化合物有3种。

测定金钗石斛活性成分含量，现研究采取的最直接的检测方法有高效

---

[1] 许莉，王江瑞，郭力，等.金钗石斛化学成分的研究[J].中成药，2018，40（5）：1110-1112.
[2] 贺雨馨，曾宇馨，祝天添，等.金钗石斛及其提取物的红外光谱整体解析[J].天津中医药，2018，35（7）：543-549.
[3] 宋小蒙，王洪新，马朝阳，等.HPLC-ESI-MS/MS分析金钗石斛花花色苷组成及其抗氧化活性测定[J].江苏农业科学，2018，46（15）：151-154.

液相色谱法、气相色谱法、高效毛细管电泳法、酶法等，这些方法灵敏度高，但也存在操作步骤烦琐、仪器价格昂贵、检测成本高等不足；间接检测法有苯酚-硫酸法、蒽酮-硫酸法、滴定法等，间接法具有操作简单、快速、稳定性和重复性好等特点，但也存在灵敏度低等不足。随着科学技术的发展，金钗石斛功能性成分（如活性多糖、石斛碱等）的检测分析技术朝着更加简洁、高效的方向发展，将为金钗石斛产业化发展提供科学的支撑依据。

（五）金钗石斛精深加工产品的开发技术现状分析

近年来，由于金钗石斛的药用价值备受重视，其市场需求日益增加，但市场上金钗石斛产品销售方式依然以传统的枫斗为主，深加工制品种类少且单一。目前，金钗石斛饮片加工方法大多工艺烦琐、笼统，每个环节都没有具体的量化指标，不易把握，也不利于规模化加工生产。有研究者检索近十年的文献资料发现，金钗石斛的研究主要集中于化学成分、药理及临床应用、资源调查、品种整理及鉴定、分类、繁殖技术和生物技术等方面，但在产品炮制及精深加工方面很少报道。因此，有研究对金钗石斛不同炮制方法进行对比，得出酒炙有利于多糖和石斛碱溶出。为了不断提高金钗石斛的产品品质，孟映霞等[①]研究了不同干燥工艺对金钗石斛叶品质的影响，探讨了四种干燥方式（热风干燥、微波干燥、真空干燥和真空冷冻干燥）对金钗石斛叶色泽、微观结构、总多糖和石斛碱含量的影响，结果表明：真空冷冻干燥方法最好，但是考虑到产品加工成本等问题，认为热风干燥方式下的金钗石斛叶色泽较好，有效成分含量较高，且所需设备简单、节能、处理量大，在企业加工中值得推广应用。相较于金钗石斛细粉组，金钗石斛超微粉的有效成分的生物利用度高，提示在金钗石斛精深加工产品方面，可以采用超微粉碎技术来增加其有效成分溶出及生物利用度，为金钗石斛精深加工产品提供技术参考。

通过不断对金钗石斛精深加工产品开发技术的研究，目前金钗石斛产品精深加工得到了大力发展，开发了一系列较为丰富的产品。金钗石斛作为

---

① 孟映霞，马朝阳，王洪新，等．不同干燥工艺对金钗石斛叶品质的影响[J]．中国实验方剂学杂志，2017，23（15）：26–30．

赤水市已获得国家地理标志的产品，在市场上已成功研发的产品包括石斛切片、胶囊、养生茶、枫斗、酒和醋等45个系列100余个产品，进入市场销售约50个品种，但几乎都没有合法身份，金钗石斛虽具有了产业化发展态势，但"低、小、散"问题在金钗石斛产品精深加工上仍然突出，切片等初加工产品仍是主要产品形式，小作坊遍地开花、缺乏规范、隐含风险。在产品建设上，赤水市无健字号产品上市；大部分只能在市内作为农特产品流通，销售范围窄且渠道单一，不利于产业的发展壮大。因此，该类限制金钗石斛精深加工产品产业化发展的问题有待解决。

六、金钗石斛产业技术热点和难点分析

（一）金钗石斛品种提纯复壮（品种改良、种质资源的优化）技术热点和难点分析

金钗石斛为阴生植物，性喜温暖、湿润、阴凉的环境，生境独特，对气候环境要求十分严格，野外常生于有腐殖质聚集的岩石或树干上，地形多是悬崖峭壁，下临深潭，并有斜射阳光反射，山岭重叠，沟壑纵横的小生境，一般海拔700~1700米。由于金钗石斛处于群落的最底层，植株矮小，根系分布浅，对群落中各个生态资源的利用率很低，竞争能力弱，处于被支配地位。金钗石斛种子细小如粉尘，种皮内只含有未分化完全的胚，几乎不含任何营养物质，在自然状态下的种子萌发缺乏营养物质来源，需要经过一个腐生阶段，借助与菌根真菌共生来获取养分，才能萌发长成幼苗。因此，在自然状态下金钗石斛通过种子进行繁殖是极为困难的，这是金钗石斛自然繁殖率低和野生资源稀少的一个原因。而仅靠分蘖繁殖则繁殖倍数不高，自然更新能力较差。与此同时，人为的毁林开荒，造成植被破坏、森林面积减少，金钗石斛赖以生存的生境受到破坏。此外，由于国内外市场需求量不断上升，药农受利益驱使无节制地、掠夺性地采挖野生金钗石斛，致使野生资源急剧减少。

近年来，金钗石斛人工栽培面积迅速扩大，由于种源大多来自野生资源，不同种源的金钗石斛其株高、地径、叶长、叶宽、植株叶面积、叶片鲜重、叶片数、高径比、植株鲜重等形态学性状以及石斛碱、石斛多糖等化学

成分含量均存在差异,以致产量与内在质量不稳定,严重影响了药材的质量。经过人工选择,目前虽然形成鱼肚兰、蟹爪兰、七寸兰和竹叶兰这四个主要栽培类型,其中以鱼肚兰为主要品种,栽培面积约占金钗石斛总面积的 90%,但是由于金钗石斛育种过程中缺乏遗传育种学各项遗传参数、生长发育规律、活性成分积累与栽培因素的关系等基础数据的积累,相较于农作物,无论是育种手段、育种方法还是育种进程都远远落后。

此外,由于金钗石斛属于兰科石斛属植物,石斛属为兰科植物中类群最大的一类,差不多有 1500 余种,我国分布有大约 63 种,其中 36 种广泛用于药用,导致市场上的金钗石斛产品良莠不齐,常有鱼目混珠的现象发生,极大地影响了金钗石斛的药用品质。

(二)金钗石斛高效绿色种植热点和难点分析

金钗石斛的人工种植技术主要分为设施栽培、近野生栽培、立体栽培等,由于金钗石斛种子自然萌发困难,因而不论何种栽培方式,前期育苗均为组培育苗,即在人工配置培养基的基础上添加合适比例的营养液,使得种子生长成苗,再将苗炼化移栽。设施栽的过程中人工干预较多,涉及栽培基质的制备、水肥管理、后期病虫害防治;近野生栽培分为林下栽培和树栽、石栽等,栽培环境模仿野生条件,但是同样需要人工干预。中药材种植业被称为"中药生产第一车间",金钗石斛作为贵州省道地药材有必要进行种植业结构调整,向高效绿色种植方向转型,因此,未来围绕金钗石斛高效绿色种植将有以下热点和难点。

1. 金钗石斛种子直播技术

(1)金钗石斛新型直播体系的建立。针对石斛属植物种子难以自然萌发,自然界中石斛种子的萌发需要共生菌共同作用的特点,选择合适的基质、采用合适的促萌发共生菌进行发酵,获得含有共生菌的新型发酵基质,将成为研究金钗石斛直播技术的关键。种子直播难题的克服也有助于优质种源的保存,优良性状的稳定遗传,以及克服组培过程中基因组容易变异导致组培苗性状不稳定。但是这是一个困扰金钗石斛乃至整个兰科植物繁育的难题,也是目前石斛科研工作者研究的热点。

(2)金钗石斛一步成苗组培体系的建立。目前,金钗石斛人工培育技术相对成熟，但是前期种子成苗的过程均是采用组培方式进行，在已有成熟的组培体系中，金钗石斛种子不能一步成苗，一般从种子到成苗要经过多次更换培养基操作和继代操作，整个操作过程烦琐、易污染、周期较长，因此，针对此问题，有必要优化金钗石斛种子成苗培养基成分，调配合适的营养液比例，使得金钗石斛种子能够在培养基上一步成苗，避免复杂的操作，减轻工作强度，降低组培工厂大面积污染的可能性，以缩短金钗石斛育苗的时间，达到高效栽培的目的。

2. 金钗石斛近野生栽培综合生境

（1）土壤重金属区划研究。对金钗石斛产地栽培地，特别是近野生栽培区域，有必要对土壤重金属含量进行系统采样分析，重金属污染已经成为影响中药材品质的一大公害。随着工业化进程，有很大一部分地区的土壤受到重金属污染，土壤中重金属含量超标。道地药材的种植要从源头抓起，有必要对栽培金钗石斛的区域进行土质分级，筛选出重金属污染最少、土壤营养成分符合种植标准的地区，作为金钗石斛主产区，使其从源头保证金钗石斛的品质。

（2）水源地水质区划研究。无论是设施栽培还是近野生栽培，水肥管理是金钗石斛生长过程中重要的一环，同时，水质也会对金钗石斛产品的质量造成影响。因此，有必要对栽培地周边水源（特别是近野生栽培施就近水源取水）的水质进行检测，将水质较好无污染的地区作为金钗石斛栽培区域的选择依据。

（3）气候区划研究。金钗石斛的栽培对环境要求较高，光、温、水等环境因素都会对金钗石斛的正常生长造成影响，不同区域出产的金钗石斛品质不一，很大程度上与各地气候不同相关，因此，有必要对金钗石斛生长区域进行系统的气候监测，合适的气候因素也是金钗石斛栽培区域选择的依据。

3. 金钗石斛栽培新型肥料

（1）高效废物、废渣再利用有机肥研发。生产生活中有很多的废弃物（如粪便、秸秆、酒糟、中药材药渣、甘蔗渣等），这些废弃物均为有机质成分，经过合适的发酵和加工过程，能够将其中的有机质转化为其他的可以被作物吸收利用的有机和无机成分，这也是绿色种植中的热点。贵州省作为金钗石斛主产区，应该因地制宜，选择合适的废弃资源（如酒精发酵的酒糟、刺梨废渣、中药材废渣等），选择合适的发酵菌种，通过恰当的工艺流程制作发酵有机肥，一方面可以废固资源再利用，另一方面可以对金钗石斛的生长起促进作用，更重要的是无污染、纯天然，相比化学肥料有天然优势，不但吸收利用率高，而且对环境无污染。

（2）共生真菌发掘及微生物有机肥研发。针对野生金钗石斛自然生长过程中和真菌共生的特点，有必要分离纯化并鉴定金钗石斛不同组织部位（根、叶、茎）的内生真菌，筛选出对金钗石斛有促生作用的真菌菌株，并将真菌添加至有机肥当中，可能会对金钗石斛的生长及品质提高起到明显的作用。

（3）高效叶面肥研发。在对金钗石斛栽培过程中，化学肥料具有一定的优势，但也存在一定的劣势，例如，肥料浓度不好掌握，过高则容易烧苗，化学肥料吸收不完全，在土壤中会沉降，造成土壤板结，不利于土地资源的可持续利用。在金钗石斛的栽培过程中，无论是设施栽培还是近野生栽培，都会利用到叶面肥，叶面肥相比化学肥料有较大的优势，其吸收效率高，几乎不造成残留，因此，研发高效先进的叶面肥，有利于金钗石斛的栽培，可以尝试在叶面肥中添加部分共生菌，可能更有助于金钗石斛生物量的生长和活性物质的积累。

（三）金钗石斛病虫害绿色防控技术研究分析

金钗石斛产品农药残留问题已严重影响金钗石斛在市场上的竞争力，需本着预防为主、综合防治的指导思想和安全、有效、经济、简便的原则，因地制宜，合理运用农业、生物、化学、物理的方法及其他有效的生态手段，把金钗石斛病虫害的危害控制在经济阈值以下，以达到提高经济效益、生态效益和社会效益的目的。

1. 农业防治研究

农业防治包括轮作、深耕细作、合理施肥、适时播种及除草等。不论是金钗石斛的设施栽培，还是近野生栽培，必须通过对栽培过程中每一个步骤进行精细的管理，及时发现病害，并通过适当的处理方式防治病害的蔓延。

2. 物理防治研究

在金钗石斛的设施栽培中，适当的采用物理机械防治法，包括用温度、光、电磁波、超声波、核辐射等物理方法来防治植物病虫害。同时，适当辅以人工，利用粘虫网、粘虫板等进行捕杀，对害虫虫卵、幼虫的叶片进行摘除。还可以采用灯光诱杀、糖醋液诱杀与性诱剂诱杀等对有害昆虫进行诱杀。针对设施栽培中不同的立体栽培模式，如何设计出合理恰当的物理防治装置是一个值得探讨的问题。

3. 生物防治研究

生物防治主要包括以虫治虫、以菌治虫、以菌治病等。特别是在金钗石斛的设施栽培中，利用天敌昆虫在有限的空间中防治害虫，同时对金钗石斛常见害虫进行虫生真菌筛选，或在现有用于防治害虫的真菌中进行生物防治效果筛选，筛选出有效防控金钗石斛害虫的菌类制剂，也可以在植物天然产物库中筛选能有效防控金钗石斛病害的前体，为绿色农药的研发提供基础。

4. 化学防治方法改良

化学防治法是目前防治金钗石斛病虫害最常用的方法，具有快速和经济效益高等优点。但使用不当会杀伤金钗石斛中共生的有益生物，导致其品质下降，同时易造成环境污染，引起人、畜中毒。因此，应用化学防治时，应考虑最大限度地降低对环境的不良影响。如果生产上必须使用化学农药，应严格选用低毒、低残留农药，保证金钗石斛药材中的最终残留不得检出农药或低于最大残留限量。

（四）金钗石斛产品的创新、研发、推广技术热点和难点分析

以金钗石斛为代表的药用石斛属植物的人工栽培技术获得突破后，使得石斛属药材从名贵中药材变成中药大宗品种，但金钗石斛在产品创新、研发和推广上尚存明显不足，急需针对金钗石斛进行更深层次的产业化布局，下面对未来发展的热点和难点进行探讨。

1. 前期投入大、生产周期长

金钗石斛具有石斛属植物的共同特点。虽然目前人工栽培日益成熟，但是人工栽培前期成本高，需要较高的设备投入、厂房投入和人工投入，而且

生产周期长，导致了金钗石斛价格偏高不下。因此，有必要在成本核算、提高金钗石斛收获周期等方面进行改进。

2. 产品向多元化方向发展

相比铁皮石斛，金钗石斛药用价值高，食用价值低，其有效成分石斛碱含量高于石斛多糖含量。因此，金钗石斛在食用性上兼容性较差，限制了它在产业上的发展。但作为药用植物，其在药用产品、大健康保健产品上的发展空间巨大，有以下几点亟待重视。

（1）含金钗石斛古方、名方、新方的发掘，新适应证的挖掘。加大在经典古籍名方中发掘含有金钗石斛的方药，以及结合现代临床用药经验，发掘针对不同适应证的金钗石斛经典方、有效方等，为开发含有金钗石斛的中成药、医院制剂、保健食品提供理论支撑。同时，通过临床数据的统计分析，挖掘金钗石斛的临床适应证，拓展金钗石斛药用产品的治疗方向，对金钗石斛药效利用具有开拓作用。

（2）金钗石斛不同部位的开发利用。目前，金钗石斛主要药用部位为茎秆，为加强金钗石斛全草利用，增大其利用价值，可考虑对金钗石斛其他组织部位如花、根、叶、原球茎等组织部位的开发利用，通过解析其不同部位的药效物质含量、活性物质指纹图谱特征等，确定其不同组织部位的开发利用方向，拓展金钗石斛产品层次。

（3）金钗石斛药效物质的提取及多面化应用。需要加强金钗石斛活性成分的提取工艺研究，才能拓展金钗石斛产品的多样性，除中成药之外，金钗石斛提取物如何和外用药、化妆品、保健食品等结合，是未来在金钗石斛综合利用开发方向上值得深思的问题。

（五）金钗石斛功能性成分的技术热点和难点分析

金钗石斛是我国名贵中药，《神农本草经》中被列为上品，具有滋阴润肺、益胃补肾、健脑明目、补五脏虚劳等功效。金钗石斛含有石斛碱、多糖类及酚类物质，被作为现代许多中成药如脉络宁注射液、石斛夜光丸等的配伍之一，用于治疗白内障、心血管疾病等。近年来，许多学者致力于研究金钗石斛功能性成分的提取、检测、结构鉴定及功能作用，为开发理想的保健食品基料提供理论依据。因此，对于金钗石斛功能性成分的分析是当前研究的热点。

1. 金钗石斛活性多糖的提取及测定

关于金钗石斛活性多糖提取，大多数学者都采用水提醇沉法提取金钗石斛活性多糖。此外，传统的提取技术有水浸提法、酸提取法和碱提取法；现代提取技术有酶法辅助提取法、微波辅助提取法、超声波辅助提取法、超微粉碎法和复合提取法。目前，急需建立金钗石斛活性多糖提取和测定的标准，这将有利于金钗石斛产品的质量标准化建设。

2. 金钗石斛活性多糖的结构成分及功能

目前，关于金钗石斛多糖结构分析报道极少。金钗石斛多糖的组成对于金钗石斛药理药效的分析具有重要作用，有必要分离金钗石斛活性多糖成分，并分析其结构，研究金钗石斛不同多糖成分对不同适应证（抗白内障、缓解记忆衰退、降血糖、抗菌等）的作用机制，有助于金钗石斛精细产品的研发及功能定位。

3. 金钗石斛碱的提取及测定

目前，生物碱的提取也有很多种提取方法，传统的提取技术有浸渍、煎煮、溶剂回流、渗滤等方法；现代新技术有超临界流体萃取技术、微波辅助提取技术、超声辅助提取技术和双水相萃取技术等。金钗石斛碱的种类很多，其中金钗石斛碱是金钗石斛的主要药效成分，但对金钗石斛碱提取工艺的报道较少，故有必要建立金钗石斛碱的有效提取工艺，建立提取、测定的标准流程，为金钗石斛质量标准的制定奠定基础。

4. 金钗石斛生物碱的结构成分及功能

日本学者从金钗石斛中分离得到并已鉴定其分子结构式的生物碱类有：石斛碱、金石斛碱、石斛副碱、石斛星碱等十余种。近年来，许多学者就金钗石斛总生物碱针对不同因素导致的糖尿病进行了大鼠动物药理作用试验。许多研究还发现，金钗石斛生物碱具有抗白内障的作用，抗记忆衰退并改善学习记忆能力，但是这些都是对金钗石斛总碱的药效药理作用做的初步研究，因此有必要对金钗石斛总碱进行分离鉴定和纯化，研究不同类型生物碱对不同适应证的作用机制，明确金钗石斛精细化产品的定位；同时，对生物碱的结构解析也有助于获得金钗石斛体内合成生物碱的代谢通路，为针对生物碱含量的定向分子育种提供借鉴。

5. 金钗石斛其他功能性成分的分析检测与应用

金钗石斛除了石斛碱、石斛多糖两种主要药效活性物质之外，还有其他多种有效化合物。目前，已经从金钗石斛中分离出一些抗肿瘤活性的石斛菲醌类物质；抗突变活性的酚类物质；抗氧化、抗自由基活性的葡萄糖苷类物质等。这说明金钗石斛中还有很多其他类别的化合物，这些化合物的存在赋予金钗石斛在医药、临床上更广的应用。但是金钗石斛中还含有其他许多的化合物和营养物质，对其药效作用和保健功能还不太明确，有待进一步研究。因此，应建立这些物质的分离纯化平台，并在更多的适应证上研究这些活性物质的作用，以拓宽金钗石斛的药用市场。

尽管金钗石斛功能性成分及其保健食品开发研究方面取得了许多进展，但在功能性成分化学结构研究方面，许多具有药理活性及保健功能的化学成分结构尚未明确，特别是具有高级结构的化学成分；在功能性成分活性作用机理方面，关于金钗石斛多糖活性作用机理的研究还不多；在金钗石斛保健食品开发方面，其开发的深度远不能满足市场的需求。因此，未来在金钗石斛功能性成分的研究方面，应注重功能性成分化学结构的高级结构及活性作用机理的研究；在保健食品开发方面，应加强深度开发，开发出适合不同人群的金钗石斛保健食品。

第三章　铁皮石斛产业专利分析

　　本章基于国家知识产权局、国家药品监督管理局、国家市场监督管理总局网站查询的数据，组建专利数据库，并依托 Innojoy 专利搜索引擎，从铁皮石斛种植、药品、保健食品、食品、化妆品与日用品等领域，对其专利年度申请量、分类情况、法律状态、地域、专利主要申请人、申请人专利竞争力、专利转让与受让情况、专利布局、专利预警等进行深层次价值挖掘，系统全面分析，归纳总结铁皮石斛的发展趋势和专利布局，以及贵州省与全国其他省份的专利差别：全国铁皮石斛的专利转让率均不高，贵州省在铁皮石斛种植、药品、保健食品、食品、日用品与化妆品等各个领域的专利申请量、授权率均居全国中等靠前水平，但贵州省的专利产品极少。无论从铁皮石斛转让率、专利产品来看，贵州省铁皮石斛专利发展仍具有较大空间。该分析结果为个人、企业、科研机构的创新能力与核心竞争力提升提供方向，为技术研发、专利战略布局、科学决策提供强有力的数据支撑，为贵州省铁皮石斛产业的进一步发展和战略决策提供参考。

第一节　铁皮石斛种植领域专利分析

　　本节对铁皮石斛种植领域专利的申请量、分类情况、法律状态、申请人等进行分析，以期全面了解铁皮石斛种植相关专利的发展趋势。

一、专利年度申请量统计

　　截至 2020 年 6 月 30 日，铁皮石斛种质资源及种植领域专利申请总量为 1654 件，如图 3-1 和表 3-1 所示。自 2003 年开始出现铁皮石斛种质资源及种植领域专利申请，但当年专利申请量仅为 1 件，直至 2010 年专利年申请量未有明显增长，保持在 20 件以内，2011—2017 年铁皮石斛种植及种质资源的专利申请量连续呈上升趋势，2017—2020 年专利年申请量开始出现下滑。2015—2018年各年申请量均在200件以上，且在2017年申请量达到峰值（303件），是铁皮石斛种植技术发展鼎盛时期。

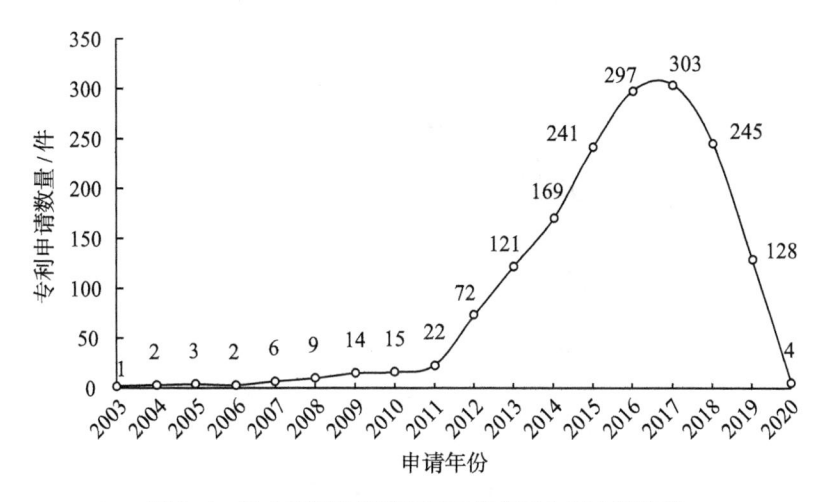

图 3-1　铁皮石斛种质资源及种植领域专利申请趋势

表 3-1　铁皮石斛种质资源及种植领域专利类型主要年度申请量

年度	发明专利/件	实用新型专利/件	年度专利总数/件	年度专利占比/%
2012	57	15	72	4.35
2013	95	26	121	7.32
2014	124	45	169	10.22
2015	178	63	241	14.57
2016	163	134	297	17.96
2017	170	133	303	18.32
2018	108	137	245	14.81
合计				87.55

二、专利分类情况

铁皮石斛种质资源及种植领域专利中发明专利申请量为1032件，占比62.39%；实用新型专利申请量为622件，占比37.61%，如图3-2所示。由此可见，铁皮石斛种质资源及种植方面的专利主要是以发明专利为主，实用新型主要是以栽培、组培、施肥、病虫害管理等设备装置为主。

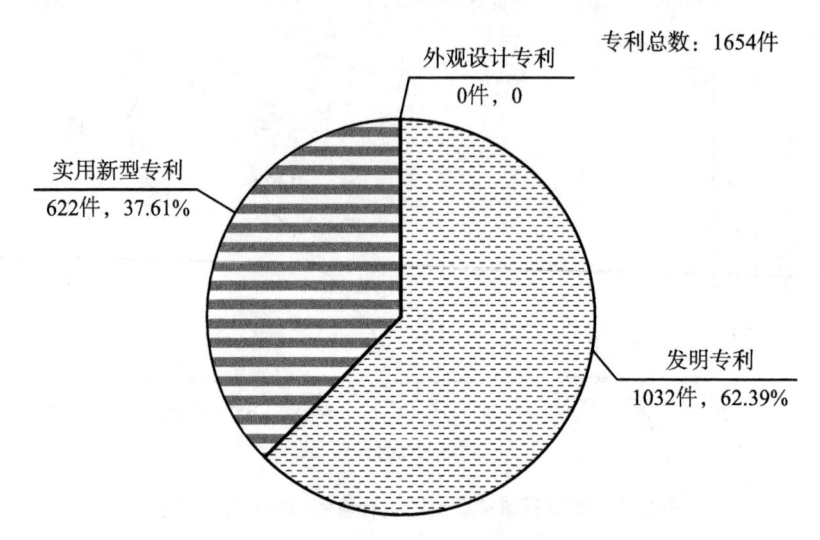

专利总数：1654件

外观设计专利 0件，0
实用新型专利 622件，37.61%
发明专利 1032件，62.39%

图3-2 铁皮石斛种质资源及种植领域专利分类情况

三、法律状态及专利技术分析

通过对铁皮石斛种质资源及种植领域的详细法律状态进行统计发现，该技术领域现有专利中已获授权、实质审查、未缴纳年费、已驳回或已撤回的占比较大，如图3-3所示。其中，601件专利已获得授权（发明专利234件，占比38.94%，实用新型367件，占比61.06%）；正在进行实质审查的专利，共计305件，占比18.44%；未缴纳年费的专利，共计289件，占比17.47%；已驳回的专利为179件，占比10.82%，已撤回的专利236件，占比14.27%。此外，有37件专利现已公开，5件专利被放弃。贵州省在该领域专利申请总量为154件（其中发明专利115件，实用新型39件），已获授权发明专利10件，实用新型专利28件，已公开专利15件，正在进行实质审查的专利46件，被驳回、撤回、未缴纳年费专利合计55件。从技术层面看，贵州省主要涉及铁皮石斛的大棚种植和近野生等种植技术方面的专利最多，其次为铁皮石斛种苗组织培养等方面的技术专利，再其次为病虫害防治等田间管理方面的专利，最后为农业机械等方面的专利。

专利总数：1654件

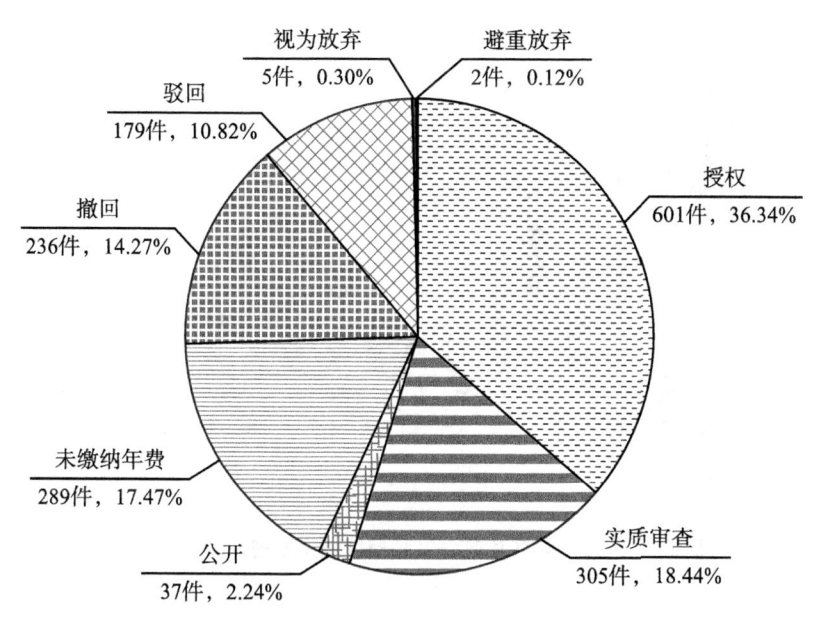

视为放弃 5件，0.30%
避重放弃 2件，0.12%
驳回 179件，10.82%
授权 601件，36.34%
撤回 236件，14.27%
未缴纳年费 289件，17.47%
公开 37件，2.24%
实质审查 305件，18.44%

图 3-3　铁皮石斛种质资源及种植领域专利法律状态分析

四、专利地域分析

对铁皮石斛种质资源及种植领域专利申请地域分布情况进行统计，其结果如图3-4所示。该技术领域专利申请量最大的为浙江省，共计申请相关专利281件，此外申请较多的省份有广西壮族自治区（220件），江苏省（190件），福建省（163件），贵州省（154件）。其余省份也有一定的专利申请数量，包括云南省（113件），江西省（112件），广东省（99件），安徽省（72件），四川省（41件），湖南省（36件），山东省（35件），湖北省（28件），上海市（27件），重庆市（16件），北京市（15件），辽宁省（12件），河南省（9件），陕西省（8件），天津市（6件），山西省、吉林省、海南省（各2件），河北省、青海省、新疆维吾尔自治区、甘肃省（各1件）。结合目前全国的种植情况来看，贵州省、浙江省、云南省、广西壮族自治区、福建省等省区的种植面积较大，与申请专利的数量具有一定的相关性。然而，贵州省作为最大的铁皮石斛近野生种植栽培省份，其申报的专利数量未达到最大值，因此贵州省在种植相关的专利申请方面仍然有巨大的研发申报潜力。

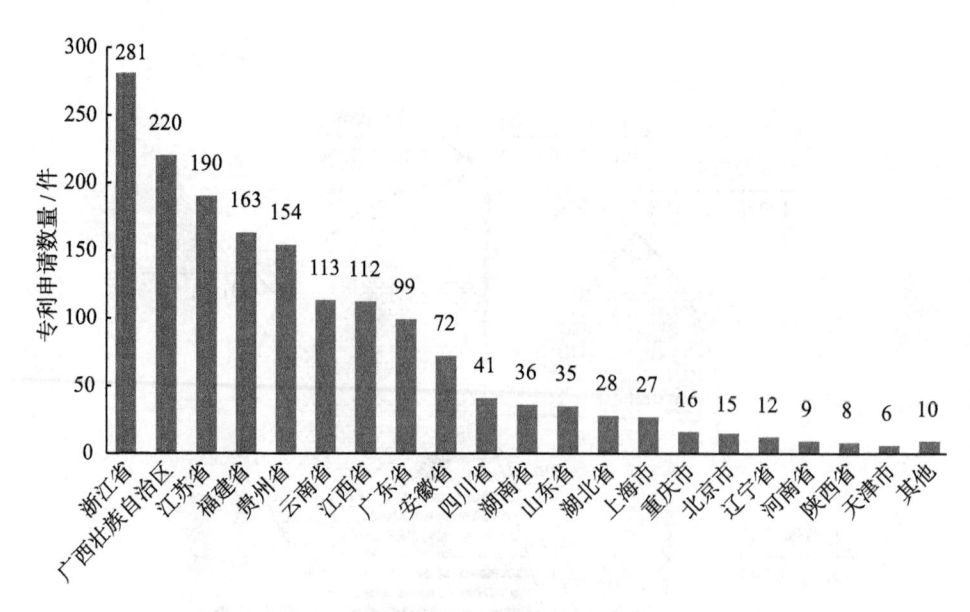

图 3-4　铁皮石斛种质资源及种植领域主要省份专利申请量

五、专利主要申请人分析

本研究对所有申请人的数据进行了分析，但由于数据量较大，仅对该领域专利申请量排名前五的省份且申请人排名前三的专利进行统计分析，如图 3-5 所示。浙江省排在前三的申请人有宁波神乙草生物科技有限公司（19 件，其中授权发明专利 2 件、实质审查 2 件、撤回 2 件、驳回 6 件、未缴纳年费 7 件），浙江省亚热带作物研究所（10 件，其中授权实用新型 5 件、实质审查 2 件、驳回 2 件、未缴纳年费 1 件），浙江农林大学（10 件，其中授权发明专利 5 件、驳回 3 件、撤回 2 件）。广西壮族自治区排名前三的申请人有柳州市泓吉农业科技有限公司（18 件，其中实质审查 14 件、驳回 4 件），赵木华（11 件，其中授权发明专利 3 件、撤回 2 件、驳回 6 件），凌云县长生仙草生物科技开发有限公司（10 件，其中授权发明专利 2 件、撤回 2 件、驳回 6 件）。江苏省排名前三的申请人有江阴振江生物科技有限公司（26 件，其中授权发明专利 1 件、授权实用新型 5 件、未缴纳年费 20 件），江苏农林职业技术学院（21 件，其中授权发明专利 12 件、实质审查 4 件、未缴纳年费 1 件、撤回 1 件、驳回 3 件），苏州寿丰农业科技有限公司（14 件，其中实质审查 7 件、驳回 1 件、授权实用新型 5 件、未缴纳年费 1 件）。福建省排名前三的申请人有漳浦县杨朝阳生物科技有限公司（46件，均未缴纳年费），福建农林大学（9件，其中授权发明专利2件、实质审查3件、未缴纳年费4件），漳州市长立园艺花卉有限公司（7件，授权实用新型7件）。贵州省排名前三的申请人有贵州绿健神农有机农业股份有限公司（27件，其中授权发明专利3件、授权实用新型专利9件、撤回9件、公开6件），贵州济生农业科技有限公司（23件，其中授权实用新型10件、实质审查11件、驳回2件），贵州沿河乌江生物科技发展有限公司（7件，均未缴年费）。对专利申请量前五的省份且申请人排名前三的专利进行统计，从授权指标分析来看，授权率排名第一的申请人为江苏农林职业技术学院，总共21件，授权的12件；其次为贵州绿健神农有机农业股份有限公司，总共27件，发明专利17件，授权的3件，实用新型10件，授权的9件；贵州济生农业科技有限公司，总共23，发明专利13件，处于实质审查的有11件，实用新型10件全授权。

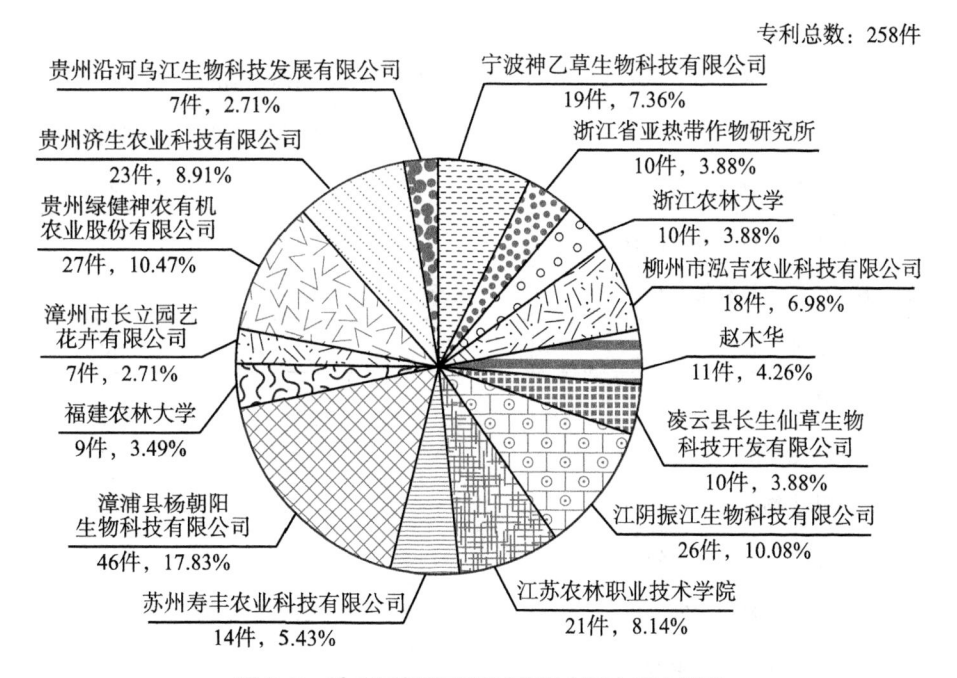

图3-5 铁皮石斛种植领域专利主要申请人情况

六、申请人专利竞争力分析

按照专利被引证次数、同族数量综合评价申请人专利的技术影响力（基于专利被引证的计算,专利被其他专利引用的次数越多,技术影响力越高)与市场影响力(基于专利家族规模的计算,同族专利数量越多,市场竞争力越强)。如表3-2和图3-6所示,市场影响力排名前三的分别为:漳浦县杨朝阳生物科技有限公司、贵州绿健神农有机农业股份有限公司、江阴振江生物科技有限公司;技术影响力排名前三的分别为:江苏农林职业技术学院、漳浦县杨朝阳生物科技有限公司、江阴振江生物科技有限公司。通过对影响力排名前十的公司的分析可以发现,贵州省、江西省、江苏省各有2家,福建省、广西壮族自治区、四川省、浙江省各有1家。结合同族数及被引用次数数据分析,江苏农林职业技术学院均名列前茅。从贵州省角度分析,全国影响力排前十的单位贵州省占2家(贵州绿健神农有机农业股份有限公司、贵州济生农业科技有限公司),且这两家公司的授权率较高。通过以上分析可知,贵州省在全国铁皮石斛栽培专利方面具有优势。

表3-2　铁皮石斛种植领域申请人专利竞争力基本情况

申请人	被引证次数/次	同族数量/件	专利数量/件
漳浦县杨朝阳生物科技有限公司	48	46	46
贵州绿健神农有机农业股份有限公司	21	27	27
江阴振江生物科技有限公司	27	26	26
贵州济生农业科技有限公司	24	23	23
江苏农林职业技术学院	54	21	21
江西圣诚实业有限公司	8	21	21
江西道五味生物科技有限公司	0	20	20
宁波神乙草生物科技有限公司	12	19	19
柳州市泓吉农业科技有限公司	25	18	18
四川省峰上生物科技有限公司	6	17	17

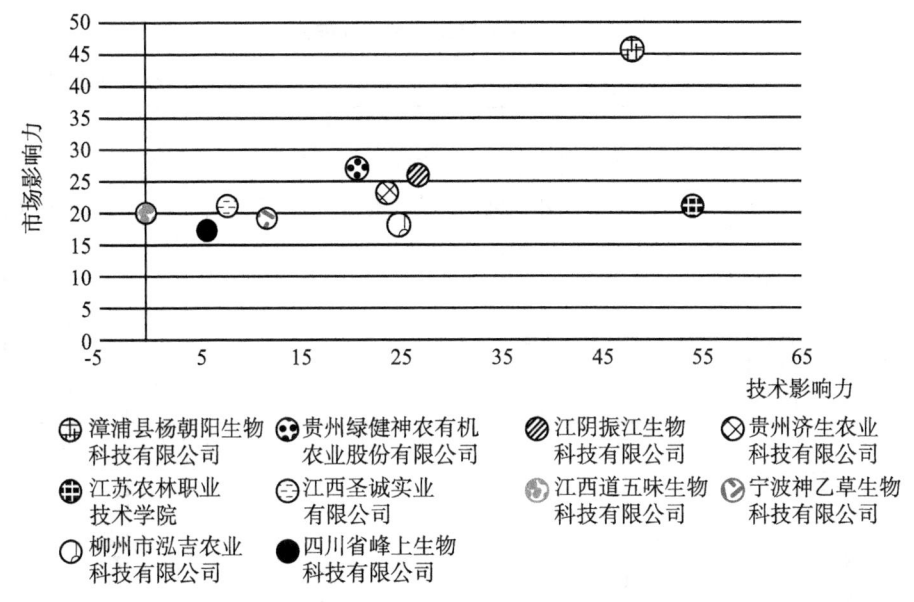

图 3-6　铁皮石斛种植领域申请人专利竞争力分布

七、专利转让与受让情况分析

对铁皮石斛种植方面专利转让情况进行年度统计可以发现：铁皮石斛种植方面从2007年开始了第一次转让，2016—2019年转让件数均在10件以上，2017年达到最高17件，如图3-7所示。从技术转让人关系来看，如表3-3所示，转让数量均较低，产业化应用较少。从转让技术分析，如图3-8所示，转让技术类型排名前两位的分别为A01G（园艺；蔬菜、花卉、稻、果树等的栽培）领域和A01H（新植物或获得新植物的方法等）领域，且这两个领域也是申请量最大的领域。从整体来看，铁皮石斛种植领域整体专利转化率较低，专利产业化应用较少。

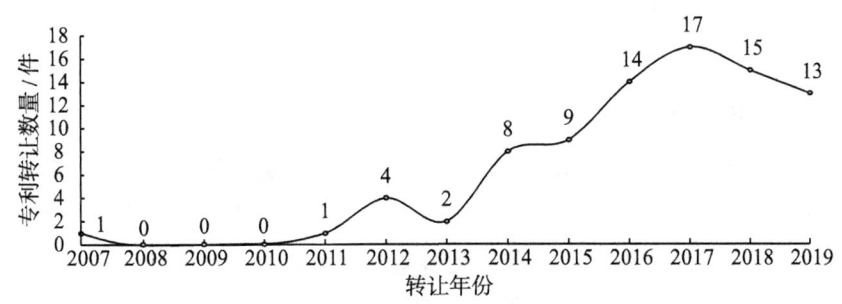

图 3-7　铁皮石斛种植领域年度专利转让趋势

表 3-3　铁皮石斛种植领域专利转让关系（主要）

转让（受让）数量 / 件

转让人	受让人				
	蒙城县望槐信息科技有限责任公司	上海仙草堂保健食品有限公司	浙江森宇药业有限公司	苏州神元生物科技股份有限公司	浙九味科技股份有限公司
安徽康久生物科技有限公司	2	0	0	0	0
澄思源生物科技（上海）有限公司	0	3	0	0	0
浙江农林大学	0	0	2	0	0
吴江市苗圃集团有限公司	0	0	0	3	0
宁波浙九味生物科技开发有限公司	0	0	0	0	3

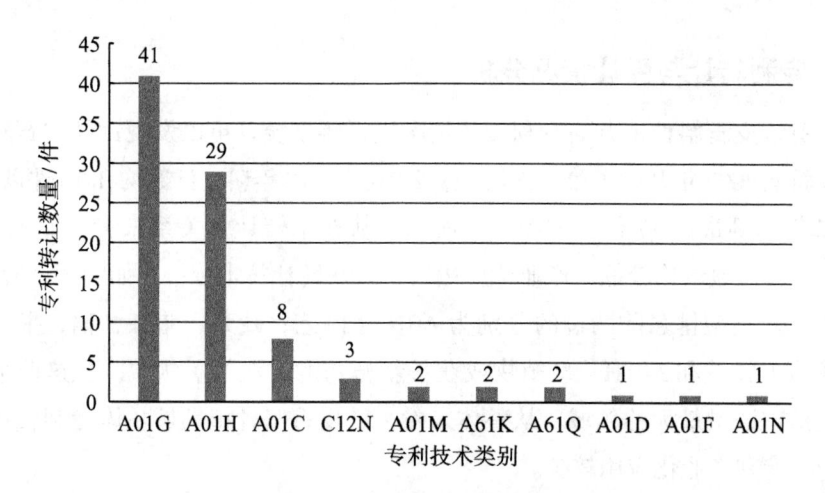

图 3-8　铁皮石斛种植领域专利转让技术构成

八、专利布局分析

对目前的铁皮石斛种植方法进行分类，可分为树栽、石栽、大棚种植、其他种植方法；对种苗培育进行分类，可分为田间管理、组培繁育、炼苗授粉、品种选育等，主要种植育苗专利数量如表 3-4 所示。

表 3-4 铁皮石斛种植育苗专利类别分布情况

种类	树栽	石栽	大棚种植	田间管理	组培繁育	炼苗授粉	品种选育
数量/件	136	39	384	175	252	40	6

从铁皮石斛种植及种质资源专利整体来看，在铁皮石斛种苗繁育方面，专利还是较为丰富的，不管是从种苗的组培技术，还是组培的装置均有相关的专利。在种植方面，从目前的几种常用的种植方法来看均有相应的专利保护，除此之外还有新设施等种植，围绕着铁皮石斛生长需要的养分和生长条件创造了较多的种植方法，并且在家庭观赏种植等方面也有专利申请。在田间管理方面，考虑较为细致，在水肥管理、病虫害防治等方面均有专利申请；值得一提的是：提高铁皮石斛有效成分的种植方法也有人做了尝试，申请了专利保护。综上，铁皮石斛种植方面专利申请是较为丰富的。然而，种植技术方面的专利驳回率较高，超过50%，因此，在该方面需要提升创新力。

结合铁皮石斛种植专利的相关特点，本研究重点分析了基质准备和种植方式等两个环节的专利技术。基质专利技术主要涉及两种：单纯基质、多层基质，如表3-5所示。两种基质的专利都比较强调质地疏松、成分简单、成本低廉、病原微生物含量少、保肥性好、保水性能优良等特点，主要保证铁皮石斛成活率高、促进生长、提高产量等。制备基质过程中有一个重要的步骤，即基质发酵，对控制基质结构和病原微生物数量具有重要作用。从基质成分来看，碎石与多种树皮是主要成分，部分含有生物炭、玉米芯、花生壳等，既可以作为铁皮石斛栽培的良好材料，也可利用农作物废弃物，因此基质方面的专利可参考这一方向。此外，少量专利涉及中药提取物或药渣的添加等，体现了一种创新的病虫害防治方法，可通过精心筛选，组成中药的配方，用于病虫害防治。

表 3-5 铁皮石斛栽培基质技术特点

技术特点	单纯基质（专利数量/件）	多层基质（专利数量/件）
质地疏松	14	6
透气性好	22	10
成分简单	9	1

续表

技术特点	单纯基质（专利数量/件）	多层基质（专利数量/件）
成本低廉	5	2
病原微生物含量少	35	6
保肥性好	12	3
保水性能优良	9	3
成活率高	14	4
促进生长	10	2
提高产量	21	6
基质发酵	23	4
矿质元素复合改良	12	1
苔藓	1	0
营养土	7	2
碎石	16	0
树皮	49	18
有机肥	49	18
生物炭	9	2
玉米芯	16	6
花生壳	9	1
伴生菌	3	1
中药提取物或药渣	5	0
杀菌剂及杀虫剂	3	0

通过对不同种植技术相关专利的分析，如表3-6所示，我们发现四种种植技术重点关注的是成活率高、品质好、病虫害防治、成本低、产量高、提高空间利用率和经济效益、操作简单等。然而，树栽、石栽属于近野生栽培，更多的专利关注了铁皮石斛成活率高和品质好。由于铁皮石斛在 -2 ℃以下及35℃以上环境下会停止生长，因而部分专利涉及提高铁皮石斛的越冬能力。铁皮石斛属于多年生植物，野外种植后需要1~2年才能采收，因此如何提高越冬能力，保证第二年铁皮石斛的正常发育是可以考虑的方向之一，这也为下一步选育抗冻性较强的铁皮石斛新品种指明了方向。

表 3-6 铁皮石斛不同种植方式的技术特点

技术特点	树栽	石栽	大棚种植	其他方法
成活率高	44	18	90	23
产量高	18	13	72	28
品质好	41	12	53	19
缩短生产周期	5	2	17	10
病虫害防治	23	13	72	33
成本低	20	2	35	17
操作简单	12	0	5	4
减少化肥的使用量	6	1	3	2
提高空间利用率和经济效益	18	4	13	11
提高越冬能力	2	1	13	5
无烂根现象	4	0	6	6
根系发达	6	2	11	2
原球茎栽培	2	0	5	2
光照控制	9	3	59	15
湿度控制	11	4	63	14
海拔控制	1	1	1	0
温度控制	4	1	55	8

在铁皮石斛种植专利所关注的包括光照、湿度、温度等控制方面，其中大棚种植及其他种植方法涉及的光照、湿度的专利较多，可能与这些种植方式容易调控有关。与此同时，树栽、石栽主要依赖于自然环境，但如果要提高铁皮石斛的品质和产量，可借助于树林选择、枝条修剪等措施调节林间散射光，通过喷水控制林间湿度和温度。值得注意的是，部分近野生种植的专利涉及海拔的控制。已有研究表明，野生铁皮石斛可分布于 600 米到 2500 米的山谷半阴湿林，且铁皮石斛多糖的含量与海拔高度具有一定的关联性，说明分析铁皮石斛品质与海拔的关系，提升该方面的专利技术，对提升铁皮石斛品质可能具有重要意义。

在品种选育方面专利保护较为欠缺，如表 3-7 所示，仅检索到 6 件与新品种选育过程中的新技术有关联的专利，且贵州省无相关专利。因此，建议以后申请新品种时不仅要进行新品种审认定，对选育过程中的方法也应申请专利保护。这样对铁皮石斛整个产业的发展也有较好的贡献。

表 3-7 铁皮石斛新品种选育领域专利情况

序号	申请（专利）号	专利名称	申请（专利权）人（单位）	法律状态
1	CN201410236938.3	一种野生铁皮石斛的选种培育方法	霍山宝信园石斛开发有限公司	撤回
2	CN201610555163.5	红杆铁皮石斛人工杂交提纯复壮繁殖方法	萍乡市祥国农业科技发展有限公司	授权
3	CN201611162798.5	软脚红杆铁皮石斛选育及系代繁育方法	湖南利诺生物药业有限公司	驳回
4	CN201810784454.0	一种快速培育红叶红杆铁皮石斛纯化株系的方法	三明市农业科学研究院	授权
5	CN201910348600.X	离子束诱变获取高多糖高产量的铁皮石斛的方法和应用	北京市辐射中心	授权
6	CN201510008369.1	一种三清山抗热铁皮石斛种苗培育方法	江西瀚野农业开发有限公司	授权

目前认定的铁皮石斛共 44 个品种，如图 3-9 所示，云南省 16 个、广东省 9 个、浙江省 7 个、广西壮族自治区 7 个、江苏省与福建省各 2 个、山东省 1 个，贵州省无审定品种。从选育指标看，主要关注茎叶产量、干品折干率及多糖、甘露糖含量等。由于贵州省的铁皮石斛主要是近野生种植，选育适合该种植方式的品种可能是贵州省铁皮石斛品种选育的重要方向之一。

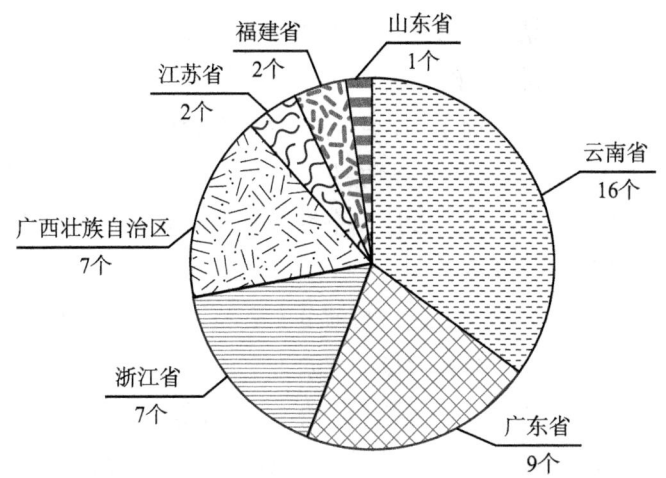

图 3-9　铁皮石斛品种在不同省份中的分布情况

九、专利预警分析

从技术领域分析来看，铁皮石斛专利类型较为丰富，但是结合目前科研论文方面的前沿性专利依然较少，好多组培新技术等均未有专利保护。

从铁皮石斛法律状态来看，目前较多专利还处于未授权状态，授权的仅占 36.34%，包括申请数量排在前面的单位，甚至有不少专利处于未缴纳年费的状态，由此可以看出，铁皮石斛种植专利研究较多，但是真正实际应用较广且重要的专利技术较少。

与此同时，在种质资源保存及品种选育方面均未采取专利保护，其选育手段均较为传统，没有用到需要保护的新选育技术。

十、小结与讨论

目前，铁皮石斛已有新品种 44 个，其申请省份主要为云南省（16 个）、广东省（9 个）、浙江省（7 个）、广西壮族自治区（7 个）、江苏省（2 个）、福建省（2 个）、山东省（1 个）。从铁皮石斛野生资源分布情况来看，铁皮石斛主要分布在安徽、浙江、贵州、云南、福建等省。结合野生资源分布分析，云南省、浙江省较有优势，充分利用本地野生资源进行了品种选育，而贵州省、安徽省没有完全把本地野生资源开发出来，加以选育利用。中药材均有道地性之说，所以在今后新品种选育方面建议野生资源丰富的省份加大新品种选育力度，结合自身环境特点和种植方式选育本地有利品种，这样才能适合该地铁皮石斛产业的发展。

从品种选育技术方面来看，主要选育指标为亩产、有效成分含量等，但是在目前铁皮石斛药食同源的背景下，铁皮石斛新品种选育应该更加注重食用方面，以铁皮石斛口感、食用安全性为主要指标进行新品种选育，补充铁皮石斛食品新品种的空缺。

在铁皮石斛种苗繁育方面，目前的专利技术仍然以传统的组培技术手段为依托来进行培养基及激素用量配比筛选，培养方法依然是光照和温度等条件筛选，且目前组培技术转接次数多，繁育周期长，种苗成本较高。因此，在今后的发展中应该结合目前科研技术的前瞻性，在铁皮石斛种苗繁育上应该加大科技前沿力量投入，在组织培养上应该结合目前的液体培养基培养筛选技术。在铁皮石斛的转接次数上也可以进行优化筛选，建立一步成苗或者两步成苗技术，减少转接次数，降低种苗生产人工投入成本。此外，在种苗繁育方面也可以借鉴白及直播种苗繁育技术，争取突破铁皮石斛种子直播技术，让新技术减少种苗生产投入，降低铁皮石斛种植种苗成本，从而降低药材成本，让更多的消费者用得起铁皮石斛。

在种植技术方面，目前各地均按照铁皮石斛大棚种植方面的光照、湿度、温度等进行研究，部分近野生种植的专利做到了海拔的控制，研究较为细致。但是各地在管理方面均未考虑本地筛选的品种特性问题，铁皮石斛生长管理首先应考虑自身的品种特性，其次应结合本地自然气候进行研究，制定详细、切实可行的管理技术，切勿忽略品种本身的喜好。在制定管理技术前应该考虑用植物生理学技术分析该品种的生理需求特性，这样才能更好地制定适应本品种的管理技术。此外，栽培技术方面的专利大多数处于未授权或者未缴纳年费状态，从侧面反映出此块技术存在重复申请或者申请技术创造性、新颖性较低，实用性较差等问题。种植公司应产学研结合发展，引进科研单位的技术团队力量，争取将铁皮石斛的种植管理技术往精细化、现代化方向发展。

第二节 铁皮石斛药品领域专利分析

本节对铁皮石斛药品领域专利的申请量、分类情况、法律状态、申请人等进行分析,以期全面了解铁皮石斛药品领域相关专利的发展趋势。

一、专利年度申请量统计

截至2020年6月30日,铁皮石斛药品领域专利申请总量为787件。自2004年开始出现铁皮石斛药品领域专利申请,当年专利申请量仅为3件,直至2010年专利申请量均未有明显增长,2011—2016年铁皮石斛药品领域的专利申请量连续呈上升趋势,且在2016年申请量达到峰值(189件),随后专利申请量开始出现下滑,如图3-10和表3-8所示。综上所述,2011—2016年为铁皮石斛药品领域专利创新技术涌现时期,申请量占比61.37%。

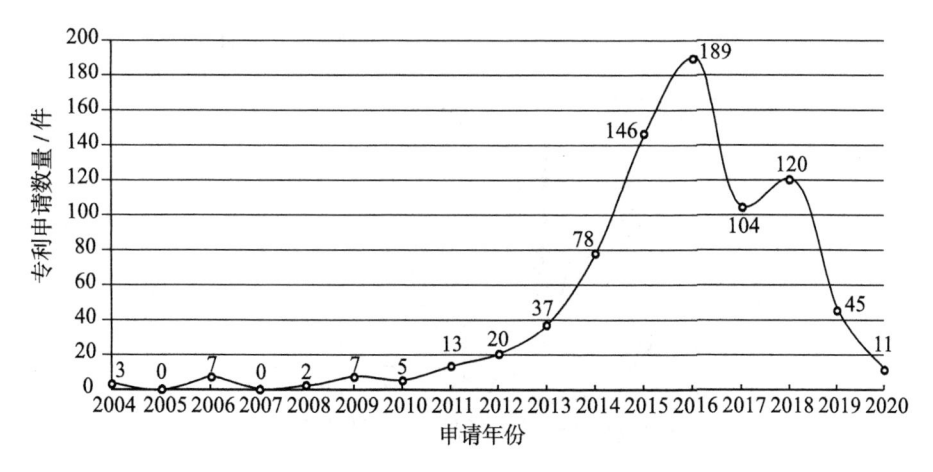

图3-10 铁皮石斛药品领域专利申请趋势

表3-8 铁皮石斛药品领域专利类型主要年度申请量

年度	发明专利/件	实用新型专利/件	年度专利总数/件	年度专利占比/%
2011	13	0	13	1.65
2012	20	0	20	2.54
2013	37	0	37	4.70

续表

年度	发明专利/件	实用新型专利/件	年度专利总数/件	年度专利占比/%
2014	76	2	78	9.91
2015	146	0	146	18.55
2016	184	5	189	24.02
合计				61.37

二、专利分类情况

截至 2020 年 6 月 30 日，铁皮石斛药品领域专利申请总量为 787 件，其中，铁皮石斛药品领域发明专利申请量为 780 件，实用新型专利申请量为 7 件，如图 3-11 所示。由此可见，铁皮石斛药品领域专利申请大多数为发明专利，占比 99.11%。

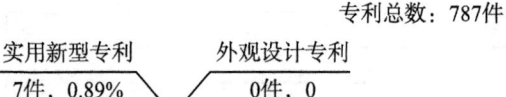

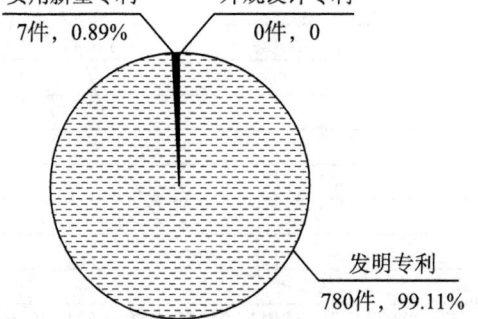

图 3-11 铁皮石斛药品领域专利分类情况

三、法律状态及专利技术分析

对铁皮石斛药品领域专利详细法律状态进行统计，截止时间为 2020 年 6 月 30 日，统计结果如图 3-12 所示。该技术领域现有专利大部分处于实质审查阶段，共计 326 件，占比 41.42%；撤回专利共计 145 件，占比 18.42%；驳回专利 22 件，占比 2.80%；已授权专利 86 件，仅占比 10.93%。贵州省在该技术领域的专利申请总量为 22 件，其中处于实质审查阶段的有 14 件，已公开 2 件，撤回、驳回、失效专利总数 6 件，无授权的专利。

第三章 ‖ 铁皮石斛产业专利分析

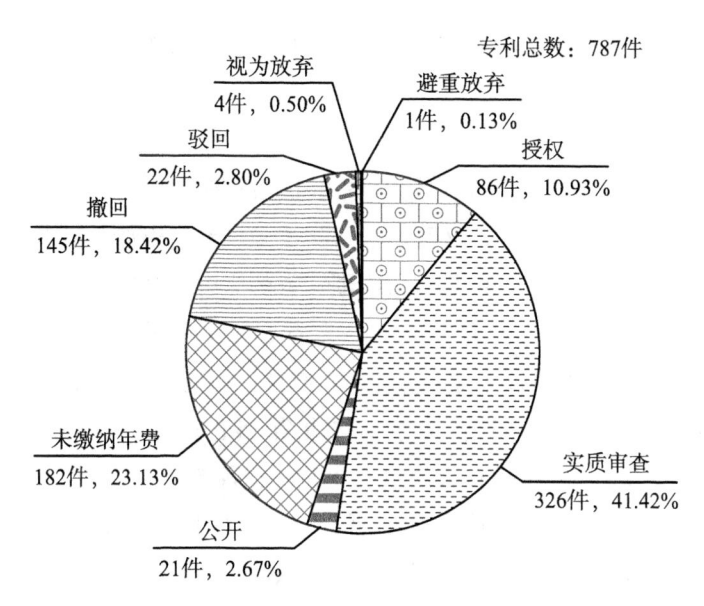

专利总数：787件

视为放弃 4件，0.50%
避重放弃 1件，0.13%
驳回 22件，2.80%
授权 86件，10.93%
撤回 145件，18.42%
未缴纳年费 182件，23.13%
公开 21件，2.67%
实质审查 326件，41.42%

图 3-12 铁皮石斛药品领域专利法律状态分析

对该技术领域专利申请量排名前三的省份及贵州省进行分析，申请量第一的省份为浙江省，专利申请总量为 135 件（发明专利 134 件，实用新型 1 件），其中获授权专利 22 件（全部为发明专利），占比 16.30%（高于全国平均水平 10.93%），技术领域主要集中在 A61K36（传统草药的未确定结构的药物制剂，如颗粒剂、片剂、胶囊剂等）。该技术领域专利申请量第二的省份为广西壮族自治区，专利申请总量为 125 件（全部为发明专利），其中授权专利 12 件，占比 9.60%（略低于全国平均水平 10.93%），技术领域主要集中在 A61K36（传统草药的未确定结构的药物制剂，如颗粒剂、片剂、胶囊剂等）。该技术领域专利申请量第三的省份为安徽省，专利申请总数为 77 件（发明专利 73 件，实用新型 4 件），其中获授权专利 4 件，占比 5.19%（低于全国平均水平 10.93%），专利申请技术领域主要集中在 A61K36（传统草药的未确定结构的药物制剂，如颗粒剂、片剂、胶囊剂等）。贵州省在该技术领域的专利申请总量为 22 件（全部为发明专利），排名在全国第十位，无授权专利。由此可见，虽然全国在铁皮石斛药品领域的专利申请总数达 787 件，但授权专利仅 86 件，授权率较低（10.93%），其中专利申请量排名前三的省份依次为浙江省、广西壮族自治区、安徽省，其专利授权率分别为 16.30%、9.60%、5.19%，专利授权率均较低。贵州省在药品领域的授权专利为零。因此，贵州省在铁皮石斛药品研发方

095

面的空间巨大，加大对该技术领域的开发，具有重要的意义。

四、专利地域分析

对铁皮石斛药品领域专利申请地域分布情况进行统计，截止时间为 2020 年 6 月 30 日，其结果如图 3-13 所示。该技术领域专利申请量最大的省份为浙江省，共计申请相关专利 135 件；仅次浙江省的为广西壮族自治区，申请相关专利 125 件；其余为：安徽省 77 件；广东省 64 件；山东省 53 件；江苏省 46 件；云南省 39 件；福建省 31 件；湖南省 30 件；河南省、贵州省各 22 件；北京市 21 件；上海市、四川省各 19 件；湖北省 15 件；辽宁省 13 件；陕西省 8 件；河北省、重庆市各 7 件；天津市、黑龙江省各 5 件；海南省、江西省各 4 件；山西省 3 件；吉林省、甘肃省、青海省、宁夏回族自治区、新疆维吾尔自治区、香港特别行政区各 1 件；其他 7 件。从地域角度分析浙江省铁皮石斛药品技术专利最多，仅次于浙江省的为广西壮族自治区，较浙江省少 10 件。

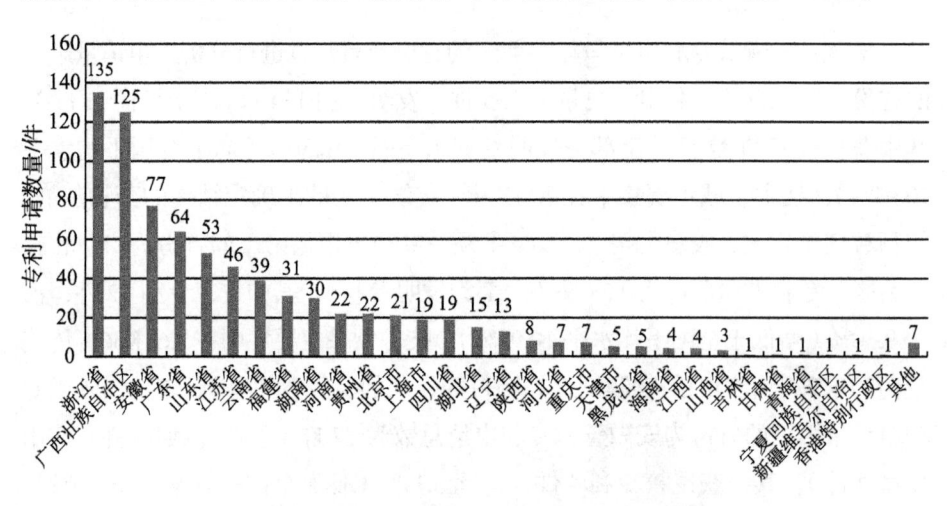

图 3-13 铁皮石斛药品领域各省份专利申请量

五、专利主要申请人分析

本研究对所有申请人的数据进行了分析，但由于数据量较大，仅对该领域专利申请量排名前五的省份且申请人排名前三的专利相关信息进行统计分析，如图 3-14 所示。浙江省排名前三的申请人有浙江中医药大学（12 件，其中实质审查 4 件、撤回 5 件、驳回 2 件、公开 1 件），梅照付（9 件，全部撤回），卢祥平（7件，其中实质审查6件、撤回1件）。广西壮族自治区排名前三的申请人有广西健宝石斛有限责任公司（32件，其中撤回11件、驳回18件、未缴纳年费3件），广西大学（6件，其中撤回5件、实质审查1件），广西浙商投资有限公司（5件，其中撤回4件、驳回1件）。安徽省排名前三的申请人有安徽皖斛堂生物科技有限公司（16件，其中撤回7件、实质审查2件、驳回7件），陆永柱（15件，其中实用新型1件、撤回11件、未缴纳年费3件），安徽千方生物科技有限公司（4件，其中实质审查1件、驳回3件）。广东省排名前三的申请人有广州中医药大学中医药数理工程研究院（5件，其中实质审查1件、驳回2件、撤回2件），无限极（中国）有限公司（4件，其中实质审查2件、驳回1件、撤回1件），广东国方医药科技有限公司（3件，其中实质审查2件、发明专利授权1件）。山东省排名前三的申请人有济南超舜中药科技有限公司（7件，全部撤回），张培君（3件，全部撤回），贾庭山（2件，其中驳回1件、实质审查1件）。由此可见，铁皮石斛药品领域授权的专利均较少。

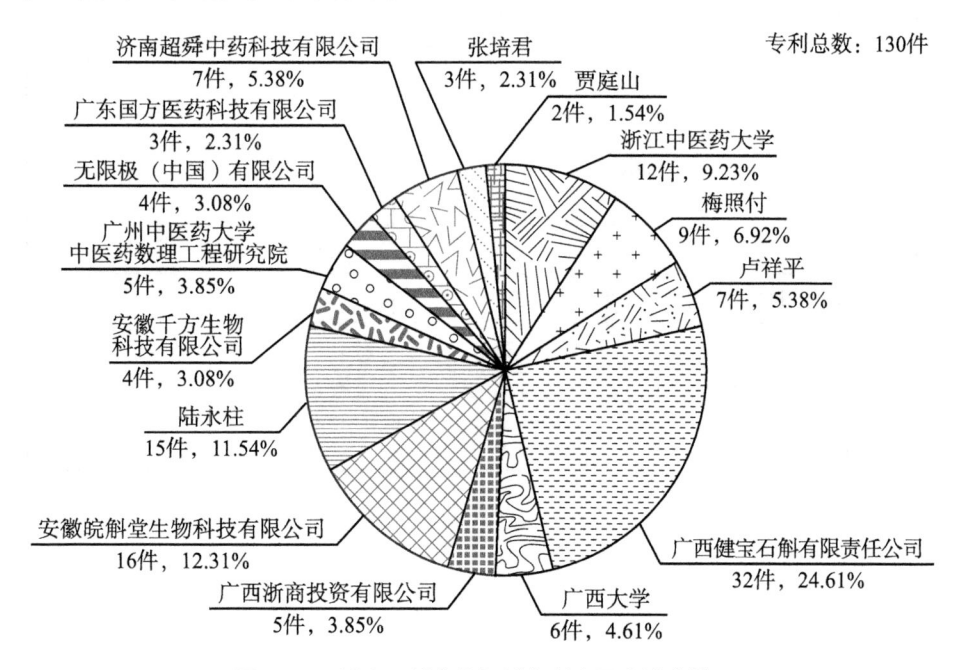

图3-14 铁皮石斛药品领域专利主要申请人情况

六、申请人专利竞争力分析

按照专利被引证次数、同族数量综合评价申请人专利的技术影响力（基于专利被引证的计算，专利被其他专利引用的次数越多，技术影响力越高）与市场影响力（基于专利家族规模的计算，同族专利数量越多，市场竞争力越强）。如表 3-9 和图 3-15 所示，市场影响力排名前三的分别为：广西健宝石斛有限责任公司、安徽皖斛堂生物科技有限公司、陆永柱。技术影响力排名前三的分别为：湖南龙石山铁皮石斛基地有限公司、广西健宝石斛有限责任公司、浙江中医药大学，分别位于湖南、广西、浙江。由此可见，无论从技术影响力还是市场影响力而言，广西健宝石斛有限责任公司在铁皮石斛药品领域专利申请具有明显的优势。

表 3-9 铁皮石斛药品领域申请人专利竞争力基本情况

申请人	被引证次数/次	同族数量/件	专利数量/件
广西健宝石斛有限责任公司	65	32	32
安徽皖斛堂生物科技有限公司	8	16	16
陆永柱	2	15	15
浙江中医药大学	25	12	12
湖南龙石山铁皮石斛基地有限公司	75	9	9
梅照付	0	9	9
济南超舜中药科技有限公司	1	7	7
卢祥平	1	7	7
南京仙草堂生物科技有限公司	0	7	7
广西大学	0	6	6

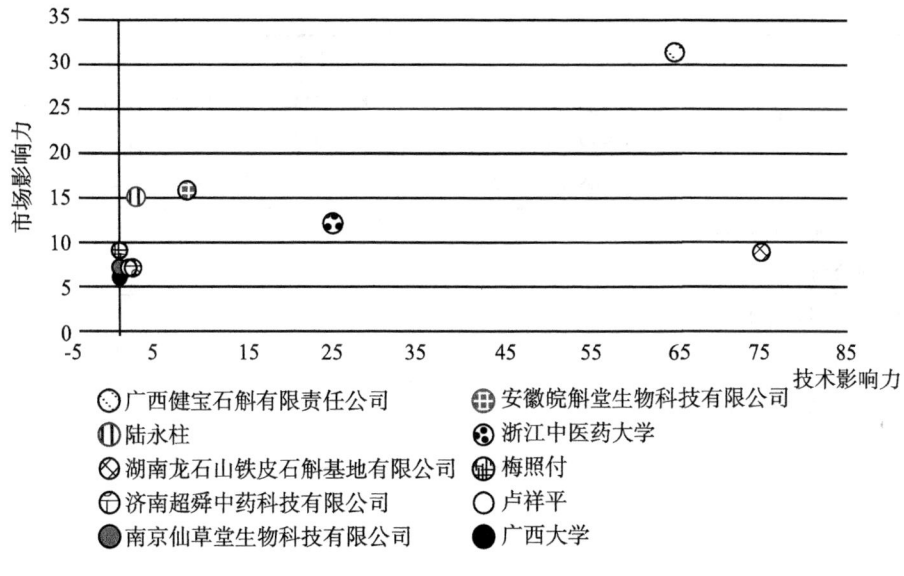

图 3-15　铁皮石斛药品领域申请人专利竞争力分布

七、专利转让与受让情况分析

专利转让在一定程度上可以体现科技成果的转移转化。2010 年，出现首个铁皮石斛药品的专利转让，距离铁皮石斛药品领域首个专利申请相差 6 年，且几乎每年的专利转让比例都较低，仅在 2017 年转让了 12 件，达到峰值，如表 3-10、图 3-16 所示。由此可见，2017 年、2018 年为铁皮石斛专利转让的高峰时期，从侧面反映了铁皮石斛药品方面科技成果转化受到重视。转让技术领域主要集中在 A61K（医用、牙科用或梳妆用的配制品等）、A61P（化合物或药物制剂的特定治疗活性），如图 3-17 所示。

表 3-10　铁皮石斛药品领域专利转让关系（主要）

转让（受让）数量/件

转让人	受让人				
	广东高航知识产权运营有限公司	广州宝健源农业科技有限公司	杭州丹鹤医药有限公司	深圳市国森生物科技有限公司	广西天虹锅炉有限公司
陆永柱	3	3	0	0	0
浙江省中医药研究院	0	0	4	0	0

续表

转让人	受让人				
	广东高航知识产权运营有限公司	广州宝健源农业科技有限公司	杭州丹鹤医药有限公司	深圳市国森生物科技有限公司	广西天虹锅炉有限公司
广东高航知识产权运营有限公司	0	3	0	0	0
深圳市国森生物科技有限公司	0	0	0	0	0
广西健宝石斛有限责任公司	0	0	0	0	2

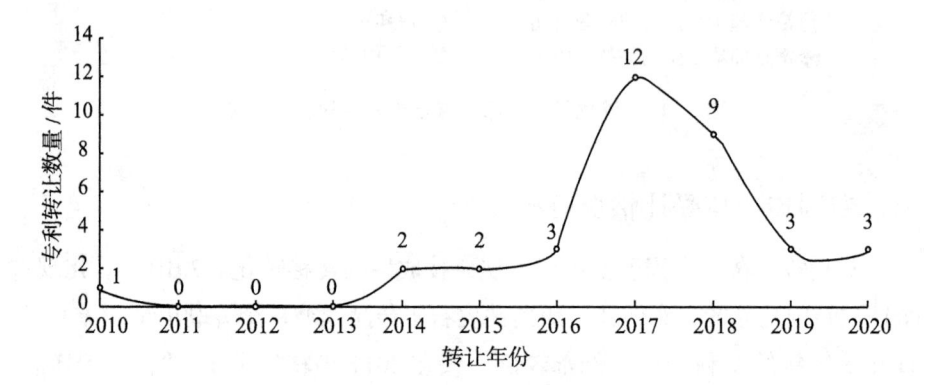

图 3-16 铁皮石斛药品领域专利转让趋势

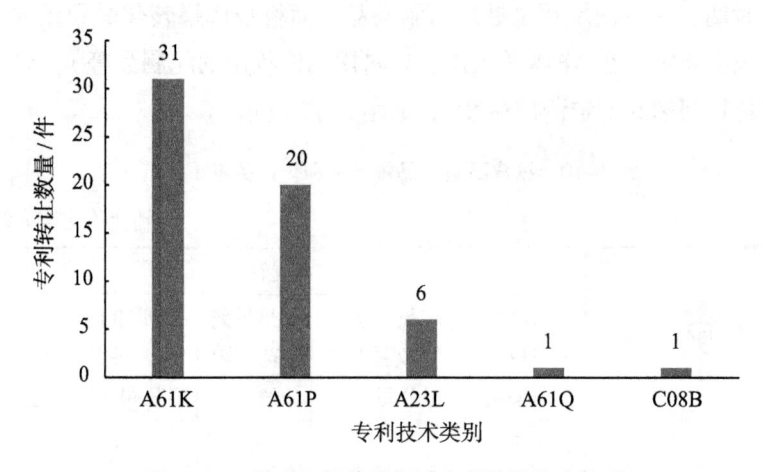

图 3-17 铁皮石斛药品领域专利转让技术构成

八、专利布局分析

本研究对以铁皮石斛为原料的药品专利治疗、预防病症进行标引，并绘制功效矩阵图，以了解现阶段铁皮石斛药品专利布局情况，发现该技术领域的研发热点和空白区域。目前，铁皮石斛药品领域的专利申请主要集中在消化系统疾病（318件）、糖尿病（94件）等方面，如图3-18所示。

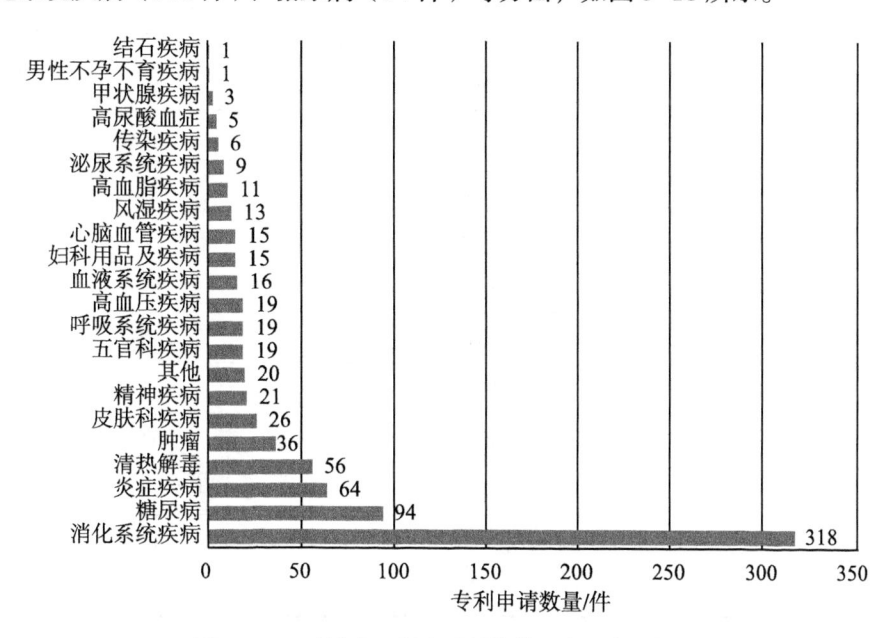

图3-18 以铁皮石斛为原料的药品专利布局情况

同时，对铁皮石斛药品领域检索到的787件专利进行聚类分析（保留出现34次以上的高频词，并排除相关性不大的词汇），结果如表3-11所示。从结果可知：（1）615件专利申请涉及与甘草、黄芪、西洋参、灵芝、枸杞、人参、丹参等药材配伍，占专利申请总数的78.14%，其中涉及与甘草配伍的专利申请有91件，占专利申请总数的11.56%；（2）涉及与工艺相关的专利申请为218件，占专利申请总数的27.70%。因此，贵州省在后续涉及铁皮石斛药品方面的专利申请时，一方面，需注意对比与借鉴上述专利，确保专利的新颖性，以提升专利授权成功率；另一方面，在专利的申请与新产品的开发过程中，除基于铁皮石斛的功能主治外，可适度开发其隐藏功效，从不同角度完成专利的申请与产品研发。

表 3-11　铁皮石斛药品领域专利聚类分析结果

分类	高频词	专利件数
与配伍相关	甘草	91
	黄芪	90
	西洋参	68
	灵芝	58
	枸杞	52
	人参	47
	丹参	44
	山药	43
	茯苓	43
	葛根	40
	白芍	39
与工艺相关	粉碎	64
	浓缩	58
	干燥	49
	过滤	47

九、小结与讨论

铁皮石斛药品领域专利申请总量为787件，其中，铁皮石斛药品领域发明专利申请量为780件，实用新型专利申请量为7件。现有专利大部分（326件，占41.42%）处于实质审查阶段，已授权专利86件，仅占10.93%。该技术领域专利申请量排名前五的省份为浙江省（135件）、广西壮族自治区（125件）、安徽省（77件）、广东省（64件）、山东省（53件）。目前，无论技术影响力还是市场影响力，广西健宝石斛有限责任公司在铁皮石斛药品领域专利申请具有明显的优势。贵州省在该技术领域的专利申请总量为22件（全部为发明专利），且分散在多个企业中，无授权的专利。铁皮石斛药品领域专利申请主要集中在消化系统疾病、糖尿病等方面，配伍的中药材主要为甘草、黄芪、西洋参、灵芝、枸杞、人参、丹参等。因此，贵州省在新产品研发过程中，需注意加强培育铁皮石斛药品研发的龙头企业，尝试以铁皮石斛配伍其他中药材的方式进行新产品的开发，从不同角度申请专利与研发产品。

第三节 铁皮石斛保健食品领域专利分析

本节对铁皮石斛保健食品领域专利的申请量、分类情况、法律状态、申请人等进行了分析，以期全面了解铁皮石斛保健食品相关专利的发展趋势。

一、专利年度申请量统计

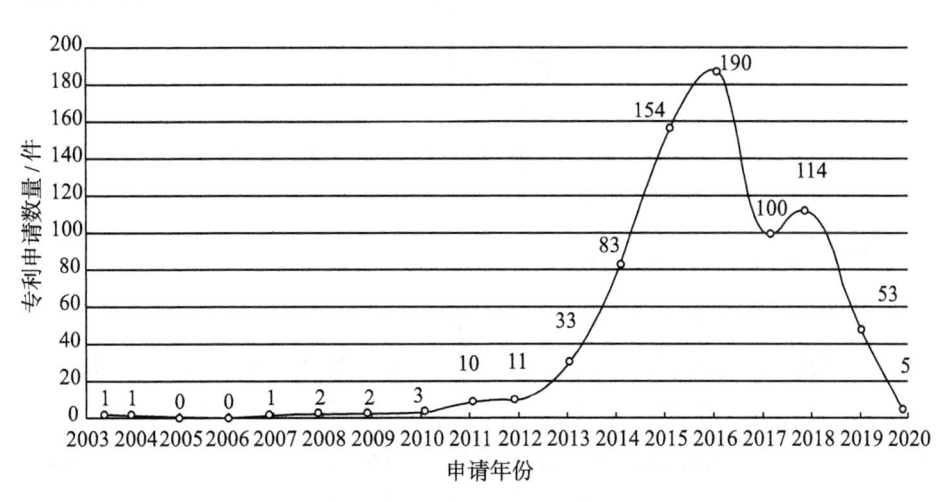

截至 2020 年 6 月 30 日，铁皮石斛保健食品领域专利申请总量为 763 件。自 2003 年起，开始出现铁皮石斛保健食品领域专利申请，当年专利申请量仅为 1 件，直至 2012 年专利年申请量均未有明显增长，2013—2016 年铁皮石斛保健食品领域的专利申请量连续呈上升趋势，且在 2016 年申请量达到峰值，随后专利申请量开始出现下滑，如图 3-19 和表 3-12 所示。由此可见，2013—2016 年为铁皮石斛保健食品领域专利创新技术涌现时期。

图 3-19 铁皮石斛保健食品领域专利申请趋势

表 3-12　铁皮石斛保健食品领域专利类型主要年度申请量

年度	发明专利/件	实用新型专利/件	年度专利总数/件	年度专利占比/%
2012	11	0	11	1.44
2013	32	1	33	4.33
2014	83	0	83	10.88
2015	154	0	154	20.18
2016	189	1	190	24.90
	合计			61.73

二、专利分类情况

截至 2020 年 6 月 30 日，铁皮石斛保健食品领域专利申请总量为 763 件，其中发明专利申请量为 761 件，实用新型专利申请量为 2 件，如图 3-20 所示。由此可见，铁皮石斛保健食品领域专利申请大多数为发明专利。

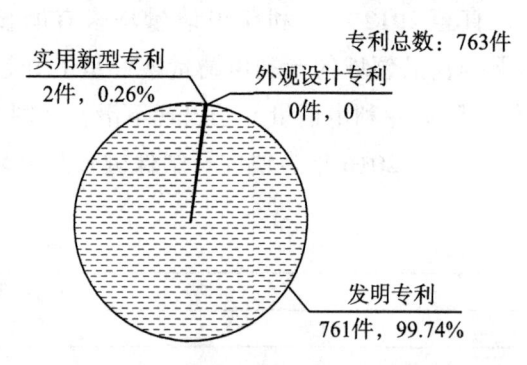

图 3-20　铁皮石斛保健食品领域专利分类情况

三、法律状态及专利技术分析

对铁皮石斛保健食品领域专利详细法律状态进行统计，结果如图 3-21 所示。该技术领域获授权专利总数为 61 件（全部为发明专利），授权率占 7.99%，大部分处于实质审查阶段，共计有 301 件专利尚在审查中，占比 39.45%；33 件专利现已公开（占 4.33%）；相对较多的专利现已撤回，撤回专利数共计 193 件（占 25.29%）；159 件专利现已驳回（占 20.84%），未缴纳年费专利 16 件（占 2.10%），如图 3-21 所示。总体来说，铁皮石斛保健食品领域相对较多的专利现基于撤回、驳回等原因相继失效，大量专利尚在审查中，授权专利相对较少。

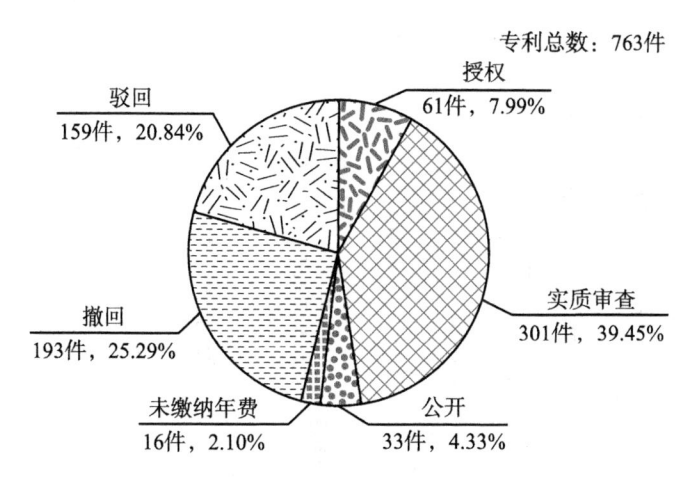

图 3-21　铁皮石斛保健食品领域专利法律状态分析

专利总数：763件
- 授权 61件，7.99%
- 驳回 159件，20.84%
- 撤回 193件，25.29%
- 未缴纳年费 16件，2.10%
- 公开 33件，4.33%
- 实质审查 301件，39.45%

该技术领域专利申请量排名第一的省份为广西壮族自治区，专利申请总量为123件（全部为发明专利），其中获授权专利8件，占比6.50%（低于全国平均水平7.99%），技术领域主要集中在A23L2/38（其他非酒精饮料，如鲜汁、茶）。该技术领域专利申请量排名第二的省份为浙江省，专利申请总量为120件（发明专利119件，实用新型1件），其中获授权专利10件（全部为发明专利），占比8.33%（高于全国平均水平7.99%），技术领域主要集中在A23L33/00（改变食品的营养性质；营养制品；其制备或处理）。该技术领域专利申请量排名第三的省份为安徽省，专利申请总数为117件（全部为发明专利），其中获授权专利9件，占比7.69%（略低于全国平均水平7.99%），技术领域主要集中在A23L2/02（含有水果或蔬菜汁的）。贵州省在该技术领域的专利申请总量为55件（全部为发明专利），排名全国第六位，其中获授权专利5件，占比9.09%（高于全国平均水平7.99%），技术领域主要集中在A61K36（主要为传统制剂，如颗粒、胶囊、口服液等）。以上各省份授权专利如表3-13所示。由此可见，全国在铁皮石斛保健食品领域的专利申请总数达763件，但专利授权仅61件，授权率较低（7.99%），其中专利申请量排名前三的省份专利授权率分别为6.50%、8.33%、7.69%，专利授权率均较低。贵州省在该领域专利申请总量为55件，授权专利5件，授权率9.09%，比该领域全国排名前三的省份的专利授权率都高。

表 3-13 铁皮石斛保健食品领域主要授权专利

排名	省份	申请总数/件	授权数/件	占比/%	专利申请号	专利名称	专利申请人
1	广西壮族自治区	123	8	6.50	CN201410015536.0	铁皮石斛固体饮料及其制备方法	桂林丰润莱生物科技有限公司
					CN201410034318.1	一种含铁皮石斛提取物的料酒及制备方法	广西健宝石斛有限责任公司
					CN201410818306.8	一种养颜减肥果冻及其制备方法	广西壮族自治区农业科学院农产品加工研究所
					CN201510105754.8	一种甘蔗饮用水及复配甘蔗汁饮料的生产工艺	广西叶茂机电自动化有限责任公司
					CN201510128318.2	一种增强免疫力的中药组合物及其制备方法	广西龙凤山生物科技有限责任公司
					CN201510128319.7	一种辅助降血糖的铁皮石斛保健品及其制备方法	广西龙凤山生物科技有限责任公司
					CN201510943857.1	保护视力的咀嚼片及其制备方法	李新福
					CN201610456332.X	以金花茶-石斛为原料的解酒饮料及其生产方法	广西壮族自治区农业科学院农产品加工研究所

续表

排名	省份	申请总数/件	授权数/件	占比/%	专利申请号	专利名称	专利申请人
2	浙江省	120	10	8.33	CN200710156248.7	一种保健品组合物及其制备方法	金华寿仙谷药业有限公司 浙江工业大学
					CN200910101996.4	一种石斛鲜草汁的制备方法	浙江森宇实业有限公司
					CN201010197363.0	利用铁皮石斛花制备的预防治疗高血压中风的药及方法	浙江天皇药业有限公司
					CN201110052085.4	一种保健食品及其用途	浙江农林大学
					CN201310238165.8	一种铁皮石斛原浆饮料的制备方法	浙江大学 江苏同人生物科技有限公司
					CN201410810755.8	铁皮石斛饮料及其制备方法	金华寿仙谷药业有限公司
					CN201410853141.8	铁皮石斛含片及其制备方法	台州康晶生物科技有限公司
					CN201510155269.1	一种铁皮石斛养生面及其制备方法	浙江外国语学院
					CN201510859250.5	一种铁皮石斛悬浮凝胶的制造方法	杭州鑫伟低碳技术研发有限公司
					CN201610422473.X	一种高溶解性益生菌发酵石斛粉及其制备与应用	杭州威飞科技有限公司

续表

排名	省份	申请总数/件	授权数/件	占比/%	专利申请号	专利名称	专利申请人
3	安徽省	117	9	7.69	CN201210317425.6	一种铁皮石斛保健茶的加工方法	安徽新津铁皮石斛开发有限公司
					CN201310018056.5	一种霍山石斛复合鲜汁及其口服液的制备方法	六安同济生物科技有限公司
					CN201310462318.7	一种石斛饮料的制备方法	安徽大学
					CN201310448059.2	一种营养保健复合米及其制备方法	合肥珠光粮油贸易有限公司
					CN201310448167.X	一种补血养气保健米及其制备方法	合肥市晶谷米业有限公司
					CN201410046444.9	一种石斛滁菊保健颗粒剂	安徽科技学院
					CN201410365111.2	一种醒酒止渴石斛冲剂	汤兴华
					CN201410500759.6	海虾柠檬醋味铁皮石斛颗粒冲剂及其制备方法	安徽新津铁皮石斛开发有限公司
					CN201410501024.5	茉莉花香铁皮石斛颗粒冲剂及其制备方法	安徽新津铁皮石斛开发有限公司

续表

排名	省份	申请总数/件	授权数/件	占比/%	专利申请号	专利名称	专利申请人
6	贵州省	55	5	9.09	CN201510890446.0	一种铁皮石斛含片及其制备方法	铜仁市金农绿色农业科技有限公司
					CN201510822070.X	一种铁皮石斛饮料及其制备方法	铜仁市金农绿色农业科技有限公司
					CN201410796551.3	一种用于增强免疫力和缓解疲劳的口服液	贵州威门药业股份有限公司
					CN201510226240.8	用于增强免疫力的颗粒	贵州威门药业股份有限公司
					CN201410016232.6	一种提高免疫力的大鲵肉松	贵阳学院

注：以上专利主要依据 PIC 分类号及保健功效分类。

第三章 铁皮石斛产业专利分析

现对贵州省在该领域专利情况做以下分析：（1）贵州省铁皮石斛保健食品专利申请技术领域主要集中在 A61K36（主要为传统制剂，如颗粒、胶囊、口服液等），而浙江省铁皮石斛保健食品专利申请技术领域主要集中在 A23L33/00（改变食品的营养性质；营养制品；其制备或处理），两者之间最主要的不同是浙江省专利申请偏向于食品，贵州省则偏向于传统制剂（如颗粒、胶囊、口服液等）；（2）全国在铁皮石斛保健食品领域的专利授权率均不高，贵州省在该领域的专利授权率高于全国平均水平。依据贵州省在该领域的专利情况，提出以下对策：（1）进一步加大铁皮石斛保健食品方面的专利申请，同时加强专利内容的新颖性、创造性、实用性考察，进一步提升专利的授权率。（2）加大在 A23L33/00（改变食品的营养性质；营养制品；其制备或处理）技术领域的专利申请，进一步扩展贵州省保健食品专利申请技术领域，进一步提升贵州省铁皮石斛保健食品相关专利的核心竞争力。

四、专利地域分析

对铁皮石斛保健食品领域专利申请地域分布情况进行统计，其结果如图3-22所示。该技术领域专利申请量最大的省份为广西壮族自治区，共计申请相关专利123件；其次为浙江省（120件）、安徽省（117件）、江苏省（63件）、广东省（60件）；其余为贵州省（55件）、云南省（30件）、福建省（26件）、山东省（23件）、北京市（18件）、湖北省（17件）、上海市（13件）、四川省（13件）、湖南省（12件）、河南省（11件）、江西省（8件）、陕西省（8件）、天津市（7件）、河北省（7件）、黑龙江省（4件）、重庆市（4件）、辽宁省（3件）、山西省（2件）、吉林省（2件）、甘肃省（2件）、海南省（2件）、台湾省（2件）、香港特别行政区（2件）、内蒙古自治区（1件）、青海省（1件）、宁夏回族自治区（1件）、新疆维吾尔自治区（1件）。由此可见，铁皮石斛保健食品领域专利申请量前三的为广西壮族自治区、浙江省、安徽省，贵州省申请量排列第六位。

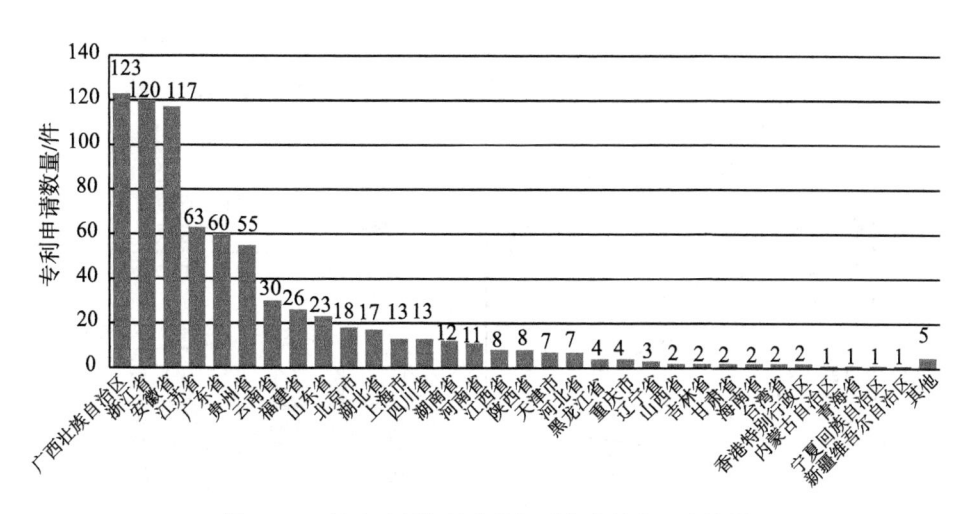

图 3-22　铁皮石斛保健食品领域各省份专利申请量

五、专利主要申请人分析

本研究对所有申请人的数据进行了分析，但由于数据量较大，仅对该领域专利申请量排名前三的省份以及贵州省且申请人排名前三的专利进行统计分析，如图 3-23 所示。结果显示，广西壮族自治区排名前三的申请人有广西健宝石斛有限责任公司（17 件，其中驳回 11 件、撤回 2 件、授权发明专利 1 件、未缴纳年费 3 件），广西大学（11 件，其中驳回 1 件、撤回 10 件），西林县大银子铁皮石斛种销农民专业合作社（5 件，其中实质审查 4 件、撤回 1 件）。浙江省排名前三的申请人有劲膳美生物科技股份有限公司（36 件，其中实质审查 7 件、驳回 29 件），胡安然（5 件，其中撤回 4 件、驳回 1 件），金华寿仙谷药业有限公司（4 件，其中实质审查 2 件、授权发明专利 2 件）。安徽省排名前三的申请人有明光市银岭山生态农业科技有限公司（12 件，全部被驳回），安徽新津铁皮石斛开发有限公司（11 件，其中驳回 8 件、授权发明专利 3 件），安徽皖斛堂生物科技有限公司（9 件，其中撤回 5 件、驳回 1 件、实质审查 3 件）。贵州省排名前三的申请人有杨文明（5 件，全部被撤回），铜仁市金农绿色农业科技有限公司（6 件，其中实质审查 2 件、驳回 2 件、授权发明专利 2 件），贵州同威生物科技有限公司（3 件，全部处于实质审查状态）。

专利总数：124件

图中数据：
- 杨文明 5件，4.03%
- 铜仁市金农绿色农业科技有限公司 6件，4.84%
- 贵州同威生物科技有限公司 3件，2.42%
- 安徽皖斛堂生物科技有限公司 9件，7.26%
- 广西健宝石斛有限责任公司 17件，13.71%
- 安徽新津铁皮石斛开发有限公司 11件，8.87%
- 广西大学 11件，8.87%
- 明光市银岭山生态农业科技有限公司 12件，9.68%
- 西林县大银子铁皮石斛种销农民专业合作社 5件，4.03%
- 金华寿仙谷药业有限公司 4件，3.23%
- 劲膳美生物科技股份有限公司 36件，29.03%
- 胡安然 5件，4.03%

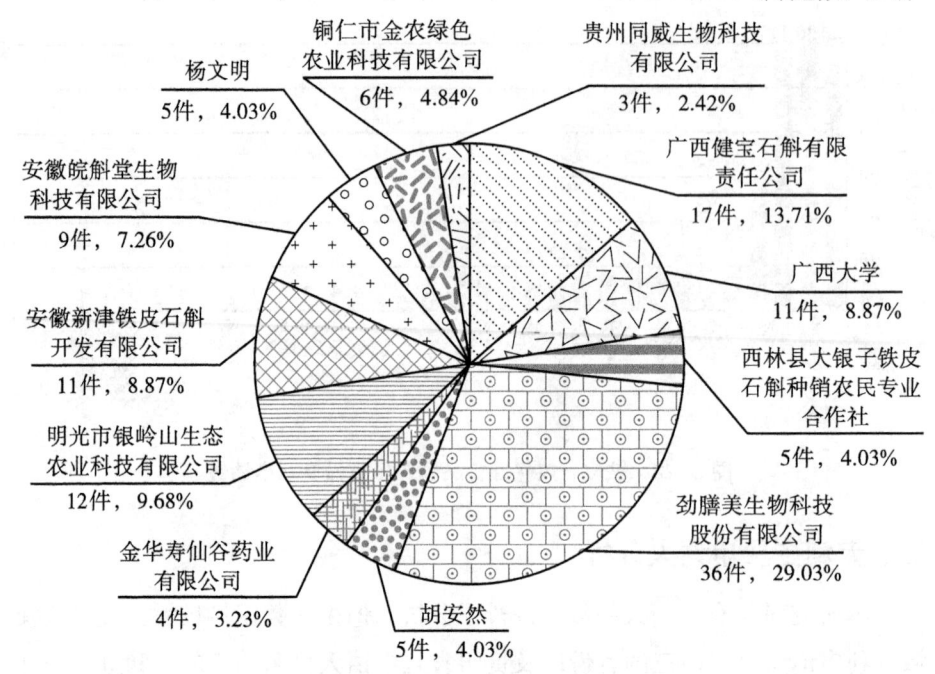

图3-23 铁皮石斛保健食品领域主要申请人分析

由此可见：（1）全国在铁皮石斛保健食品领域专利申请量排列前三的省份以及贵州省且申请人排名前三的专利申请总计124件，但授权专利仅为8件，授权率仅为6.45%，此授权率低于全国平均水平（7.99%），可见专利申请量较多的企业或个人，其专利授权率不一定高；（2）贵州省专利获授权的企业为铜仁市金农绿色农业科技有限公司，该公司申请相关专利总数6件，授权2件，授权率33.33%。因此，贵州省在今后的专利申请过程中，一定要更加注重专利的内容，提高专利的授权率，真正做到为产品保护而申请，不可一味地追求专利申请数量而忽略专利质量，更加注重专利质量和核心价值，增加专利授权成功率。

六、申请人专利竞争力分析

按照专利被引证次数、同族数量综合评价申请人专利的技术影响力（基于专利被引证的计算，专利被其他专利引用的次数越多，技术影响力越高）与市场影响力（基于专利家族规模的计算，同族专利数量越多，市场竞争力越强），如表 3-14 和图 3-24 所示。市场影响力排名前三的分别为：劲膳美生物科技股份有限公司、广西健宝石斛有限责任公司、明光市银岭山生态农业科技有限公司。技术影响力排名前三的分别为：广西健宝石斛有限责任公司、劲膳美生物科技股份有限公司、安徽新津铁皮石斛开发有限公司。综合上述分析，浙江省在铁皮石斛保健食品领域专利申请具有优势。贵州省入榜的单位为铜仁市金农绿色农业科技有限公司。

表 3-14　铁皮石斛保健食品领域申请人专利竞争力基本情况

申请人	被引证次数/次	同族数量/件	专利数量/件
劲膳美生物科技股份有限公司	55	36	36
广西健宝石斛有限责任公司	66	17	17
明光市银岭山生态农业科技有限公司	17	12	12
安徽新津铁皮石斛开发有限公司	25	11	11
岭南师范学院	3	11	11
广西大学	21	11	11
李亦琴	3	9	9
铜仁市金农绿色农业科技有限公司	11	6	6

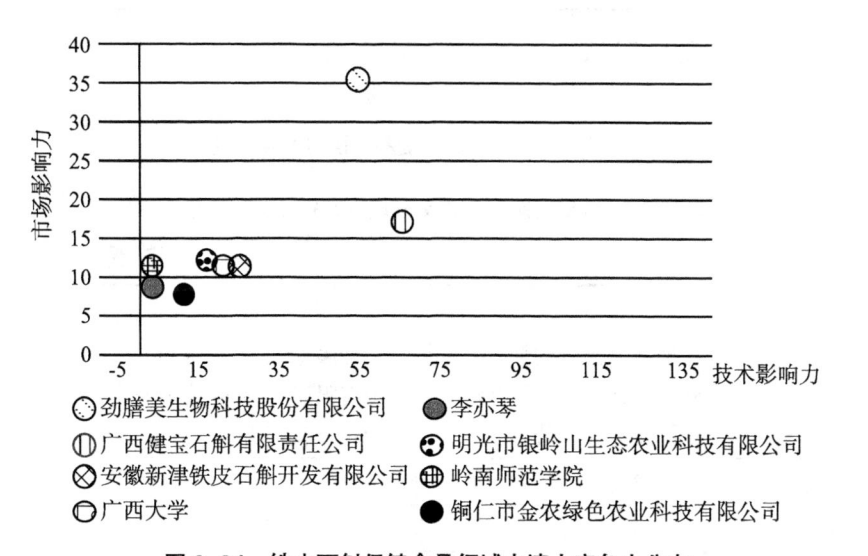

图 3-24　铁皮石斛保健食品领域申请人竞争力分布

七、专利转让与受让情况分析

2014年，出现首个铁皮石斛保健食品的专利转让，如图3-25所示，距离铁皮石斛保健食品领域首个专利申请相差11年，且每年的专利转让比例低，大量专利成为"沉睡"的专利。专利转化率低，是阻碍铁皮石斛保健食品领域技术创新的重要因素。已转化专利的技术构成与其专利数量和申请趋势基本一致，受让人主要集中在浙江省、上海市、安徽省及山西省等地，其中浙江省接受转让3件，上海市接受转让2件，安徽省及山西省各1件，如表3-15所示。从专利转让技术构成可以看出，铁皮石斛保健食品的专利转让主要集中在A23L（食品、食料或非酒精饮料；它们的制备或处理），可见铁皮石斛保健食品的开发越来越偏向功能食品形式，不同于起初的传统制剂形式，如图3-26所示。

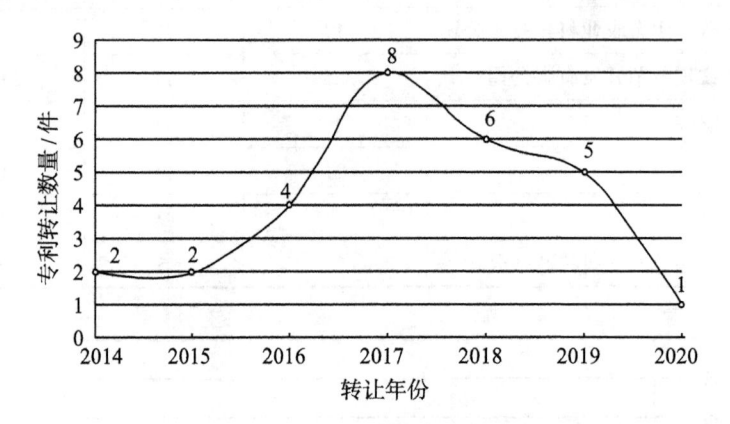

图 3-25　铁皮石斛保健食品领域专利转让趋势

表 3-15　铁皮石斛保健食品领域专利转让关系（主要）

转让（受让）数量/件

转让人	受让人					
	劲膳美生物科技股份有限公司	劲膳美食品股份有限公司	上海诵康堂实业有限公司	安徽诚亚生物科技有限公司	长治市武理工工程技术研究院
胡安然	2	1	0	0	0
洪文平	0	0	2	0	0
安徽大学	0	0	0	1	0
安徽科技学院	0	0	0	0	1

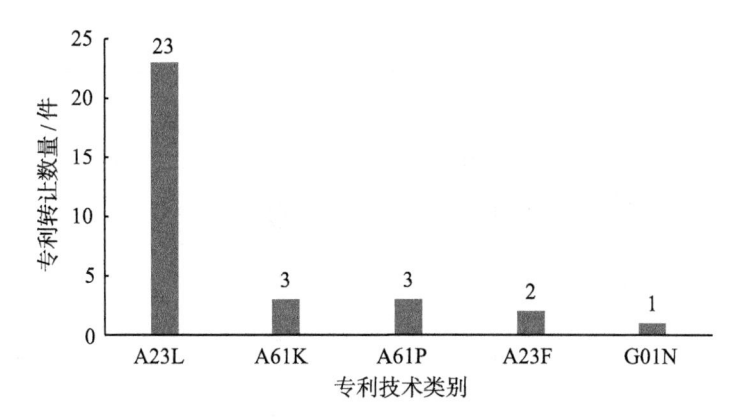

图 3-26　铁皮石斛保健食品领域专利转让技术构成

八、专利布局分析

本研究对铁皮石斛保健食品专利保健功效进行标引，并绘制功效矩阵图，以了解现阶段铁皮石斛保健食品专利布局情况，发现该技术领域研发热点和空白区域，其结果如表 3-16 所示。

表 3-16　铁皮石斛保健食品专利布局情况

功效	制剂	饮品	酒	小食	主食	调料	药膳	代餐	糕点	酵素	乳制品	油
增强免疫力	64	36	6	15	14	4	9	4	4	8		1
辅助降血脂	45	22	2	22	12	5	6					
辅助降血糖	42	16	2	21	15	2	3		4	1		
辅助降血压	18	13		9	10	3				1		
促进消化	12	5		2	9	5	4		6	4		
对胃黏膜损伤有辅助保护功能	15	5		5	2				1	1		
抗氧化	9	15		2	2							
改善睡眠	10	5		2			1		1			
缓解体力疲劳	12	4		4								

续表

功效	类别										
	制剂	饮品	酒	小食	主食	调料	药膳	代餐	糕点	酵素	乳制品	油
调节肠道菌群	15	2								2	1	
通便	2	1		2	1		2			1	1	
减肥	3	2		5			1					
清咽	5	1		3								
辅助改善记忆	5	2										
对化学性肝损伤有辅助保护功能	5	2			1					1		1
缓解视疲劳	5	5		1								1
促进排铅												
促进泌乳	1	1			1							
提高缺氧耐受力	2	1	1									
对辐射危害有辅助保护功能	1	1										
增加骨密度												
改善生长发育	1	1		1								
改善营养性贫血												
祛痤疮		2										
祛黄褐斑	2	1										
改善皮肤水分	1	2										
改善皮肤油分												
营养补充剂												

总体来说，铁皮石斛保健食品领域已针对23种保健功效（增强免疫力、辅助降血脂、辅助降血糖、辅助降血压、促进消化、抗氧化、改善睡眠、缓

解体力疲劳、调节肠道菌群、通便、减肥、清咽、辅助改善记忆、对化学性肝损伤有辅助保护作用、对胃黏膜损伤有辅助保护功能、缓解视疲劳、对辐射危害有辅助保护功能、促进泌乳、提高缺氧耐受力、祛黄褐斑、改善皮肤水分、改善生长发育、祛痤疮方面等）开展专利布局工作，而促进排铅、改善营养性贫血、改善皮肤油分、增加骨密度、营养补充剂5方面现阶段尚无相关专利申请。上述保健食品分别涉及制剂、饮品、酒、小食、主食、调料、药膳、代餐、糕点、酵素、乳制品、油12种产品。

铁皮石斛保健食品专利布局方面，现有技术主要以增强免疫力型制剂、饮品、酒产品的开发为研究热点，上述保健食品在辅助降血脂、辅助降血糖功效方面的研究开展也相对较多。对化学性肝损伤有辅助保护功能、对胃黏膜损伤有辅助保护功能、缓解视疲劳、对辐射危害有辅助保护功能、促进泌乳、提高缺氧耐受力、祛黄褐斑、改善皮肤水分、改善生长发育、祛痤疮等功效的保健食品开发方面，现有专利布局力度相对较弱，存在较多专利布局空白点，存在较大新技术开发空间。与此同时，现有技术针对调料、药膳、代餐、糕点、酵素、乳制品、油等保健食品的研究开展相对较少，专利布局力度小，存在较大新技术开发空间。

对铁皮石斛保健食品领域检索到的763件专利进行聚类分析（保留出现25次以上的高频词，并排除相关性不大的词汇），结果如表3-17所示。从结果可知：(1) 438件专利涉及与黄芪、枸杞、甘草、西洋参等药材配伍使用，占专利申请总量的57.40%，其中涉及与黄芪配伍的专利申请有62件，占专利申请总量的8.13%；(2) 涉及增强免疫力功效的专利申请最多，共计165件，占专利申请总量的21.63%；(3) 涉及与工艺相关的专利申请为236件，占专利申请总量的30.93%。因此，首先，贵州省在后续涉及铁皮石斛保健食品工艺方面的专利申请时，需注意与上述专利对比与借鉴，确保专利的新颖性，以提升专利授权成功率；其次，贵州省在新产品研发过程中，可尝试以铁皮石斛配伍其他中药材的方式进行新产品的开发；最后，在专利的申请与新产品的开发过程中，除基于铁皮石斛的主要功效外，可适度开发其隐藏功效，从不同角度完成专利的申请与产品研发。

表 3-17 铁皮石斛保健食品领域专利聚类分析结果

分类	高频词	专利件数
与配伍相关	黄芪	62
	枸杞	53
	甘草	51
	西洋参	45
	山楂	42
	山药	39
	人参	38
	茯苓	37
	灵芝	37
	枸杞子	34
与功效相关	增强免疫力	165
	缓解体力疲劳	44
	降血糖	33
	降血脂	30
	滋阴	31
与工艺相关	过滤	51
	粉碎	41
	干燥	39
	发酵	39
	浓缩	34
	杀菌	32

九、专利预警分析

本书对截至 2020 年 6 月 30 日已获批文的铁皮石斛保健食品产品名称、保健功能、主要原料、批准文号、申请人、专利情况进行统计，其详细情况如表 3-18 所示。从表中可以看出，已获批文的铁皮石斛保健食品数量相对较多，但其中已申请专利保护的相对较少，今后在铁皮石斛保健食品开发时，需注意对现有产品配方及工艺进行规避。

表 3-18 铁皮石斛已获批文保健食品专利申请情况

序号	产品名称	保健功能	主要原料	批准文号	申请人	专利情况
1	总统牌铁皮石斛西洋参胶囊	本品经动物实验评价，具有增强免疫力的保健功能	铁皮石斛、西洋参提取物	国食健注 G20180002	北京同仁堂健康药业股份有限公司	无
2	台乌牌乌药铁皮石斛人参颗粒	对化学性肝损伤有辅助保护功能、增强免疫力	乌药、铁皮石斛、人参、麦芽糊精、木糖醇	国食健字 G20160390	浙江红石梁集团天台山乌药有限公司	无
3	黄金搭牌铁皮石斛洋参颗粒	缓解体力疲劳、增强免疫力	西洋参、铁皮石斛、木糖醇、聚维酮 K30	国食健字 G20080390	上海黄金搭档生物科技有限公司 无锡健特药业有限公司	无
4	东盛牌铁皮枫斗颗粒	增强免疫力	铁皮石斛、西洋参、葛根、维生素 C、糊精	国食健字 G20050744	深圳市东盛保健品发展有限公司 义乌市新金利保健食品有限公司	无
5	元斛牌铁皮石斛西洋参片	增强免疫力	铁皮石斛、西洋参、大枣	国食健注 G20160201	云南品斛堂生物科技有限公司	无

续表

序号	产品名称	保健功能	主要原料	批准文号	申请人	专利情况
6	劲牌冬虫夏草人参马鹿茸铁皮石斛女贞子胶囊（男士型）	增强免疫力、缓解体力疲劳	冬虫夏草、马鹿茸、人参、铁皮石斛、女贞子、二氧化硅、乳糖、硬脂酸镁	国食健字 G20160046	劲牌持正堂药业有限公司	无
7	威门牌铁皮石斛西洋参牛磺酸口服液	增强免疫力、缓解体力疲劳	铁皮石斛、西洋参、牛磺酸、葡萄糖、柠檬酸、山梨酸钾、纯化水	国食健字 G20150984	贵州威门药业股份有限公司	授权
8	威门牌铁皮石斛蝙蝠蛾拟青霉菌颗粒	增强免疫力	铁皮石斛、蝙蝠蛾拟青霉菌粉、葡萄糖	国食健注 G20190318	贵州威门药业股份有限公司	授权
9	润馨堂牌铁皮石斛西洋参黄芪颗粒	增强免疫力	铁皮石斛提取物、西洋参提取物、黄芪提取物、乳糖、糊精、甜菊糖苷	国食健字 G20151002	成都润馨堂药业有限公司	无
10	铁皮石斛西洋参黄芪胶囊	增强免疫力	铁皮石斛提取物、西洋参提取物、黄芪提取物、淀粉	国食健字 G20150997	北京鼎维芬健康科技有限公司	无

续表

序号	产品名称	保健功能	主要原料	批准文号	申请人	专利情况
11	鼎维芬牌铁皮石斛西洋参黄芪片	增强免疫力	西洋参提取物、黄芪提取物、铁皮石斛提取物	国食健字G20151053	北京鼎维芬健康科技有限公司	无
12	石斛西洋参胶囊	增强免疫力	铁皮石斛、西洋参提取物、硬脂酸镁	国食健字G20150950	宜兴爱琴海太湖生态农业专业合作社	无
13	天目山牌铁皮石斛枸杞浸膏	增强免疫力	铁皮石斛、枸杞子、蝙蝠蛾拟青霉菌丝体粉、西洋参	国食健字G20150580	杭州天目山药业股份有限公司	无
14	海氏天美牌铁皮石斛西洋参粉	增强免疫力	铁皮石斛（经辐照）、西洋参提取物	国食健注G20150564	北京世纪合辉医药科技股份有限公司	无
15	海氏天美牌铁皮石斛西洋参胶囊	增强免疫力	铁皮石斛（经辐照）、西洋参提取物	国食健注G20150581	北京世纪合辉医药科技股份有限公司	无
16	合辉牌铁皮石斛西洋参片	增强免疫力	铁皮石斛（经辐照）、西洋参提取物	国食健注G20150582	北京世纪合辉医药科技股份有限公司	无
17	恩红牌西洋参铁皮石斛胶囊	增强免疫力	铁皮石斛（经辐照）、西洋参（经辐照）	国食健注G20150529	瑞丽市宏茂房地产开发有限公司	无

续表

序号	产品名称	保健功能	主要原料	批准文号	申请人	专利情况
18	久丽康源牌久丽康源酒	缓解体力疲劳	铁皮石斛、西洋参、淫羊藿、马鹿茸、黄精、冰糖、白酒、纯化水	国食健字G20150498	云南久丽康源石斛开发有限公司	驳回
19	枫禾牌铁皮石斛灵芝胶囊	增强免疫力、缓解体力疲劳	铁皮石斛、西洋参、灵芝、山药	国食健注G20080119	浙江枫禾生物工程有限公司	无
20	枫禾牌铁皮石斛灵芝颗粒	增强免疫力、缓解体力疲劳	铁皮石斛、西洋参、灵芝、山药	国食健注G20080107	浙江枫禾生物工程有限公司	无
21	久丽康源牌铁皮石斛西洋参黄精茶	缓解体力疲劳	黄精、铁皮石斛、枸杞子、西洋参	国食健注G20150020	云南久丽康源石斛开发有限公司	驳回
22	依科源牌铁皮石斛西洋参片	增强免疫力	西洋参、铁皮石斛	国食健注G20060511	杭州民盛营养保健品有限公司	无
23	松博士牌禾松膏	增强免疫力	铁皮石斛、破壁松花粉、西洋参、阿胶、当归、大枣、蜂蜜、山梨酸钾、纯化水	国食健字G20141212	浙江亚林生物科技股份有限公司 中国林业科学研究院松花粉研究开发中心	无

续表

序号	产品名称	保健功能	主要原料	批准文号	申请人	专利情况
24	美罗牌铁皮石斛西洋参胶囊	增强免疫力	铁皮石斛、西洋参、葛根、维生素C（L-抗坏血酸）	国食健注G20050745	深圳市东盛保健品发展有限公司义乌市新金利保健食品有限公司	无
25	益本圣草牌佰利舜软胶囊	增强免疫力	铁皮石斛、西洋参、佛手、蜂蜡、大豆油、明胶、甘油、纯化水	国食健字G20140885	德宏佰利达生物科技开发有限公司	无
26	寿仙谷牌铁皮石斛西洋参茶	增强免疫力	铁皮石斛、西洋参、苦丁茶	国食健注G20050886	浙江寿仙谷医药股份有限公司武义县真菌研究所	无
27	铁皮石斛西洋参颗粒	增强免疫力	铁皮石斛提取物、西洋参提取物、葡萄糖、麦芽糊精	国食健字G20140312	海南源生堂生物工程有限公司	无
28	美得亨牌铁皮石斛西洋参饮料	增强免疫力	铁皮石斛、西洋参、蛹虫草	国食健注G20140436	杭州美渼生物技术有限公司	无
29	满堂花牌铁皮石斛黄芪枸杞软胶囊	增强免疫力	黄芪、铁皮石斛、枸杞子	国食健注G20140246	浙江满堂花生物科技有限公司	无

续表

序号	产品名称	保健功能	主要原料	批准文号	申请人	专利情况
30	满堂花牌铁皮石斛西洋参枸杞饮料	增强免疫力、缓解体力疲劳	铁皮石斛、枸杞子、西洋参	国食健注G20140231	浙江满堂花生物科技有限公司	无
31	国草牌铁皮石斛枸杞白芍饮品	增强免疫力	鲜铁皮石斛、枸杞子、白芍、白术、铁皮石斛、甘草	国食健注G20140080	浙江森宇药业有限公司	无
32	总统牌伍味方胶囊	增强免疫力	冬虫夏草、铁皮石斛、西洋参提取物、丹参提取物、三七提取物、乳糖、硬脂酸镁	国食健字G20140081	北京同仁堂健康药业股份有限公司	授权
33	倍康牌元芳颗粒	增强免疫力	铁皮石斛、西洋参、山药、茯苓、乳糖、糊精	国食健字G20060025	乐清市倍康铁皮石斛有限公司上海倍康铁皮石斛有限公司	无
34	森山牌铁皮石斛灵芝西洋参浸膏	增强免疫力	鲜铁皮石斛、西洋参提取物、灵芝、饮用水	国食健注G20130875	浙江森宇药业有限公司	驳回
35	康恩贝牌铁皮石斛紫芝西洋参饮料	增强免疫力、缓解体力疲劳	铁皮石斛、紫芝、西洋参	国食健注G20130840	浙江康恩贝集团医疗保健品有限公司	无

续表

序号	产品名称	保健功能	主要原料	批准文号	申请人	专利情况
36	GOP牌铁皮石斛西洋参红景天胶囊	增强免疫力、缓解体力疲劳	红景天提取物、西洋参提取物、铁皮石斛提取物	国食健注G20130565	营养屋（成都）生物医药有限公司	实审
37	倍康牌元芳胶囊	增强免疫力	铁皮石斛、西洋参、山药、茯苓	国食健字G20060101	乐清市倍康铁皮石斛有限公司上海倍康铁皮石斛有限公司	无
38	国光牌铁皮石斛西洋参胶囊	增强免疫力	西洋参、铁皮石斛	国食健字G20060457	杭州国光药业股份有限公司	无
39	仙枫斗牌颐元合片	增强免疫力、缓解体力疲劳	铁皮石斛、茯苓、人参、枸杞子、山药、薏苡仁、倍他环糊精	国食健字G20130318	光明食品集团云南石斛生物科技开发有限公司	授权
40	美得亨牌肉生元颗粒	增强免疫力	铁皮石斛、西洋参、蛹虫草	国食健注G20130317	杭州美澳生物技术有限公司	驳回
41	大晟牌铁皮石斛西洋参胶囊	增强免疫力	铁皮石斛、西洋参	国食健注G20060132	浙江省磐安外贸药业股份有限公司	无
42	增靓牌铁皮石斛灵芝胶囊	增强免疫力、对辐射危害有辅助保护功能	铁皮石斛、灵芝	国食健注G20060635	上海增靓生物科技有限公司	实审

续表

序号	产品名称	保健功能	主要原料	批准文号	申请人	专利情况
43	康富来牌铁皮石斛西洋参颗粒	缓解体力疲劳、增强免疫力	铁皮石斛、西洋参、木糖醇	国食健注G20060770	广东康富来药业有限公司	无
44	仙枫斗牌铁皮石斛茯苓人参颗粒	增强免疫力、缓解体力疲劳	茯苓、铁皮石斛、人参、山药、薏苡仁、枸杞子	国食健注G20120441	光明食品集团云南石斛生物科技开发有限公司	授权
45	胡庆余堂牌铁皮石斛孢子粉西洋参膏	增强免疫力	铁皮石斛、破壁灵芝孢子粉、西洋参、水	国食健注G20120222	杭州胡庆余堂天然食品有限公司	无
46	康恩贝高山铁皮牌铁皮石斛西洋参颗粒	增强免疫力、缓解体力疲劳	铁皮石斛、西洋参、麦芽糖醇	国食健注G20120052	浙江济公缘药业有限公司	无
47	雷允上牌铁皮石斛西洋参枸杞口服液	增强免疫力、缓解体力疲劳	铁皮石斛、西洋参、枸杞子、甜菊糖苷、薄荷香精、水	国食健注G20110760	常熟雷允上制药有限公司	授权
48	雷允上牌铁皮石斛葛根西洋参片	增强免疫力、对化学性肝损伤有辅助保护功能	葛根提取物、铁皮石斛（经辐照）、西洋参提取物	国食健注G20110487	常熟雷允上制药有限公司	授权

续表

序号	产品名称	保健功能	主要原料	批准文号	申请人	专利情况
49	澳诺牌铁皮石斛西洋参颗粒	增强免疫力、缓解体力疲劳	西洋参、灵芝、铁皮石斛、糊精	国食健注G20110409	澳诺（中国）制药有限公司	无
50	立钻牌铁皮石斛膏	缓解体力疲劳、辅助降血压	铁皮石斛	国食健注G20110075	浙江天皇药业有限公司	无
51	康恩贝牌铁皮石斛灵芝西洋参软胶囊	增强免疫力、缓解体力疲劳	铁皮石斛、灵芝、西洋参、大豆油、蜂蜡、明胶、甘油、水、苋菜红、亮蓝、柠檬黄、日落黄	国食健注G20100613	浙江康恩贝集团医疗保健品有限公司	无
52	济公缘牌铁皮石斛西洋参浸膏	增强免疫力	铁皮石斛、西洋参、水	国食健注G20100554	浙江济公缘药业有限公司	授权
53	江南世家牌铁皮石斛西洋参颗粒	增强免疫力、缓解体力疲劳	铁皮石斛、西洋参、葡萄糖	国食健字G20100211	杭州江南世家药业有限公司	无
54	胡庆余堂牌铁皮石斛西洋参胶囊	增强免疫力	铁皮石斛、西洋参	国食健注G20090596	杭州胡庆余堂药业有限公司	实审

续表

序号	产品名称	保健功能	主要原料	批准文号	申请人	专利情况
55	寿仙谷牌铁皮枫斗灵芝浸膏	增强免疫力	铁皮石斛、破壁灵芝孢子粉、西洋参、水	国食健注 G20080680	金华寿仙谷药业有限公司	无
56	增靓牌铁皮石斛西洋参口服液	增强免疫力、缓解体力疲劳	铁皮石斛、西洋参皂甙、维生素C、蔗糖、山梨酸钾、纯净水	国食健注 G20060763	上海增靓生物科技有限公司	无
57	龙茯星牌石斛破壁灵芝孢子粉胶囊	增强免疫力	铁皮石斛、灵芝孢子粉	国食健字 G20060712	浙江国镜药业有限公司	无
58	朵朵红牌石斛灵芝晶	增强免疫力	铁皮石斛、西洋参、灵芝、蔗糖	国食健字 G20060429	深圳市朵朵红实业有限公司	无
59	黄金枫斗牌石斛胶囊	增强免疫力	铁皮石斛、灵芝	国食健字 G20060294	南京茅颐堂生物科技实业有限公司	无
60	云思牌健喜软胶囊	对辐射危害有辅助保护功能、增强免疫力	铁皮石斛、当归、枸杞子、螺旋藻粉、银杏叶提取物、可可壳色素、玉米油、明胶、甘油、纯化水	国食健字 G20060131	云南普洱枫斗有限责任公司	无

续表

序号	产品名称	保健功能	主要原料	批准文号	申请人	专利情况
61	康裕牌铁皮石斛人参麦冬山药茯苓胶囊	增强免疫力	铁皮石斛、人参、麦冬、山药、茯苓	国食健注G20060129	东阳普洛康裕保健食品有限公司	无
62	江南世家牌冬草铁皮丸	增强免疫力、缓解体力疲劳	西洋参、蝙蝠蛾拟青霉菌丝体粉、铁皮石斛、决明子、淫羊藿、蜂王浆	国食健字G20050961	杭州江南世家药业有限公司	无
63	人天宝牌铁皮石斛丸	增强免疫力	铁皮石斛、灵芝、黄精、人参果、蜂胶	国食健字G20050835	浙江人天养生发展有限公司	无
64	人天宝牌铁皮石斛口服液	增强免疫力	铁皮石斛、灵芝、黄精、人参果、蜂胶	国食健字G20050819	浙江人天养生发展有限公司	无
65	千年牌铁皮石斛西洋参颗粒	增强免疫力	铁皮石斛、西洋参、葡萄糖	国食健注G20050715	云南千年铁皮石斛开发有限公司	无
66	千年牌铁皮石斛西洋参破壁灵芝孢子粉软胶囊	增强免疫力、缓解体力疲劳	铁皮石斛细粉、西洋参提取物、破壁灵芝孢子粉、大豆油、明胶、甘油、纯化水	国食健注G20050716	云南千年铁皮石斛开发有限公司	驳回

续表

序号	产品名称	保健功能	主要原料	批准文号	申请人	专利情况
67	斛景蓝牌铁皮斛景蓝颗粒	增强免疫力、提高缺氧耐受力	铁皮石斛、大花红景天、绞股蓝	国食健字G20050013	山西远景康业制药有限公司	无
68	斛景蓝牌铁皮斛景蓝胶囊	增强免疫力、提高缺氧耐受力	铁皮石斛、大花红景天、绞股蓝	国食健字G20050012	西藏和藤藏医药开发有限公司	无
69	森山牌铁皮枫斗保真片	延缓衰老	铁皮石斛、北沙参、麦门冬、玉竹、淀粉、羟丙甲纤维素	国食健字G20041492	浙江森宇药业有限公司	无
70	昂立牌清咽片	清咽、增强免疫力	麦冬、金银花、玄参、铁皮石斛、陈皮、山梨醇、亚洲薄荷素油、天然薄荷脑	国食健字G20041440	上海交大昂立股份有限公司 上海交大昂立天然药物工程技术有限公司	实审
71	朱养心牌铁皮石斛颗粒	缓解体力疲劳	铁皮石斛、西洋参、木糖醇、蔗糖脂肪酸酯	国食健字G20041402	杭州朱养心药业有限公司	无
72	天目山牌铁皮枫斗颗粒	增强免疫力	铁皮石斛、西洋参、蔗糖	国食健字G20041407	杭州天目山药业股份有限公司	无

续表

序号	产品名称	保健功能	主要原料	批准文号	申请人	专利情况
73	康裕牌铁皮石斛颗粒	增强免疫力	铁皮石斛、麦冬、生晒参、山药、茯苓、乳糖	国食健字 G20041382	东阳普洛康裕保健食品有限公司	无
74	天相牌铁皮石斛胶囊	缓解体力疲劳、增强免疫力	西洋参、铁皮石斛	国食健注 G20041159	杭州青春元生物制品有限公司	无
75	石兰牌铁皮石斛绞股蓝胶囊	增强免疫力、缓解体力疲劳	绞股蓝、铁皮石斛	国食健注 G20041158	宁波四明医药科技有限公司	无
76	生命维他牌铁皮枫斗口服液	免疫调节	铁皮石斛、西洋参、山梨酸	国食健字 G20041233	浙江华方生命科技有限公司	无
77	新光牌铁皮枫斗颗粒	增强免疫力、缓解体力疲劳	铁皮石斛、西洋参、淫羊藿、枸杞子、葡萄糖	国食健字 G20041209	浙江新光药业股份有限公司	无
78	九仙草牌铁皮枫斗颗粒	增强免疫力、缓解体力疲劳	铁皮石斛、西洋参、蔗糖	国食健字 G20040771	浙江九仙草保健有限公司	无
79	寿仙谷牌铁皮枫斗胶囊	免疫调节、抗疲劳	铁皮石斛、灵芝、西洋参	国食健字 G20040438	金华寿仙谷药业有限公司 武义县真菌研究所	授权

续表

序号	产品名称	保健功能	主要原料	批准文号	申请人	专利情况
80	寿仙谷牌铁皮枫斗颗粒	免疫调节、抗疲劳	铁皮石斛、灵芝、西洋参	国食健字G20040439	金华寿仙谷药业有限公司武义县真菌研究所	授权
81	天目山牌铁皮石斛含片	清咽润喉（清咽）	铁皮石斛、西洋参、薄荷脑	国食健字G20040437	杭州天目山药业股份有限公司	无
82	天目山牌康源软胶囊	调节血糖	铁皮石斛、西洋参、蜂胶、色拉油、大豆磷脂	国食健字G20040436	杭州天目山药业股份有限公司	无
83	杭健牌铁皮石斛茶	增强免疫力	铁皮石斛、西洋参、苦丁茶	国食健字G20040434	杭州桐君药业有限公司	无
84	李宝赢堂牌铁皮石斛西洋参胶囊	免疫调节	铁皮石斛、西洋参	国食健字G20040270	杭州李宝赢堂保健品有限公司	无
85	雁荡山牌铁皮枫斗颗粒剂	免疫调节	铁皮石斛、西洋参、枸杞子、葡萄糖	国食健字G20040324	浙江民康天然植物制品有限公司	无
86	胡庆余堂牌铁皮枫斗晶	免疫调节、抗疲劳	铁皮石斛、西洋参、葡萄糖	国食健字G20040171	杭州胡庆余堂药业有限公司	无

续表

序号	产品名称	保健功能	主要原料	批准文号	申请人	专利情况
87	登峰牌铁皮石斛颗粒	免疫调节	铁皮石斛、西洋参、刺五加、β-环状糊精	国食健字G20040176	杭州登峰营养保健品有限公司	无
88	神斛牌铁皮石斛参归胶囊	免疫调节、抗突变	铁皮石斛、人参、当归、维生素E、富硒酵母、微晶纤维素	国食健字G20040035	上海威利德现代农业有限公司	无
89	森山牌铁皮枫斗冲剂	免疫调节	铁皮石斛、西洋参、麦门冬、玉竹、白砂糖	卫食健字（2003）第0452号	浙江森宇药业有限公司	无
90	千岛牌铁皮石斛冲剂	免疫调节	铁皮石斛（干）、乳糖、西洋参、枸杞子	卫食健字（2003）第0370号	杭州千岛湖药业有限公司	无
91	九润枫斗晶牌铁皮石斛颗粒	免疫调节、延缓衰老	铁皮石斛、西洋参、枸杞子、β-环状糊精	卫食健字（2003）第0050号	绿谷（集团）有限公司	驳回
92	天目山牌铁皮石斛软胶囊	免疫调节、延缓衰老	铁皮石斛、西洋参、枸杞子、芦根、色拉油、大豆磷脂	卫食健字（2003）第0068号	杭州天目山药业股份有限公司	无

133

续表

序号	产品名称	保健功能	主要原料	批准文号	申请人	专利情况
93	杭健牌铁皮石斛胶囊	免疫调节	铁皮石斛、西洋参、麦冬	卫食健字（2003）第0081号	桐君堂药业有限公司	无
94	森山牌铁皮枫斗胶囊	免疫调节	铁皮石斛、北沙参、麦冬、玉竹	卫食健字（2002）第0082号	浙江森宇药业有限公司	无
95	铁皮石斛胶囊	免疫调节	铁皮石斛	卫食健字（2002）第0145号	上海雷允上药业有限公司	无
96	雁荡山铁皮枫斗咀嚼片	抗疲劳	铁皮石斛、西洋参、山梨糖醇、食用淀粉	卫食健字（2001）第0092号	浙江民康天然植物制品有限公司	无
97	雁荡山铁皮枫斗胶囊	抗疲劳	铁皮石斛、西洋参	卫食健字（2001）第0047号	浙江民康天然植物制品有限公司	无
98	神象牌津力源含片	抗疲劳、免疫调节	铁皮石斛、西洋参	卫食健字（2000）第0567号	上海雷允上药业有限公司	无

十、小结与讨论

贵州省在铁皮石斛保健食品领域的专利申请量与全国相比,数量上相差较大,但授权率却高于全国水平,表明贵州省在该领域的专利申请具有独特的优势。但贵州省在该领域的专利申请主要集中在传统制剂方面,而江浙等地专利技术领域更偏向营养性功能食品领域,其受众人群更广泛,有利于产品在更大范围推广。下一步,贵州省可凭借铁皮石斛研究基础及专利授权率优势,同时借鉴江浙地区的专利技术领域,加大偏向营养性功能食品方面专利申请及产品研发。

第四节 铁皮石斛食品领域专利分析

本节对铁皮石斛食品领域专利的申请量、分类情况、法律状态、申请人等进行分析,以期全面了解铁皮石斛食品领域相关专利的发展趋势。

一、专利年度申请量统计

本书对铁皮石斛食品领域专利的申请时间及年度专利申请量进行统计,其结果如图3-27和表3-19所示。从图中可以看出,铁皮石斛相关食品领域,自2006年起,开始出现专利申请,当年申请专利11件,直至2012年专利申请未见明显增加,2012年以后,专利申请量开始出现大幅增长,2013—2016年专利申请量呈现不断上升趋势,并且在2016年达到专利申请量峰值,当年专利申请量达199件。综上所述,2013—2016年为铁皮石斛食品领域创新技术涌现时期,申请量占比62.18%。

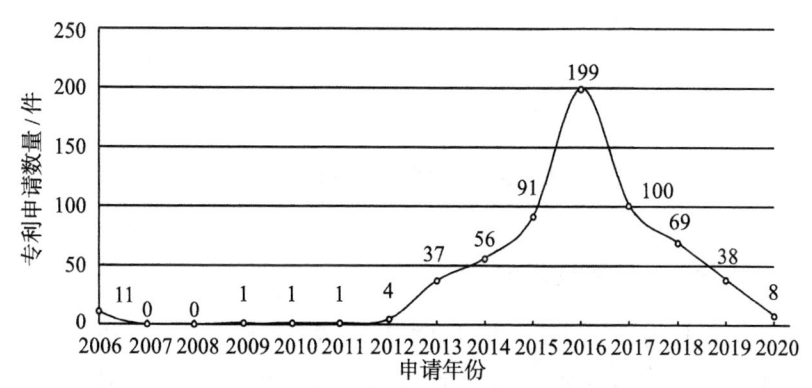

图3-27 铁皮石斛食品领域专利申请趋势

表 3-19 铁皮石斛食品领域专利类型主要年度申请量

年度	发明专利/件	实用新型专利/件	年度专利总数/件	年度专利占比/%
2013	37	0	37	6.01
2014	55	1	56	9.09
2015	87	4	91	14.77
2016	194	5	199	32.31
合计				62.18

二、专利分类情况

截至 2020 年 6 月 30 日，铁皮石斛食品领域专利申请总量为 616 件，其中，发明专利申请量为 590 件，占比 95.78%；实用新型专利申请量为 26 件，占比 4.22%，如图 3-28 所示。可以看出，铁皮石斛食品领域专利申请主要以发明专利为主。

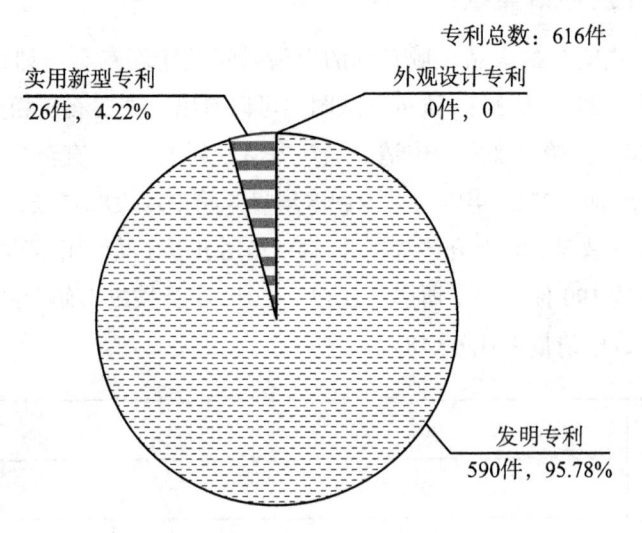

图 3-28 铁皮石斛食品领域专利分类情况

三、法律状态及专利技术分析

对铁皮石斛相关食品领域专利详细法律状态进行统计，截止时间为 2020 年 6 月 30 日，统计结果如图 3-29 所示。从图中可以看出，该技术领域现有专利大部分处于实质审查阶段，共计 255 件，占比 41.40%；撤回 195 件，占比 31.65%；驳回 76 件，占比 12.34%；未缴纳年费 12 件；27 件专利现已公开；51 件专利现已授权（发明专利 31 件，实用新型专利 20 件）。总的来说，铁皮石斛食品领域相对较多的专利处于实质审查阶段，而授权的专利占比仅为 8.28%。

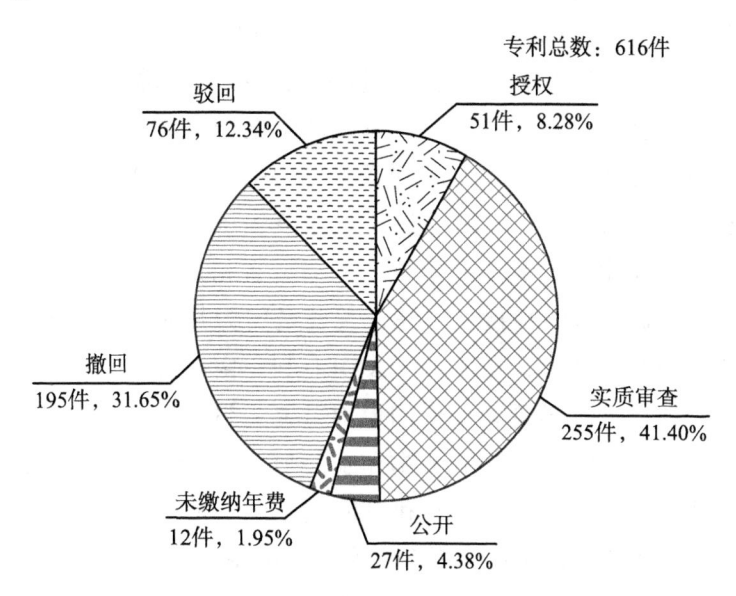

图 3-29　铁皮石斛食品领域专利法律状态分析

该技术领域专利申请量排名第一的省份为安徽省，专利申请总量为 151 件（发明专利 150 件，实用新型专利 1 件），其中获授权专利 5 件（4 件发明专利），占比 3.31%（低于全国平均水平 8.28%），技术领域主要集中在 A23C20/02（不含乳成分也不含酪蛋白酸盐或乳糖作为脂肪、蛋白质或碳水化合物的来源）。该技术领域专利申请量排名第二的省份为广西壮族自治区，专利申请总量为 124 件（全部为发明专利），其中获授权专利 7 件，占比 5.65%（低于全国平均水平 8.28%），技术领域主要集中在 A23F3/34（茶代用品，例如巴拉圭茶；其提取物或泡剂）。该技术领域专利申请量排名第三的省份为浙江省，专利申请总数为 65 件（发明专利 57 件），其中获授权专利 8 件（发明专利 1 件），占比 12.31%（高于全国平均水平 8.28%），专利申请技术领域主要集中在 A23F3/34（茶代用品，例如巴拉圭茶；其提取物或泡剂）。贵州省在该技术领域的专利申请总量为 64 件（全部为发明专利），排名全国第四位，其中授权发明专利 2 件，如表 3-20 所示，占比 3.13%（低于全国平均水平 8.28%），技术领域主要集中在 A23F3/14（茶配制品）。由此可见，全国在铁皮石斛食品领域的专利申请总数达 616 件，但专利授权仅 51 件，授权率较低（8.28%），其中专利申请量排名前三的省份，其专利授权率分别为 3.31%、5.65%、12.31%。贵州省在该领域专利申请总量为 64 件，但其专利授权仅 2 件，授权率占比 3.13%，低于全国平均水平，且与该领域全国排名前三的省份一样，专利授权率均偏低。结合上文对贵州省在该领域专利情况做如下分析：(1) 贵州省在该领域的专利申请量、授权率均低于全国平均水平，其专利申请量与浙江省相近，但授权率远远低于浙江省；(2) 浙江省专利授权率高，主要是因为其实用新型专利授权率高，获授权的 8 件专利，仅 1 件为发明专利。由此可见，全国在该领域的发明专利授权率均偏低，偏低的原因可能为目前铁皮石斛还不能作为食品原料使用。依据贵州省在该领域的专利情况，提出以下对策：(1) 进一步加大铁皮石斛食品方面的专利申请；(2) 加强对专利内容的新颖性、创造性、实用性考察，进一步提升专利的授权率。

表 3-20　铁皮石斛食品领域全国主要省份已授权发明专利情况

排名	省份	申请总数/件	授权数/件	占比/%	专利申请号	专利名称	专利申请人
1	安徽省	151	4	2.65	CN201310068172.8	一种薰衣草保健酸奶	蚌埠市福淋乳业有限公司
					CN201410207325.7	一种石斛黑加仑复合饮料及其制备方法	安徽新津铁皮石斛开发有限公司
					CN201310506763.9	一种香辣酱苤蓝及其制备方法	周良
					CN201410622617.7	一种红心果黄豆酱香味的即食粉丝调味料及其制备方法	淮南宜生食品有限公司

续表

排名	省份	申请总数/件	授权数/件	占比/%	专利申请号	专利名称	专利申请人
2	广西壮族自治区	124	7	5.65	CN201310701258.X	一种铁皮石斛清脂降压茶	广西健宝石斛有限责任公司
					CN201410034964.8	一种铁皮石斛龟苓膏及其制作方法	广西健宝石斛有限责任公司
					CN201410015799.1	铁皮石斛保健茶及制备方法	桂林丰润莱生物科技有限公司
					CN201410058319.X	一种用铁皮石斛干叶制茶的加工方法	广西南宁元敬本草堂生物科技有限公司
					CN201510336874.9	保健柚子皮袋泡茶及其制备方法	符洁梅
					CN201310626375.4	铁皮石斛叶制备铁皮石斛保健茶的方法	桂平市白石洞天仙山铁皮石斛专业合作社
					CN201511025658.9	发酵型辣椒酱的制作方法	百色学院
3	浙江省	65	1	1.54	CN201310680897.2	一种铁皮石斛花茶的制作方法	浙江幸福生物科技有限公司 建德市新安江铁皮石斛专业合作社
4	贵州省	64	2	3.13	CN201310018195.8	一种滋补羊肉制品及其制备工艺	贵州大学
					CN201610872748.X	一种青辣椒酱及其制备方法	贵州遵义新佳裕食品有限公司

注：以上专利主要依据专利PIC分类号分类。

四、专利地域分析

本书对铁皮石斛食品领域专利申请地域分布情况进行统计，其结果如图3-30所示。从图中可以看出，该技术领域专利申请量最大的是安徽省，有151件，其次为广西壮族自治区，有124件，之后为浙江省（65件）、贵州省（64件）、广东省（61件）、福建省（44件）、江苏省（26件）、云南省（24件）、湖南省（10件）、

139

四川省（7件）、河南省（6件）湖北省（6件）、江西省（5件）、山东省（5件）、北京市（3件）、天津市（2件）、上海市（2件）、陕西省（2件）、河北省（1件）、内蒙古自治区（1件）、辽宁省（1件）、黑龙江省（1件）、甘肃省（1件）、宁夏回族自治区（1件）、香港特别行政区（1件）、其他（2件）。总的来说，该技术领域以安徽省、广西壮族自治区、浙江省为创新技术主要输出地区。

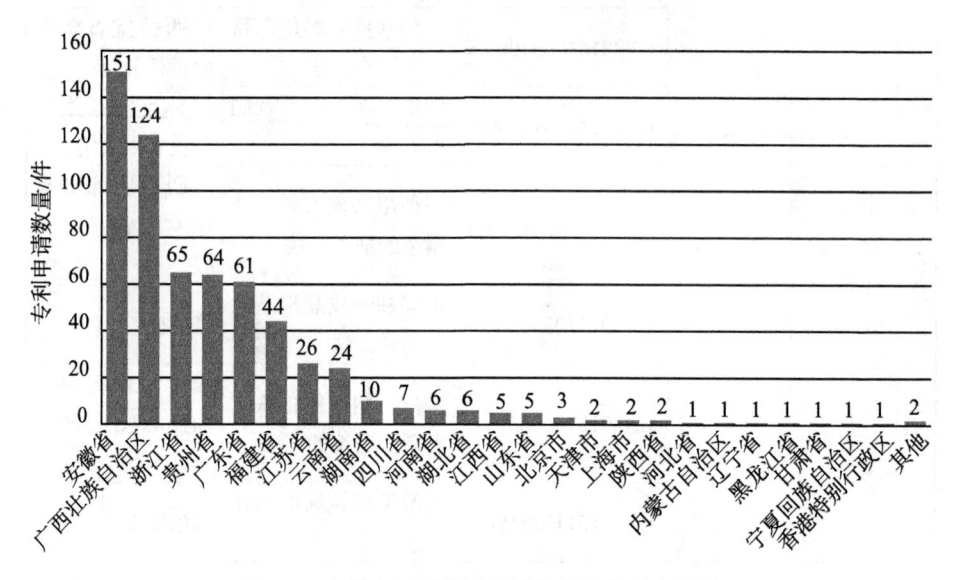

图 3-30 铁皮石斛食品领域各省份专利申请量

五、专利主要申请人分析

本书对该领域专利数量排名前五的省份和每省份专利数量排在前列的专利申请人进行统计，结果如图 3-31 显示。安徽省排名前三的申请人有：安徽小菜一碟食品有限公司（16件，均处于实质审查阶段）、五河童师傅食品有限公司（7件，全部撤回）、安徽新津铁皮石斛开发有限公司（6件，其中驳回5件、授权发明专利1件）。广西壮族自治区排名前三的申请人有：广西健宝石斛有限责任公司（15件，其中撤回8件、驳回5件、授权发明专利2件）、罗生芳（10件，全部撤回）、林国友（10件，全部撤回）。浙江省排在首位的申请人为：余内逊（11件，其中撤回9件、未缴纳年费2件）。贵州省排名前三的申请人为：贵州涵龙生物科技有限公司（11件，均处于实质审查阶段）、铜仁市金农绿色农业科技有限公司（6件，其中实质审查5件、撤回1件)、贵州江口县梵行仁和茶业有限公司（4件，均处于实质审查阶段）。广东省排在首位的申请人为：广东国方医药科技有限公司（5件，其中实质审查1件、撤回2件、驳回2件）。

由此可见：(1)全国在铁皮石斛食品领域专利申请量排名前五的省份且申请人排在前面的专利申请总计101件，但获授权专利仅为3件，授权率仅为2.97%，此授权率低于全国平均水平（8.28%），可能是因为目前铁皮石斛暂不能作为食品原料使用；(2)贵州省专利申请最多的企业为贵州涵龙生物科技有限公司，该公司申请相关专利总数11件，均在实质审查阶段。贵州全省专利申请总量为64件，仅授权发明专利2件，授权率较低，随着铁皮石斛可作为食品原料的相关法规政策的进一步出台，铁皮石斛食品研发及食品领域专利的申请、授权将迎来一个新的发展机遇，贵州省可抓住这次机遇，做好充分准备，一方面加大专利申请量，另一方面提高专利实质性内容，注重专利质量和核心价值，增加专利授权成功率。

专利总数：101件

- 贵州江口县梵行仁和茶业有限公司 4件，3.96%
- 铜仁市金农绿色农业科技有限公司 6件，5.94%
- 贵州涵龙生物科技有限公司 11件，10.89%
- 余内逊 11件，10.89%
- 林国友 10件，9.90%
- 罗生芳 10件，9.90%
- 广西健宝石斛有限责任公司 15件，14.85%
- 安徽新津铁皮石斛开发有限公司 6件，5.95%
- 五河童师傅食品有限公司 7件，6.93%
- 安徽小菜一碟食品有限公司 16件，15.84%
- 广东国方医药科技有限公司 5件，4.95%

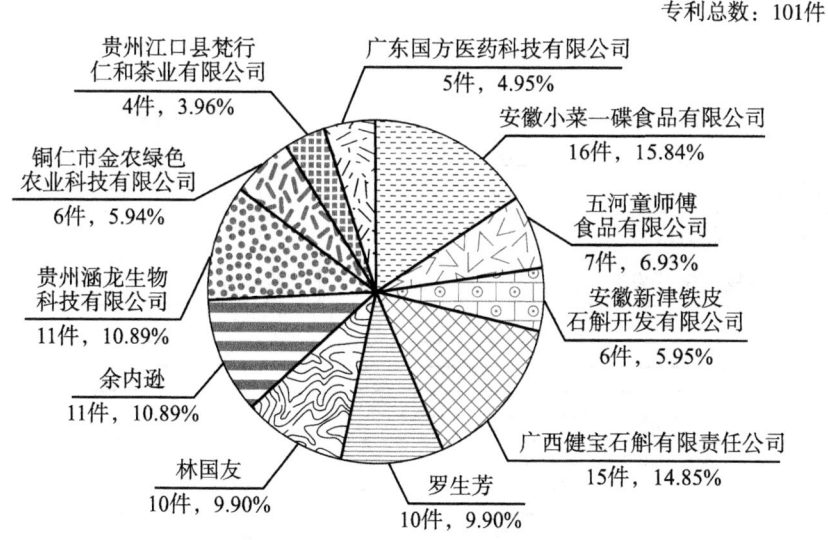

图3-31 铁皮石斛食品领域主要申请人分析

六、申请人专利竞争力分析

按照专利被引证次数、同族数量综合评价申请人专利的技术影响力（基于专利被引证的计算，专利被其他专利引用的次数越多，技术影响力越高）

与市场影响力（基于专利家族规模的计算，同族专利数量越多，市场竞争力越强），如表 3-21 和图 3-32 所示。市场影响力排名前三的分别为：安徽小菜一碟食品有限公司、广西健宝石斛有限责任公司、贵州涵龙生物科技有限公司、余内逊，其中后两者并列第三，所在省份分别为：安徽省、广西壮族自治区、贵州省、浙江省。技术影响力排名前三的分别为：广西健宝石斛有限责任公司、安徽新津铁皮石斛开发有限公司、广西大学，其中有 2 家是广西壮族自治区的。由此可见，在铁皮石斛食品领域，无论从技术影响力还是市场影响力，广西壮族自治区、安徽省、浙江省均具有明显的优势。

表 3-21　铁皮石斛食品领域申请人专利竞争力基本情况

申请人	被引证次数/次	同族数量/件	专利数量/件
安徽小菜一碟食品有限公司	2	16	16
广西健宝石斛有限责任公司	77	15	15
贵州涵龙生物科技有限公司	0	11	11
余内逊	10	11	11
林国友	5	10	10
罗生芳	5	10	10
李亦琴	4	9	9
广西大学	14	8	8
五河童师傅食品有限公司	4	7	7
安徽新津铁皮石斛开发有限公司	21	6	6

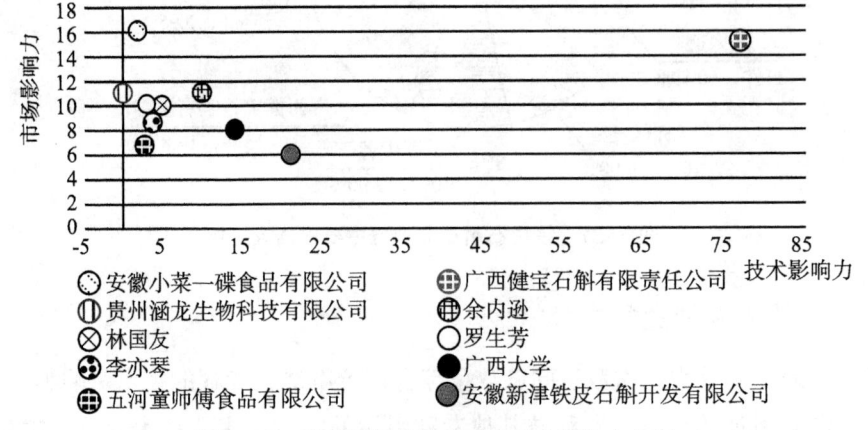

图 3-32　铁皮石斛食品领域申请人竞争力分布

七、专利转让与受让情况分析

专利转让在一定程度上可以体现科技成果的转移转化。2014年，出现首个铁皮石斛食品的专利转让，距离铁皮石斛食品领域首个专利申请相差8年，且每年的专利转让比例低，大量专利成为"沉睡"的专利，如图3-33、表3-22所示。专利转化率低，是阻碍铁皮石斛食品领域技术创新的重要因素。从专利转让技术构成看出，铁皮石斛食品的专利转让主要集中在A23F（咖啡；茶；其他用品；它们的制造，配制或泡制），如图3-34所示。

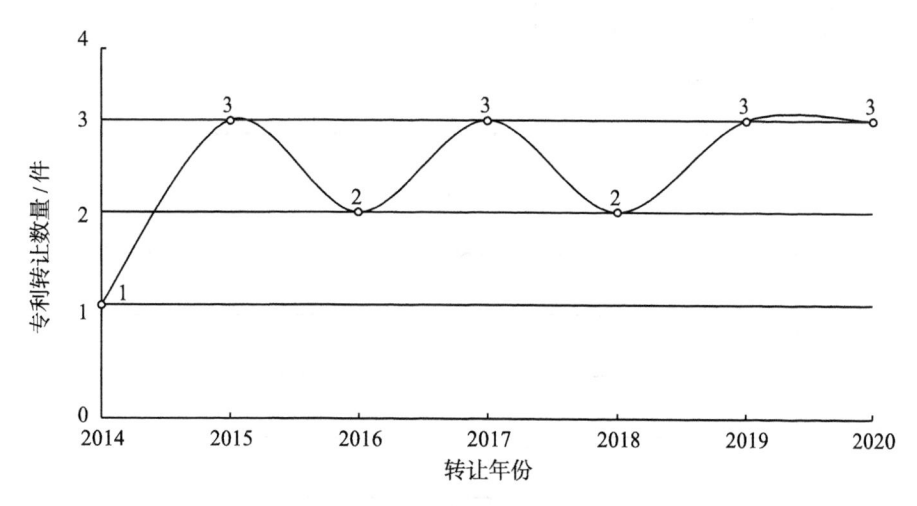

图3-33 铁皮石斛食品领域专利转让趋势

表3-22 铁皮石斛食品领域专利转让关系（主要）

转让（受让）数量/件

转让人	受让人				
	北京京蒙细胞生物科技股份有限公司	北京云尚康养科技有限公司	江苏天目湖华耕生态农业科技有限公司	广东绿宝堂健康科技有限公司	青岛和旺食品有限公司
北京京蒙细胞生物科技股份有限公司	0	2	0	0	0
云南云尚生物技术有限公司	2	2	0	0	0

续表

转让人	受让人				
	北京京蒙细胞生物科技股份有限公司	北京云尚康养科技有限公司	江苏天目湖华耕生态农业科技有限公司	广东绿宝堂健康科技有限公司	青岛和旺食品有限公司
王春红、潘云芳、王裕杰、潘晶	0	0	2	0	0
安徽皖斛堂生物科技有限公司	0	0	0	1	0
百色学院	0	0	0	0	1

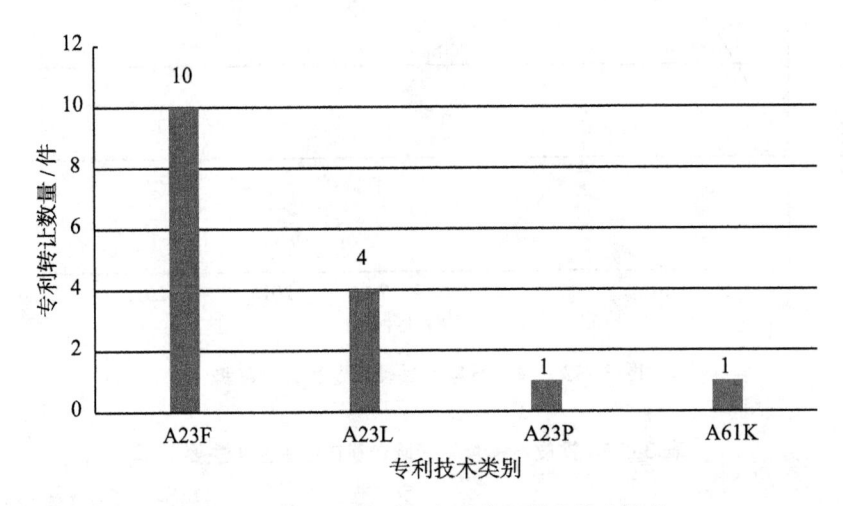

图 3-34 铁皮石斛食品领域专利转让技术构成

八、专利布局分析

铁皮石斛食品领域专利主要涉及茶类、糖果、饮料、奶制品等方面，如图 3-35 所示。其中，涉及茶类专利 261 件（占比 42.37%）、糖果 42 件（占比 6.82%）、饮料 37 件（占比 6.01%）、奶制品 30 件（占比 4.87%），由此可见，铁皮石斛食品领域的专利主要集中在茶类，这为铁皮石斛相关产品的研发提供了一个参考方向。

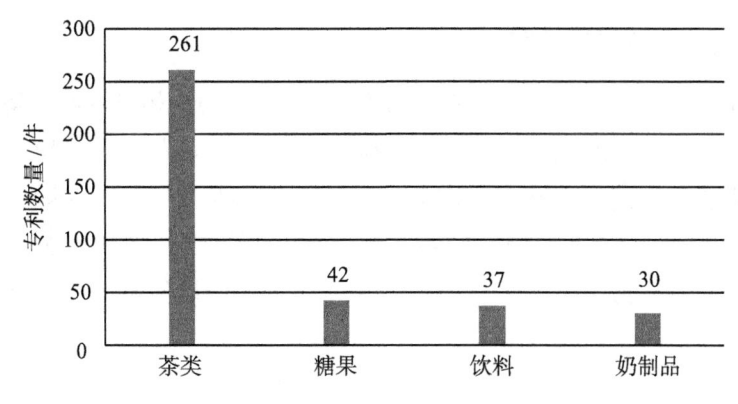

图 3-35　铁皮石斛食品领域专利主要涉及类别

九、专利预警分析

铁皮石斛于 2018 年拟纳入药食同源目录管理，2020 年才开展对铁皮石斛既是食品又是中药材的物质管理试点工作，意味着铁皮石斛才可作为合法的食品原料使用，因此，市场上铁皮石斛用于普通食品的产品相对较少，是进一步开发铁皮石斛的一个重要方向。

十、小结与讨论

虽然铁皮石斛尚不可作为食品使用，但在该领域的专利申请数量已有较多，专利申请技术领域主要集中在茶类。由上述分析可知，贵州省在铁皮石斛食品领域专利授权量少，但随着铁皮石斛药食同源等政策相继公布，铁皮石斛可作为食品使用指日可待，铁皮石斛作为食品原料的发展将迎来前所未有的机遇。因此，贵州省在铁皮石斛产业化发展过程中，可加大相关食品研发及专利申请。

第五节　铁皮石斛化妆品、日用品领域专利分析

本节对铁皮石斛化妆品、日用品领域专利的申请量、分类情况、法律状态、申请人等进行分析，以期全面了解铁皮石斛化妆品、日用品领域相关专利的发展趋势。

一、专利年度申请量统计

截至 2020 年 6 月 30 日,铁皮石斛化妆品和日用品领域专利申请总量为 370 件。自 2012 年起,开始出现铁皮石斛化妆品和日用品领域专利申请,当年专利申请量仅为 1 件,2014 年与 2015 年专利年申请量相同,2016 年增长迅速,2017 年增长呈下降趋势,2017—2019 年呈缓慢增长趋势,如图 3-36 所示。综上所述,2016—2019 年为铁皮石斛化妆品和日用品领域创新技术涌现时期。

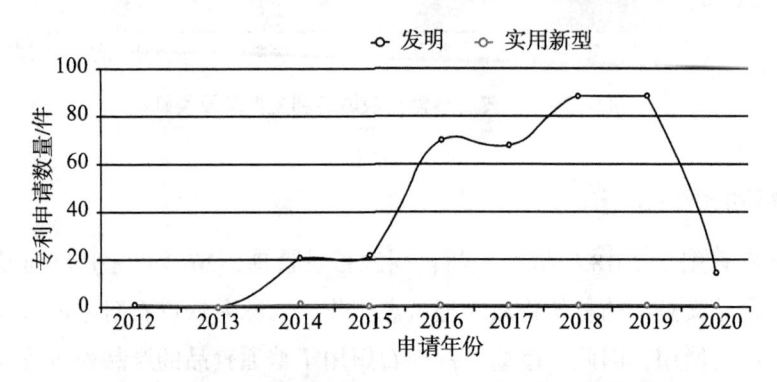

图 3-36 铁皮石斛化妆品、日用品领域专利申请趋势

二、专利分类情况

截至 2020 年 6 月 30 日,铁皮石斛化妆品和日用品领域专利申请总量为 370 件,如图 3-37 所示,其中,铁皮石斛化妆品和日用品领域发明专利申请量为 369 件,实用新型专利申请量为 1 件。由此可见,铁皮石斛化妆品和日用品领域专利申请几乎全部为发明专利。

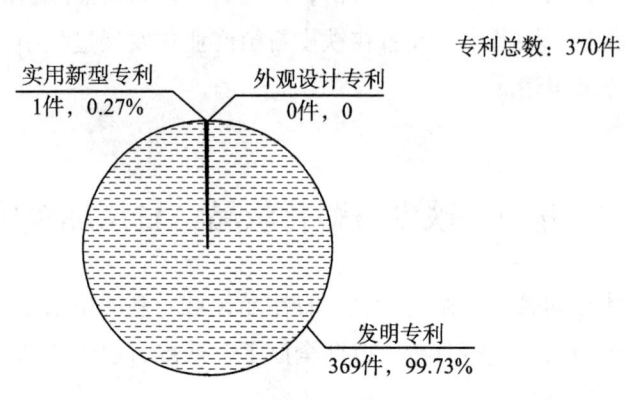

图 3-37 铁皮石斛化妆品、日用品领域专利分类情况

三、法律状态及专利技术分析

对铁皮石斛化妆品和日用品领域专利详细法律状态进行统计，统计结果如图3-38和表3-23所示。该技术领域现有专利大部分处于实质审查阶段，共计227件专利尚在审查中，占比61.35%；部分专利现已撤回，撤回专利数共计54件，占比14.59%；46件专利现已驳回，占比12.43%；20件专利现已公开，占比5.41%；21件专利现已授权（全部为发明专利），占比5.68%。从铁皮石斛化妆品、日用品专利检索结果可见，申请专利数量较大，但专利授权率较低（仅为5.68%），撤回、驳回占比较高（高达27.02%），专利申请技术含量和创新性有待进一步提高。

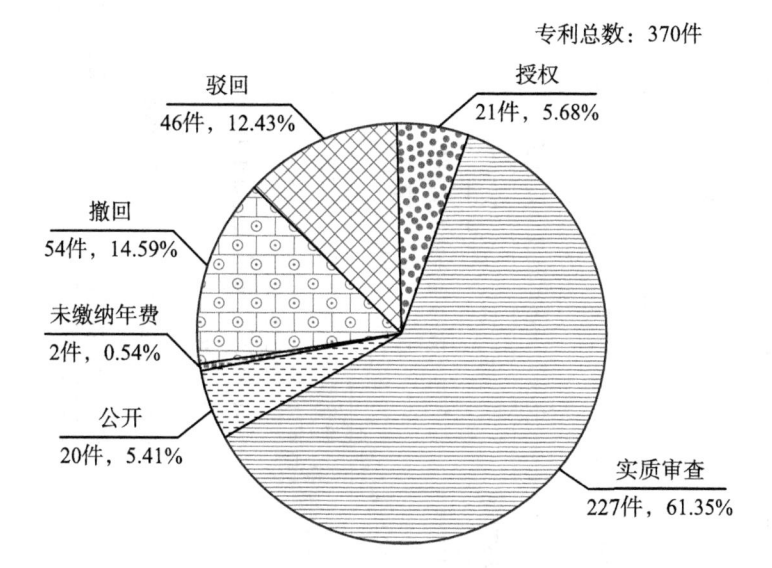

图3-38 铁皮石斛化妆品、日用品领域专利法律状态分析

表3-23 铁皮石斛化妆品、日用品领域主要授权专利

排名	省份	申请总数/件	授权数/件	占比/%	专利申请号	专利名称	专利申请人
1	广东	122	8	6.56	CN201910596636.X	皮肤外用保湿组合物及其面膜和制备工艺	泉后（广州）生物科技研究有限公司
					CN201710188238.5	一种皮肤舒缓止痒凝胶及其制备方法	广州天玺生物科技有限公司
					CN201710083728.9	一种保湿组合物及其制备方法和应用	中山卡丝生物科技有限公司
					CN201610421958.7	具有美白功效的组合物及其制备方法与应用	广东芭薇生物科技股份有限公司
					CN201610421945.X	一种防敏感理肤精及其制备方法	广东芭薇生物科技股份有限公司
					CN201610118595.X	一种含酵母提取物的皮肤护理组合物及皮肤护理产品	名臣健康用品股份有限公司
					CN201610155974.6	一种具有保湿功效的铁皮石斛叶提取物及其在制备护肤品中的应用	易智彪
					CN201510505365.4	一种保湿组合物及制备方法和用途	广州栋方生物科技股份有限公司
					CN201710378638.2	一种具有长效保湿作用的组合物及其制备方法	珀莱雅化妆品股份有限公司
3	浙江	38	7	18.42	CN201710316690.5	一种保湿抗氧化的铁皮石斛护肤乳液及其制备方法	宁波易中禾生物技术有限公司
					CN201610110805.0	一种铁皮石斛沐浴露	杭州木木生物科技有限公司

148

续表

排名	省份	申请总数/件	授权数/件	占比/%	专利申请号	专利名称	专利申请人
3	浙江	38	7	18.42	CN201410352689.4	铁皮石斛牙膏及其制备方法	浙江森宇实业有限公司
					CN201410354140.9	一种铁皮石斛面膜及其制备方法	浙江森宇实业有限公司
					CN201410354412.5	一种铁皮石斛牙膏及其制备方法	浙江森宇实业有限公司
					CN201410354520.2	一种铁皮石斛爽肤水及其制备方法	浙江森宇实业有限公司
7	北京	16	2	12.50	CN201810017575.2	一种具有补水和修复功效的中药组合物及其制备方法	北京明弘科贸有限责任公司 北京东方淼森生物科技有限公司
					CN201510086783.4	一种修复再生、补水保湿、延缓衰老的美容产品	刘辉
9	山东	10	2	20	CN201610131521.X	一种绷带式体膜和身体皮肤的保养方法	青岛中皓生物工程有限公司
					CN201510868666.3	以中草药为主的滋养防衰老精华液及滋养防衰老化妆品	青岛中皓生物工程有限公司
9	湖北	10	1	10	CN201710580271.2	含有七叶树皂苷的植物去屑养发洗发露	武汉爱民制药股份有限公司
10	湖南	9	1	11.11	CN201610903257.7	一种铁皮石斛生物纤维面膜及制作方法	湖南大围山仙草生物科技有限公司

149

广东省为该技术领域专利申请量排名第一的省份，专利申请总量为122件（全部为发明专利），其中授权专利8件，占比6.56%（高于全国平均水平5.68%），技术领域主要集中在A61K8（化妆品或类似的梳妆用配制品）。广西壮族自治区为该技术领域专利申请量排名第二的省份，专利申请总量为45件（全部发明专利），其中获授权专利0件，低于全国平均水平5.68%，技术领域主要集中在A61K8（化妆品或类似的梳妆用配制品）。浙江省为该技术领域专利申请量排名第三的省份，专利申请总数为38件（37件为发明专利），其中获授权专利7件，占比18.42%（高于全国平均水平5.68%），专利申请技术领域主要集中在A61K8（化妆品或类似的梳妆用配制品）。由此可见，虽然全国在铁皮石斛日用品与化妆品领域的专利申请总数达370件，但是专利授权仅21件，授权率（5.68%）较低，其中专利申请量排名前三的省份，其专利授权率分别为6.56%、0、18.42%，专利授权率均较低。贵州省在该领域专利申请总量为19件，排名全国第五，但其专利授权0件，可以看出贵州省在该领域的专利申请十分薄弱，专利申请数量与质量均有待进一步提升。

四、专利地域分析

对铁皮石斛化妆品和日用品领域专利申请地域分布情况进行统计，其结果如图3-39所示。从图中可以看出，该技术领域专利申请量最大的为广东省，共计申请相关专利122件；之后依次为广西壮族自治区（45件）、浙江省（38件）、上海市（20件）、贵州省（19件）、安徽省（17件）、北京市（16件）、江苏省（15件）、福建省（10件）、山东省（10件）、湖北省（10件）、湖南省（9件）、河北省（8件）、云南省（7件）、四川省（6件）、天津市（5件）、内蒙古自治区（2件）、江西省（2件）、河南省（2件）、海南省（2件）、山西省（1件）、辽宁省（1件）、吉林省（1件）、黑龙江省（1件）。总的来说，该技术领域以广东省、广西壮族自治区和浙江省为创新技术主要输出地。

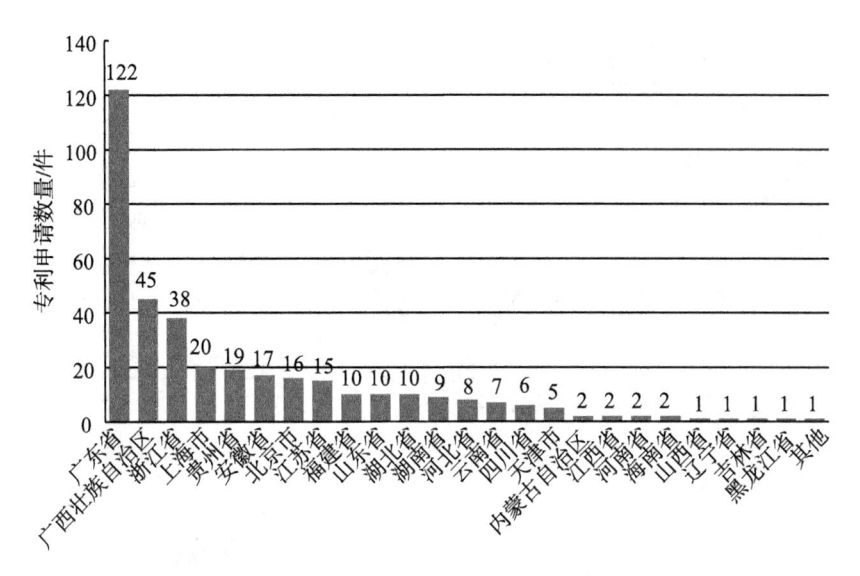

图 3-39　铁皮石斛化妆品、日用品领域各省份专利申请量

五、专利主要申请人分析

本书对铁皮石斛化妆品和日用品领域专利申请量排名前五的省份且申请人排名前三的专利进行统计，其结果如图 3-40 所示。其中，铜仁市金农绿色农业科技有限公司为专利申请量最大的申请人，共申请 13 件专利（实质审查 1 件，驳回 12 件），其次为广州市盛美化妆品有限公司，共申请专利 11 件，均处于实质审查阶段。总体来说，该技术领域以铜仁市金农绿色农业科技有限公司、广州市盛美化妆品有限公司为专利技术主要输出企业，但均未有授权，由此可见该方面专利较为薄弱，尤其是科研院校，下一步可鼓励科研院校重视专利申请保护，调整专利的申报结构。

专利总数：92件

铜仁市金农绿色农业科技有限公司 13件, 14.13%
上海绿瑞生物科技有限公司 2件, 2.17%
上海娇云日化有限公司 3件, 3.26%
上海兰蒗生物科技有限公司 6件, 6.52%
植然方适（杭州）健康科技有限公司 3件, 3.26%
杭州千岛湖蓝色天使实业有限公司 6件, 6.52%
浙江森宇实业有限公司 6件, 6.52%
广西健宝石斛有限责任公司 7件, 7.61%
贵州都匀幸何健康食品发展有限责任公司 1件, 1.09%
贵州苗源实业有限公司 1件, 1.09%
广州市盛美化妆品有限公司 11件, 11.96%
珠海市逸丰生物科技有限公司 7件, 7.61%
珠海美高美健康科技有限公司 6件, 6.52%
罗生芳 10件, 10.87%
林国友 10件, 10.87%

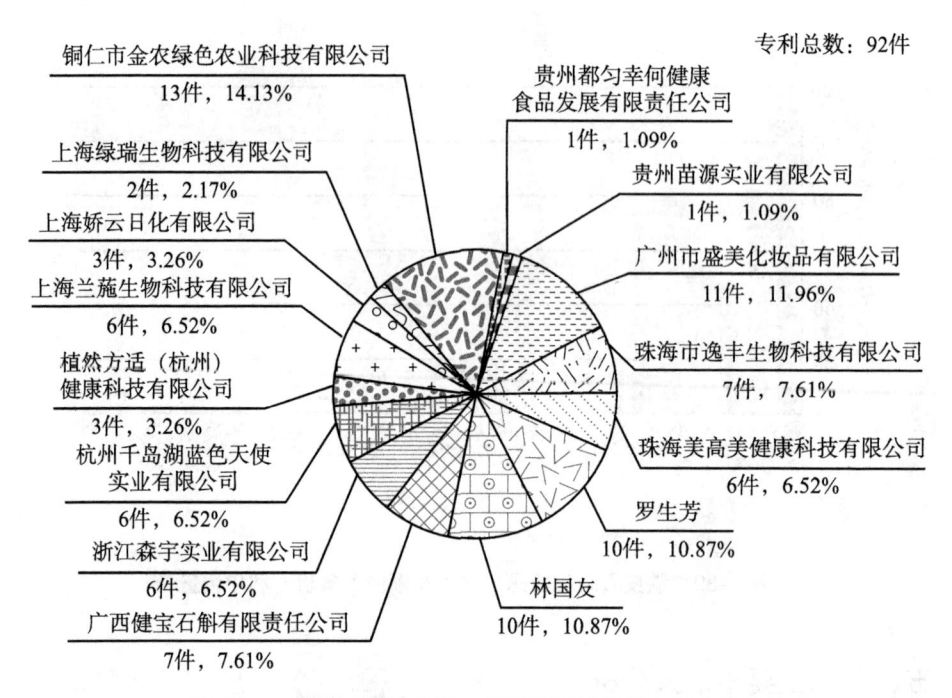

图 3-40 铁皮石斛化妆品、日用品领域主要申请人分析

六、申请人专利竞争力分析

按照专利被引证次数、同族数量综合评价申请人专利的技术影响力（基于专利被引证的计算，专利被其他专利引用的次数越多，技术影响力越高）与市场影响力（基于专利家族规模的计算，同族专利数量越多，市场竞争力越强），如图3-41和表3-24所示。市场影响力排名前三的专利申请人分别为：铜仁市金农绿色农业科技有限公司、广州市盛美化妆品有限公司、林国友与罗生芳（后两者并列第三），其中两家企业分别位于贵州省与广东省；技术影响力排名前三的为：铜仁市金农绿色农业科技有限公司、广西健宝石斛有限责任公司、广州市盛美化妆品有限公司，分别均位于贵州省、广西壮族自治区、广东省。由此可见，铁皮石斛化妆品和日用品领域，相关专利的市场影响力、技术影响力排列在前的专利申请人主要位于贵州省、广东省、广西壮族自治区。

图 3-41　铁皮石斛化妆品、日用品领域申请人竞争力分布

表 3-24　铁皮石斛化妆品、日用品领域申请人专利竞争力基本情况

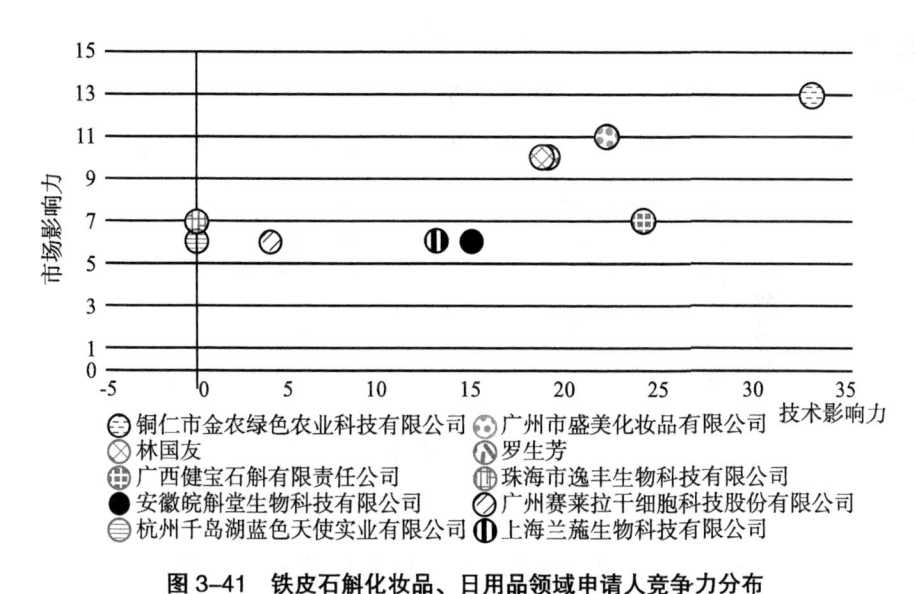

申请人	被引证次数/次	同族数量/件	专利数量/件
铜仁市金农绿色农业科技有限公司	33	13	13
广州市盛美化妆品有限公司	22	11	11
林国友	19	10	10
罗生芳	19	10	10
广西健宝石斛有限责任公司	24	7	7
珠海市逸丰生物科技有限公司	0	7	7
安徽皖斛堂生物科技有限公司	15	6	6
广州赛莱拉干细胞科技股份有限公司	4	6	6
杭州千岛湖蓝色天使实业有限公司	0	6	6
上海兰蒎生物科技有限公司	14	6	6

七、专利转让与受让情况分析

2017年与2019年，铁皮石斛日化品的专利转让数量均为5件，如图3-42所示。专利转化率低，是阻碍铁皮石斛日化品领域技术创新的重要因素，已转化专利的技术构成与其专利数量和申请趋势一致，主要为化妆品或类似的

梳妆用配制品，铁皮石斛日化品领域专利转让数量普遍偏低。铁皮石斛日化品专利受让人主要在浙江、广东、广西、江西及福建等省，如表3-25所示，其中浙江省4件、广东省2件、江西省2件、福建省和广西壮族自治区各1件。

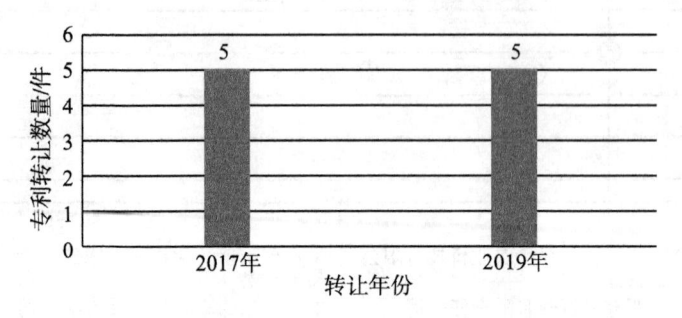

图3-42 铁皮石斛化妆品、日用品领域专利转让数量

表3-25 铁皮石斛化妆品、日用品领域专利转让关系（主要）

转让（受让）数量/件

转让人	受让人				
	浙江森宇有限公司	广东创美抗衰老研究有限公司	江西登云健康美业互联有限公司、广东创美抗衰老研究有限公司	凯美丽亚（厦门）化妆品有限公司	广西天虹锅炉有限公司
浙江森宇实业有限公司	4	0	0	0	0
佛山市芊茹化妆品有限公司	0	2	1	0	0
福建师范大学	0	0	0	1	0
广东创美抗衰老研究有限公司	0	0	1	0	0
广西健宝石斛有限责任公司	0	0	0	0	1

八、专利布局分析

铁皮石斛化妆品与日用品领域专利的申请，主要集中在我国广东、广西、浙江、上海、贵州、安徽、北京等地。其中，广东省申请的铁皮石斛

化妆品及日用品专利最多，占总量的32.97%（122件），之后为广西壮族自治区（45件，占12.16%）、浙江省（38件，占10.27%）、上海市（20件，占5.41%）、贵州省（19件，占5.14%）。该领域专利主要包括护肤品、制剂组合物、牙膏、手工皂等，其中专利申请量种类最多的为护肤品，共206件（55.68%），其次为制剂组合物，共34件（9.19%），之后依次为牙膏15件（4.05%）、手工皂12件（3.24%）、化妆品9件（2.43%）、洗发水5件（1.35%），此外，其他专利共89件（24.06%），如图3-43所示。

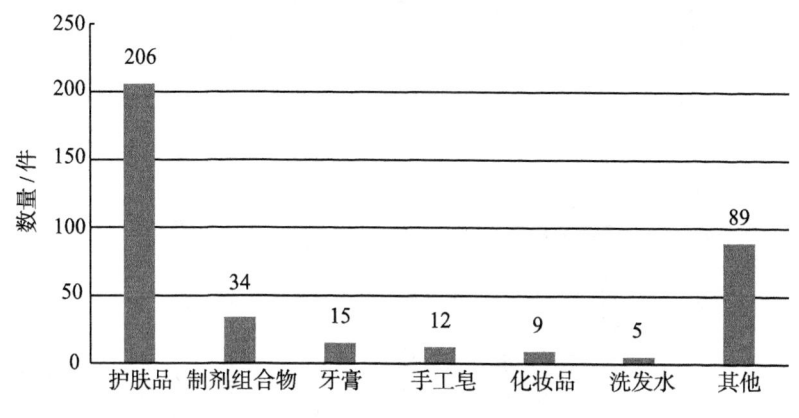

图3-43 铁皮石斛化妆品、日用品领域专利布局

九、专利预警分析

铁皮石斛日化领域产品较多，在国家药品监督管理局网站国产非特殊用途化妆品备案服务平台，检索到铁皮石斛化妆品信息多达九百多条，部分产品如表3-26所示。广东省作为日化领域专利申请量最大的省份，其相关化妆品产品信息约200条。现对广东省与贵州省部分已获批文的铁皮石斛化妆品、日用品产品名称、主要功能、主要原料、备案编号、是否有专利申请情况进行统计，其详细情况如表3-26所示。从当前情况可知，该领域已获批产品数量较多，产品品种较多，但其中申请专利保护的相对较少，所展示的80件已获批产品中，仅一件产品具有专利。贵州省已获批化妆品共检索到3件，且均为面膜，产品种类单一。对于此现象，我们认为主要是贵州省日化领域产业链不完整、缺乏龙头企业与技术、产品创新不足造成的。

表 3-26　铁皮石斛化妆品、日用品领域专利申请情况

序号	产品名称	主要功能	主要原料	备案编号	有无专利申请
1	夏杜苏铁皮石斛面膜	补水保湿	忍冬花提取物、马齿苋提取物、蛋清提取物、铁皮石斛茎提取物	粤G妆网备字2015099469	无
2	珍颜荟铁皮石斛滋润补水嫩肤面膜	滋养肌肤、深度补水	马齿苋提取物、铁皮石斛提取物、大叶海藻提取物、黄芩根提取物	粤G妆网备字2018103998	无
3	布隆威铁皮石斛洁面乳	清洁肌肤油脂、污垢、软化肌肤角质	铁皮石斛提取物	粤G妆网备字2018108162	无
4	美丽分子铁皮石斛水光原液	滋养润泽、补水	铁皮石斛茎提取物、芍药根提取物	粤G妆网备字2018078528	无
5	植汇优品铁皮石斛嫩润肤面膜	提亮肤色、紧致肌肤、保湿抗皱、密集补水	北美金缕梅提取物、铁皮石斛提取物	粤G妆网备字2016047701	无
6	九五安邦铁皮石斛尊贵荟-石斛臻粹精华液	提亮肤色、润肤补水、抗衰老	北美金缕梅水、药用层孔菌提取物、铁皮石斛提取物	粤G妆网备字2016051990	无
7	九五安邦铁皮石斛尊贵荟-石斛净颜洁面乳	提亮肤色、润肤补水、抗衰老	铁皮石斛提取物、蜂蜜提取物、药用层孔菌提取物	粤G妆网备字2016051988	无

续表

序号	产品名称	主要功能	主要原料	备案编号	有无专利申请
8	九五安邦铁皮石斛尊贵养-石斛新肌活肤水	提亮肤色，润肤补水，抗衰老	铁皮石斛提取物，麦冬根提取物，苦参根提取物，扭刺仙人掌茎提取物	粤G妆网备字2016051987	无
9	颜颜一夏铁皮石斛漾亮颜修护面膜	抚平细纹，提亮肤色，补水	北美金缕梅提取物，铁皮石斛提取物	粤G妆网备字2016053051	无
10	神叨铁皮石斛润唇膏	滋润	铁皮石斛提取物	粤G妆网备字2017178458	无
11	芝后铁皮石斛草本面膜	补水，润泽修复	铁皮石斛提取物，芦荟提取物，黑灵芝提取物，人参茎提取物，马齿苋提取物	粤G妆网备字2016085810	无
12	珍身堂铁皮石斛多重修护眼霜	滋润保湿，淡化细纹	铁皮石斛提取物，小球藻提取物，蒜鳞茎提取物，牡丹根提取物	粤G妆网备字2016104995	无
13	睿草保湿精萃铁皮石斛天丝面膜	朴水润肤，锁水	银耳子实体提取物，铁皮石斛提取物，积雪草提取物	粤G妆网备字2016114609	无
14	睿草亮泽美颜铁皮石斛天丝面膜	提亮肤色，细致幼滑	铁皮石斛提取物，白花百合花提取物，白睡莲花提取物，牡丹枝/花/叶提取物	粤G妆网备字2016114601	无

续表

序号	产品名称	主要功能	主要原料	备案编号	有无专利申请
15	睿草滋润美肌铁皮石斛天丝面膜	舒缓修复，滋润紧致	铁皮石斛茎提取物，酵母菌溶胞物提取物，蜂蜜提取物	粤G妆网备字2016116153	无
16	冰蝶恋铁皮石斛补水保湿蚕丝面膜	补水保湿	铁皮石斛根提取物，芦荟提取物，甘草根提取物，燕麦提取物	粤G妆网备字2017153238	无
17	鲜龄铁皮石斛·柔滑致润冰浴露	温和水润，保湿提亮	铁皮石斛提取物，金黄洋甘菊提取物，香叶天竺葵提取物，薄荷叶提取物	粤G妆网备字2017154735	无
18	鲜龄铁皮石斛·滋养无硅油洗发水	深入洗净，滋润修护	铁皮石斛提取物	粤G妆网备字2017156696	无
19	草然堂铁皮石斛深层润透爽肤水	增加肌肤弹性，光泽，舒缓肌肤	铁皮石斛提取物，北美金缕梅提取物	粤G妆网备字2017175361	无
20	草然堂铁皮石斛修护试管面膜	滋嫩舒缓，改善肌肤细纹、松弛	铁皮石斛提取物，香柠檬果提取物，假叶树根提取物，葡萄籽提取物	粤G妆网备字2017175742	无
21	珍身堂铁皮石斛清润护手霜	缓解肌肤干燥及细纹	铁皮石斛提取物，大叶海藻提取物	粤G妆网备字2017007478	无
22	角斗缘铁皮石斛订制面膜	补水，改善肌肤光泽	铁皮石斛提取物，三七根粉，丹参根粉	粤G妆网备字2018006311	无

续表

序号	产品名称	主要功能	主要原料	备案编号	有无专利申请
23	森生源铁皮石斛娇颜植萃液	补水锁水，滋养肌肤	铁皮石斛茎提取物，甘草根提取物	粤G妆网备字2017130837	无
24	森生源铁皮石斛奢笼亮泽素颜精华	补水保湿	铁皮石斛茎提取物，水解大米提取物	粤G妆网备字2017130836	无
25	森生源铁皮石斛奢华嫩肤乳	密集保湿	铁皮石斛茎提取物，柚籽提取物，石菖蒲提取物，紫苏叶提取物	粤G妆网备字2017130835	无
26	茗颜茗雪铁皮石斛肌源水	修护滋养	铁皮石斛提取物	粤G妆网备字2018012517	无
27	莲熙铁皮石斛水漾瓷肌蚕丝面膜	深层补水	铁皮石斛提取物，芦荟提取物	粤G妆网备字2018015599	无
28	致仲和铁皮石斛耀水光面膜	深层补水	铁皮石斛提取物，卷柏提取物，桃花提取物，白芨根提取物	粤G妆网备字2018027856	无
29	追忆似水年华铁皮石斛萃凝润面膜	补水保湿	马齿苋提取物，铁皮石斛提取物	粤G妆网备字2018027756	无
30	肤雅舒密集铁皮石斛萃修护凝胶	调节肌肤水油平衡，淡化细纹	铁皮石斛提取物	粤G妆网备字2018030685	无

续表

序号	产品名称	主要功能	主要原料	备案编号	有无专利申请
31	蜜即铁皮石斛舒颜百晶露	润肤，修复肌肤干燥紧绷	铁皮石斛茎提取物	粤G妆网备字2017049999	无
32	珍身堂铁皮石斛丝润水嫩面霜	补水嫩肤	铁皮石斛提取物，牡丹根提取物	粤G妆网备字2017051172	无
33	木本铁皮石斛精华滋养蚕丝面膜（蕾丝款）	舒缓修复，改善肌肤干燥、缺水、紧绷、细纹	铁皮石斛提取物	粤G妆网备字2017082197	无
34	莲熙铁皮石斛眼精	改善眼部肌肤，改善细纹	铁皮石斛提取物，马齿苋提取物	粤G妆网备字2018039575	无
35	莲熙铁皮石斛护手霜	深度保湿，修护	铁皮石斛提取物，人参根提取物	粤G妆网备字2018039578	无
36	莲熙铁皮石斛爽肤水	补水保湿，紧实滋润，舒缓	铁皮石斛提取物，金黄洋甘菊提取物	粤G妆网备字2018045057	无
37	乐家老铺南京同仁堂铁皮石斛修护面膜	调理肌肤水油平衡，改善肌肤松弛和细纹	铁皮石斛提取物，极大螺旋藻提取物，白薇提取物	粤G妆网备字2017057940	无
38	蘭本堂荟装铁皮石斛清润补水精华面膜	补水锁水	铁皮石斛提取物，桑果提取物，樱花提取物	粤G妆网备字2018059985	无

续表

序号	产品名称	主要功能	主要原料	备案编号	有无专利申请
39	珍身堂铁皮石斛水漾焕颜精华液	深层滋养，补水	铁皮石斛提取物，大叶海藻提取物	粤G妆网备字2017109552	无
40	卡奢欧KASHEOU铁皮石斛补水紧致蚕丝面膜	滋润补水，修复	铁皮石斛茎提取物，沙参提取物，欧锦葵花提取物	粤G妆网备字2018067064	无
41	原著铁皮石斛修护肌底精华液	保湿补水	铁皮石斛提取物，小白菊提取物，茶提取物	粤G妆网备字2019035268	有
42	草然堂铁皮石斛亮肤修护面膜	补水嫩肤	铁皮石斛茎提取物，马齿苋提取物，金黄洋甘菊提取物，牡丹花水，冬虫夏草提取物，酵母提取物，芦荟提取物	粤G妆网备字2019258675	无
43	玫匙美刻铁皮石斛多肽菁润面膜	修复肌肤，补充水分	小核菌胶，铁皮石斛提取物，北美金缕梅提取物，茶叶提取物，黄芩根提取物，积雪草提取物，虎杖根提取物，迷迭香叶提取物，母菊花提取物，光果甘草根提取物	粤G妆网备字2020009607	无

续表

序号	产品名称	主要功能	主要原料	备案编号	有无专利申请
44	岁榈铁皮石斛保湿滋养精华液	补充水分、养分	铁皮石斛茎提取物，苦参根提取物，黄芩根提取物，胀果甘草根提取物，聚丙烯酸钠	粤G妆网备字2019230794	无
45	斛斛堂美白祛斑护肤组合-斛斛堂铁皮石斛焕颜胶原霜	提亮肤色，提高肌肤维护能力	密罗木叶/茎提取物，野大豆籽提取物，积雪草根提取物，虎杖根提取物，黄芩根提取物，茶叶提取物，胶原，光果甘草根提取物，母菊花提取物，迷迭香叶提取物	粤G妆网备字2019191083	无
46	斛斛堂美白祛斑护肤组合-斛斛堂铁皮石斛沁亮肌透液	提亮肤色，提高肌肤维护能力	积雪草提取物，虎杖根提取物，黄芩根提取物，茶叶提取物，光果甘草根提取物，母菊花提取物，迷迭香叶提取物，密罗木叶/茎提取物，野大豆提取物	粤G妆网备字2019191082	无
47	绝代百草铁皮石斛滋养修护面膜	滋养肌肤	芍药提取物，金车花提取物，欧洲椴花提取物，山药蜀葵根提取物，铁皮石斛根提取物，龙胆根提取物，燕麦提取物	粤G妆网备字201917 6104	无

续表

序号	产品名称	主要功能	主要原料	备案编号	有无专利申请
48	唯娇草本清润修护眼组－铁皮石斛清润眼贴膜	增加眼周肌肤活力	决明子提取物，枸杞果提取物，菊花提取物，番红花提取物，铁皮石斛提取物，西洋接骨木提取物	粤G妆网备字2019174559	无
49	画诺铁皮石斛草本精华水	滋养嫩肤	铁皮石斛提取物，金钗石斛茎提取物，库拉索芦荟叶提取物，宁夏枸杞果提取物，紫松果提取物	粤G妆网备字2019170072	无
50	草本加芬铁皮石斛人参精华保湿面膜	补水保湿，滋润皮肤	积雪草根提取物，虎杖根提取物，黄芩根提取物，茶叶提取物，光果甘草根提取物，白花春黄菊花提取物，铁皮石斛提取物，迷迭香叶提取物，银耳子实体提取物，马齿苋提取物，人参提取物	粤G妆网备字2019163388	无
51	潘高寿铁皮石斛人参精华润养保湿面膜	补水保湿，滋润皮肤	黄芩根提取物，茶叶提取物，光果甘草根提取物，母菊花提取物，虎杖根提取物，积雪草提取物，迷迭香叶提取物，铁皮石斛提取物，人参提取物	粤G妆网备字2019160693	无
52	安杰拉铁皮石斛保湿滋养精华液	补充水分、养分	铁皮石斛茎提取物，苦参根提取物，黄芩根提取物，胀果甘草根提取物	粤G妆网备字2019153657	无

续表

序号	产品名称	主要功能	主要原料	备案编号	有无专利申请
53	草本加芬铁皮石斛人参精华润养保湿面膜	补水保湿，滋润皮肤	人参根提取物，铁皮石斛提取物，甘草提取物，石竹提取物，牡丹根皮提取物	粤G妆网备字2019138290	无
54	百莲凯铁皮石斛精华液	滋润肌肤	铁皮石斛提取物，黑灵芝提取物，雪莲花提取物，艾叶提取物，白鲜根皮提取物，川芎提取物，连翘提取物，玫瑰花粉，当归提取物，益母草提取物，月见草提取物	粤G妆网备字2019128880	无
55	熙雅铁皮石斛滋养润肤面膜	保湿补水，滋养润肤	铁皮石斛提取物，迷迭香提取物，积雪草根提取物，龙胆根提取物，牡丹根皮提取物，甘草根提取物，母菊花提取物	粤G妆网备字2019130678	无
56	FLAROUS弗瑞思铁皮石斛冰肌冻膜	保湿补水，滋养润肤	铁皮石斛提取物，茶提取物，酵母提取物，茶叶粉，茶提取物，玫瑰花提取物，肥皂草提取物	粤G妆网备字2019101554	无
57	瑾矫铁皮石斛霜	水润美肌	铁皮石斛提取物，蜗牛分泌物滤液，猴面包树果肉提取物，光果甘草根提取物，积雪草提取物	粤G妆网备字2019086406	无

续表

序号	产品名称	主要功能	主要原料	备案编号	有无专利申请
58	珀菲娜云南铁皮石斛原液	补水，提亮肤色	铁皮石斛茎提取物，银耳多糖，黄龙胆根提取物	粤G妆网备字2018045015	无
59	大学女生铁皮石斛焕颜美肌面膜	补充水分，滋养肌肤	库拉索芦荟提取物，铁皮石斛提取物，芍药根提取物，马齿苋提取物，向日葵提取物	粤G妆网备字2018080482	无
60	御嫣本草铁皮石斛平衡水	补水润肤	银耳提取物，黄芩根提取物，胀果甘草根提取物，苦参根提取物，铁皮石斛茎提取物	粤G妆网备字2018241853	无
61	御嫣本草铁皮石斛柔嫩养肤精华液	补水润肤	银耳提取物，铁皮石斛提取物，苦参根提取物，胀果甘草根提取物，黄芩根提取物	粤G妆网备字2018241854	无
62	诗丽泠铁皮石斛面膜	改善肌肤，持续保湿	铁皮石斛提取物，薄荷叶提取物，香叶天竺葵提取物，金黄洋甘菊提取物，库拉索芦荟叶提取物，马齿苋提取物，苦参根提取物，肉桂树皮提取物，大豆籽提取物，迷迭香提取物，柑橘果皮提取物，小决明子提取物，薄荷提取物，透明质酸钠	粤G妆网备字2019273461	无

续表

序号	产品名称	主要功能	主要原料	备案编号	有无专利申请
63	JENYANCU珍颜萃铁皮石斛滋润补水嫩肤面膜	补充水分、养分、增加肌肤活性	铁皮石斛提取物、忍冬花提取物、野菊花提取物、苦参根提取物、薄荷叶提取物、黄芩根提取物	粤G妆网备字2019290821	无
64	御嫣本草铁皮石斛净颜补水嫩肤面膜	补水嫩肤	银耳提取物、金钗石斛提取物、库拉索芦荟叶提取物、苦参根提取物、宁夏枸杞果提取物、紫松果菊提取物	粤G妆网备字2018241755	无
65	蘭艳雅铁皮石斛水凝精华霜	补水保湿、润肤滋养	墨角藻提取物、牛油果树果脂油、铁皮石斛提取物、白芨根提取物、羟甲基酯	粤G妆网备字2018227372	无
66	蘭艳雅铁皮石斛珍珠撕拉面膜	滋润保湿	铁皮石斛提取物、白芨根提取物、珍珠提取物	粤G妆网备字2018227589	无
67	苏语嫩铁皮石斛驻颜修护面膜	补水保湿、滋润皮肤	龙胆根提取物、燕麦提取物、石斛提取物、玫瑰花提取物、铁皮石斛提取物	粤G妆网备字2018226192	无
68	蘭艳雅铁皮石斛氨基酸洁面乳	清洁污垢	铁皮石斛提取物、白芨根提取物	粤G妆网备字2018229155	无

续表

序号	产品名称	主要功能	主要原料	备案编号	有无专利申请
69	FELAMONT霏陌铁皮石斛卷棒面膜	补水保湿修复	铁皮石斛提取物，芦荟提取物，杏提取物，丝瓜根提取物，茶叶提取物，积雪草提取物	粤G妆网备字2018183154	无
70	洛丝尔曼铁皮石斛发酵洁面慕斯	清洁毛孔，提亮肤色	肥皂草提取物，无患子果提取物，铁皮石斛提取物，糖槭提取物，银耳提取物，积雪草提取物，玫瑰木提取物	粤G妆网备字2019188558	无
71	惜玥铁皮石斛精华面膜	补水润肤养颜	铁皮石斛提取物，松蕈提取物，积雪草提取物，母菊花提取物，光果甘草提取物，茶叶提取物，虎杖根提取物，迷迭香提取物，黄芩提取物	粤G妆网备字2018129883	无
72	视美康铁皮石斛修护眼贴膜	补充养分，滋养肌肤	铁皮石斛提取物，野菊花提取物，夏枯草提取物，小决明子提取物，黄花九轮草提取物，茶提取物，笃斯越桔浆果提取物，龙胆根提取物，桑叶提取物，淡竹叶提取物	粤G妆网备字2018243673	无

167

续表

序号	产品名称	主要功能	主要原料	备案编号	有无专利申请
73	美伊神铁皮石斛滋润补水嫩肤面膜	滋润补水	马齿苋提取物、铁皮石斛提取物、大叶海藻提取物、黄芩根提取物	粤G妆网备字2018134048	无
74	SpotlessAnswer铁皮石斛恒润营养液	补充水分、养分、细致毛孔	铁皮石斛提取物、咖啡黄葵果提取物、巨藻提取物、昆诺阿藜籽提取物、金钗石斛提取物	粤G妆网备字2019259494	无
75	卡奢欧KASHEOU铁皮石斛补水紧致蚕丝面膜	补水护肤	铁皮石斛茎提取物、沙参提取物、欧锦葵花提取物、雪莲花提取物	粤G妆网备字2018142278	无
76	珍颜荟铁皮石斛滋润补水嫩肤面膜	补充水分、养分、增加肌肤活性	马齿苋提取物、铁皮石斛提取物、大叶海藻提取物	粤G妆网备字2018103998	无
77	珍颜荟铁皮石斛多重修护玻尿酸面膜	补充水分、养分、增加肌肤活性	欧洲苹果提取物、铁皮石斛提取物、牡丹根提取物	粤G妆网备字2018099906	无
78	笃山铁皮石斛补水保湿面膜	补水保湿	霍霍巴籽油、铁皮石斛提取物、黑灵芝提取物、香菇菌丝体提取物、山茶黄提取物、檀香油、玫瑰花油	贵G妆网备字2019000577	无

续表

序号	产品名称	主要功能	主要原料	备案编号	有无专利申请
79	苗草铁皮石斛水润滋养面膜	滋养润肤	皱波角叉菜提取物，库拉索芦荟提取物，白花春黄菊提取物，铁皮石斛提取物，马齿苋提取物，香叶天竺葵提取物，苦参根提取物	贵G妆网备字2019000587	无
80	吾爱·颐生铁皮石斛润肤透亮面膜	滋养润肤	珍珠提取物，铁皮石斛提取物，三七提取物，金黄洋甘菊提取物，光果甘草提取物，积雪草提取物，蒲公英提取物，茉莉花提取物	贵G妆网备字2019000282	无

十、小结与讨论

铁皮石斛化妆品和日用品领域专利总量共计370件，主要为发明专利（369件），且专利申请量最多的省份为广东省（专利申请量为122件，占比32.97%）。目前，该领域的专利主要集中在护肤品、制剂组合物等产品上，具有高度同质化的趋势。由此可见，贵州省在发展铁皮石斛日化领域产品过程中，不仅需要借鉴广东省、广西壮族自治区、浙江省等省份的经验，加强交流合作，而且需要根据贵州省铁皮石斛的品质特点，提出新思路、研发新产品。

第六节　总结与展望

铁皮石斛种植领域专利申请量排名前三的省份为：浙江省、广西壮族自治区、江苏省，贵州省在该领域专利申请量为154件（全国排名第五）。从市场和技术影响力方向可以看出，在此领域具有显著优势的省份为：浙江省、广西壮族自治区、江苏省，此外贵州省的贵州绿健神农有机农业股份有限公司也具有较强的竞争力。铁皮石斛药品领域专利申请量排名前三的省份为：浙江省、广西壮族自治区、安徽省，贵州省在该领域专利申请量为22件（全国排名第十），无授权专利。从市场和技术影响力方向可以看出，在此领域具有显著优势的省份为：浙江省、广西壮族自治区、安徽省。铁皮石斛保健食品领域专利申请量排名前三的省份为：广西壮族自治区、浙江省、安徽省，贵州省在该领域专利申请量为55件（全国排名第六）。从市场和技术影响力方向可以看出，在此领域具有显著优势的省份为：广西壮族自治区、浙江省、安徽省。铁皮石斛食品领域专利申请量排名前三的省份为：安徽省、广西壮族自治区、浙江省，贵州省在该领域专利申请量为64件（全国排名第四）。从市场和技术影响力方向可以看出，在此领域具有显著优势的省份为：安徽省、广西壮族自治区、浙江省。铁皮石斛化妆品、日用品领域专利申请量排名前三的省份为：广东省、广西壮族自治区、浙江省，贵州省在该领域专利申请量为19件（全国排名第五），但其专利授权0件。从市场和技术影响力方向可以看出，在此领域具有显著优势的省份为：广东省、广西壮族自治区、浙江省。

总体来说，在铁皮石斛各领域的专利申请、专利保护等方面做得较好的省份主要是广西壮族自治区、浙江省、安徽省、广东省等，贵州省在铁皮石斛相关专利的申请总量属于中等靠前水平，但与以上各省份相比仍有较大差距。

第四章　金钗石斛产业专利分析

本章基于国家知识产权局、国家药品监督管理局、国家市场监督管理总局网站查询的数据，组建专利数据库，并依托 Innojoy 专利搜索引擎，从金钗石斛种植、药品、保健食品、食品、化妆品与日用品等领域，对其专利年度申请量、分类情况、法律状态、地域、专利主要申请人、申请人专利竞争力、转让与受让情况、专利布局、专利预警等进行深层次价值挖掘、系统全面分析，归纳总结金钗石斛的发展趋势和专利布局，以及贵州省与全国其他省份的专利差别：全国金钗石斛的专利转让率均不高，贵州省在金钗石斛各个领域的专利申请量几乎全部位居第一，但贵州省专利授权率不高。因此，从专利授权率、转让率来看，贵州省的金钗石斛专利发展上升空间较大。该分析结果为贵州省金钗石斛专利布局及知识产权保护提供了一定参考。

第一节　金钗石斛种植领域专利分析

本节对金钗石斛种植领域专利的申请量、分类情况、法律状态、申请人等进行分析，以期全面了解金钗石斛种植领域相关专利现状，对金钗石斛产业研发风险进行预警，帮助贵州省金钗石斛种植相关企业掌握行业技术发展状况、竞争对手的技术水平和专利情况，提升相关企业预防和解决专利争端的能力。

一、专利年度申请量统计

截至 2020 年 6 月 30 日，金钗石斛种植领域专利申请量为 78 件（2013—2019 年，发明专利 57 件，实用新型专利 15 件，如表 4-1 所示）。2002 年出现金钗石斛种植相关专利申请，当年仅申请专利 1 件，2003—2012 年，年均专利申请量较少，2013 年起该领域相关专利逐年增多，如图 4-1 所示，2018 年专利申请量达峰值（22 件），随后专利年申请量出现下滑。综上所述，2013—2018 年为金钗石斛种植相关专利涌现较多的时期。

表 4-1　金钗石斛种植领域专利类型主要年度申请量

年度	发明专利/件	实用新型专利/件	年度专利总数/件	年度专利占比/%
2013	6	0	6	7.69
2014	6	0	6	7.69
2015	6	3	9	11.54
2016	9	0	9	11.54
2017	12	1	13	16.67
2018	13	9	22	28.21
2019	5	2	7	8.97
合计				92.31

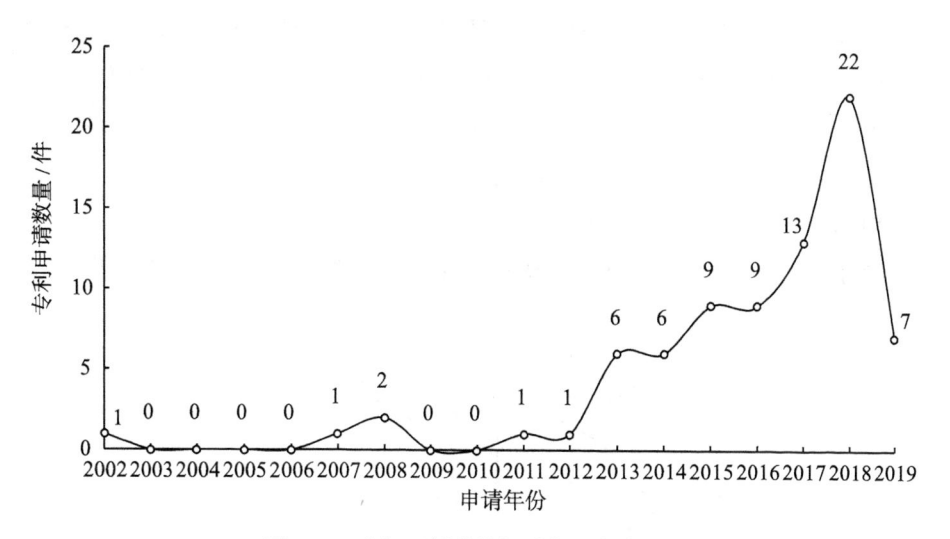

图 4-1　金钗石斛种植领域专利申请趋势

二、专利分类情况

截至 2020 年 6 月 30 日，金钗石斛种植领域发明专利申请量为 63 件，占比 80.77%；实用新型专利申请量为 15 件，占比 19.23%，如图 4-2 所示。由此可见，金钗石斛种植领域专利申请主要以发明专利为主，实用新型专利较少。

173

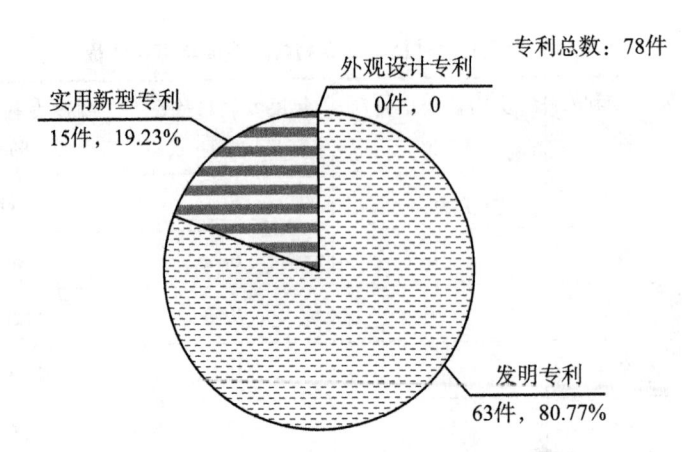

图 4-2 金钗石斛种植领域专利分类情况

三、法律状态及专利技术分析

通过对金钗石斛种植领域专利详细法律状态进行统计发现，该领域现有授权专利27件，占专利总数的34.62%；处于实质审查阶段专利23件，占总数的29.49%；部分专利现已撤回，撤回专利数14件；6件专利现已公开；6件专利未缴纳年费；2件专利现已驳回，如图4-3所示。其中，贵州省已授权的专利有9件（其中，发明专利5件，实用新型专利4件，如表4-2所示），占授权总数的33.33%；有11件处于实质审查阶段，占审查总数的47.83%。金钗石斛种植领域也有不少专利由于撤回（17.95%）、驳回（2.56%）、未缴纳年费（7.69%）等原因相继失效。

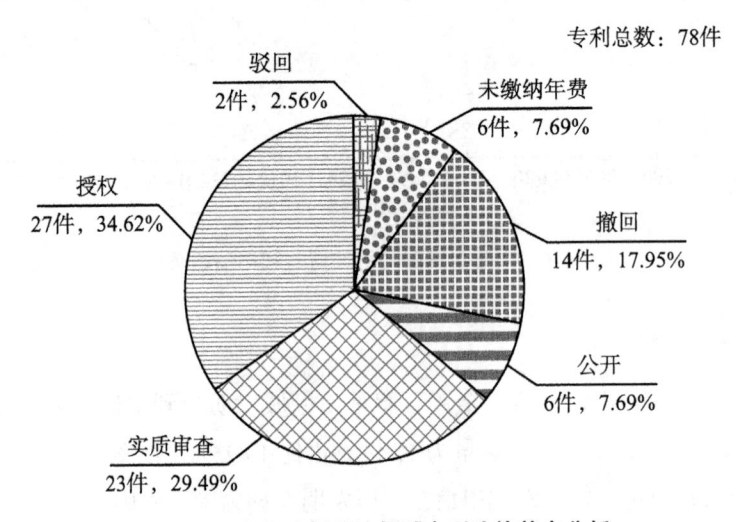

图 4-3 金钗石斛种植领域专利法律状态分析

表 4-2　金钗石斛种植领域授权专利

省份	申请总数/件	授权数/件	公开（公告）号	专利申请号	专利类型	专利名称	专利申请人
贵州省	33	9	CN105494061A	CN201510892680.7	发明	用加气混凝土砌块作金钗石斛立体附生壁柱架的栽培方法	赤水市茂林石斛农民专业合作社
			CN103891577A	CN201410167802.1		一种金钗石斛垒石栽培的葡萄遮阴互补栽培法	贵州省赤水市金钗石斛产业开发有限公司
			CN103918471A	CN201410198851.1		金钗石斛种子大棚萌发育苗工艺	赤水市信天中药产业开发有限公司
			CN101336605A	CN200710077830.4		金钗石斛组培技术及栽培方法	赤水市金钗石斛产业开发有限公司
			CN105532473A	CN201610058649.8		一种金钗石斛种苗的组培方法	遵义医科大学
			CN207754212U	CN201820108416.9	实用新型	一种金钗石斛仿生种植专用装置	遵义师范学院
			CN204888158U	CN201520586570.3		用于种植金钗石斛的苗床	赤水市信天中药产业开发有限公司
			CN208338521U	CN201820963273.X		一种户外栽培金钗石斛的自动喷灌装置	赤水市金钗石斛综合开发有限公司
			CN206502233U	CN201720183394.8		一种用于金钗石斛仿生栽培专用高浓度液态肥存储装置	遵义师范学院

续表

省份	申请总数/件	授权数/件	公开（公告）号	专利申请号	专利类型	专利名称	专利申请人
四川省	8	5	CN209314662U	CN201822106109.X	实用新型	一种金钗石斛病虫害防治装置	合江妙灵中药材开发有限公司
			CN209527340U	CN201822146061.5		一种金钗石斛种植用遮阴网	
			CN209314501U	CN201822104662.X		一种金钗石斛仿野生种植的喷雾装置	
			CN210444981U	CN201920731242.6		一种新型金钗石斛栽培吊篮	成都师范学院
			CN210470480U	CN201920732154.8		一种金钗石斛种植的活动苗床	
云南省	6	4	CN101213941A	CN200810058044.4	发明	石斛属的快繁与离体保存方法	中国科学院昆明植物研究所
			CN104938338A	CN201510337203.4		金钗石斛快速繁殖成苗的培养基系列及组培方法	临沧市云瑞堂生物科技有限公司
			CN107047294A	CN201710288949.X		一种石斛多倍体的诱导方法	云南丰春坊生物科技有限公司 云南省农业科学院药用植物研究所
			CN105532409A	CN201610033673.6		一种在树上种植石斛的方法	普洱绿海生物开发有限公司

续表

省份	申请总数/件	授权数/件	公开(公告)号	专利申请号	专利类型	专利名称	专利申请人
河南省	7	4	CN208175511U	CN201820743311.0	实用新型	一种用于金钗石斛栽种盆栽	河南福瑞滋生物科技有限公司
			CN208242381U	CN201820742607.0		一种专门种植金钗石斛的大棚	
			CN208175510U	CN201820742837.7		一种金钗石斛培植支架	
			CN208175548U	CN201820742836.2		一种楼梯形金钗石斛苗架	
浙江省	3	1	CN103004445A	CN201310004397.7	发明	塑料大棚直播石斛实生苗的方法	戴亚峰
安徽省	3	1	CN104221829A	CN201410516571.0	发明	一种金钗石斛在香樟树基桩上的培养方法	汪锡文

四、专利地域分析

　　该技术领域专利申请量最大的省份为贵州省，如图4-4所示，共计申请金钗石斛种植相关专利33件，其中，发明专利29件（授权5件，授权率17.24%），实用新型4件（授权4件，授权率100%）。其次，四川省、河南省、广西壮族自治区和云南省专利申请量稍多，四川省申请发明专利3件（授权0件），实用新型5件（授权5件，授权率100%）；河南省申请发明专利1件（授权0件），实用新型6件（授权4件，授权率66.67%）；广西壮族自治区申请发明专利7件（授权0件），实用新型0件；云南省申请发明专利6件（授权4件，授权率66.67%），实用新型0件。剩余地区中，江苏省申请专利4件；安徽省、浙江省申请专利各3件；广东省、北京市、上海市、山东省、湖北省、陕西省、重庆市相关专利申请量相对较少。从专利地域来看，贵州省是金钗石斛种植领域最大的专利申请区，其中赤水市申请量最多，达23件，占贵州省总申请量的69.70%。贵州省金钗石斛种植发明专利授权率较低，今后还需进一步提升专利申报书质量，提高专利授权率。总的来说，该技术领域以贵州省、四川省、河南省及云南省为创新技术主要输出地区。

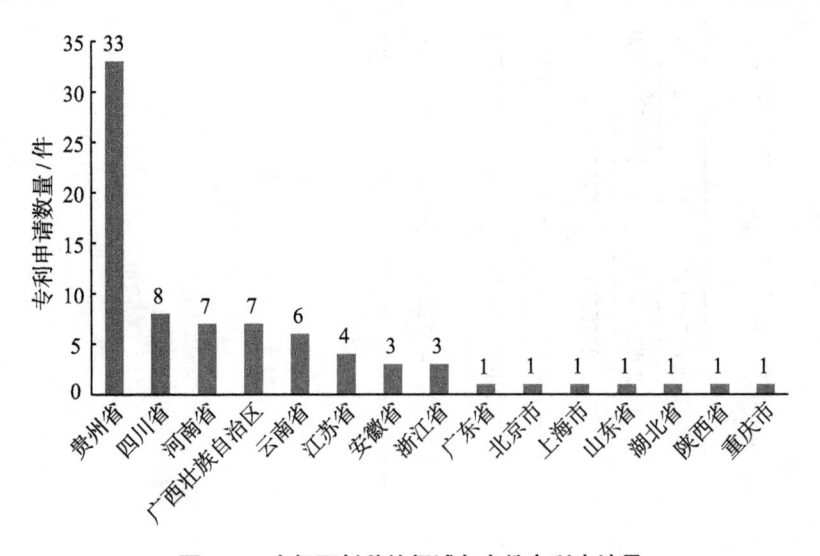

图4-4　金钗石斛种植领域各省份专利申请量

五、专利主要申请人分析

本研究对金钗石斛种植领域相关专利（剔除驳回、撤回等原因失效专利）主要申请人分布情况进行统计，共计专利48件，如图4-5所示。赤水市信天中药产业开发有限公司为专利申请量最大的申请人，该公司申请发明专利8件（授权1件，授权率12.5%），实用新型专利1件（授权1件，授权率100%）。其次，合江妙灵中药材开发有限公司申请发明专利2件（授权0件），实用新型专利3件（授权3件，授权率100%）。河南福瑞滋生物科技有限公司申请发明专利1件（授权0件），实用新型专利4件（授权4件，授权率100%）。赤水市亿成生物科技有限公司申请发明专利5件（授权0件）。其余专利申请人，专利申请量均较少。总体来说，该技术领域以赤水市信天中药产业开发有限公司为专利技术主要输出企业，但该企业专利授权率较低。

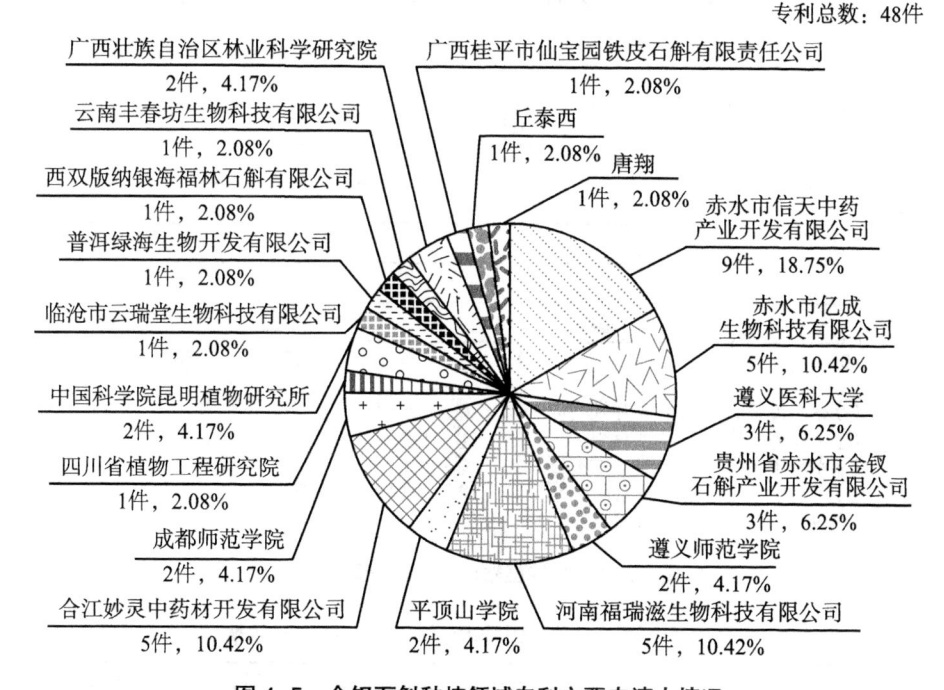

图4-5 金钗石斛种植领域专利主要申请人情况

六、申请人专利竞争力分析

按照专利被引证次数、同族数量综合评价申请人专利的市场竞争力（基于专利家族规模的计算，同族专利数量越多，市场竞争力越强）与技术影响力（基于专利被引证的计算，专利被其他专利引用的次数越多，技术影响力越高）。市场竞争力排名前三名的分别是：赤水市信天中药产业开发有限公司（侧重于金钗石斛的栽培方式改进及种苗培养）、赤水市亿成生物科技有限公司（侧重于金钗石斛的培养基质）、合江妙灵中药材开发有限公司和河南福瑞滋生物科技有限公司（侧重于金钗石斛的栽培设施改进），后两者并列第三，如图4-6所示。技术影响力排名前三的分别是：赤水市华宝石斛产业有限公司（侧重于金钗石斛规范化设施栽培）、西双版纳银海福林石斛有限公司（侧重于石斛仿野生种植）、赤水市供销社综合经营公司（侧重于金钗石斛原生态垒石栽培方法）。市场竞争力和技术影响力排名前三的贵州省均有两家公司，如表4-3所示，主要侧重金钗石斛栽培，说明贵州省在金钗石斛种植领域专利的市场竞争力、技术影响力较高。

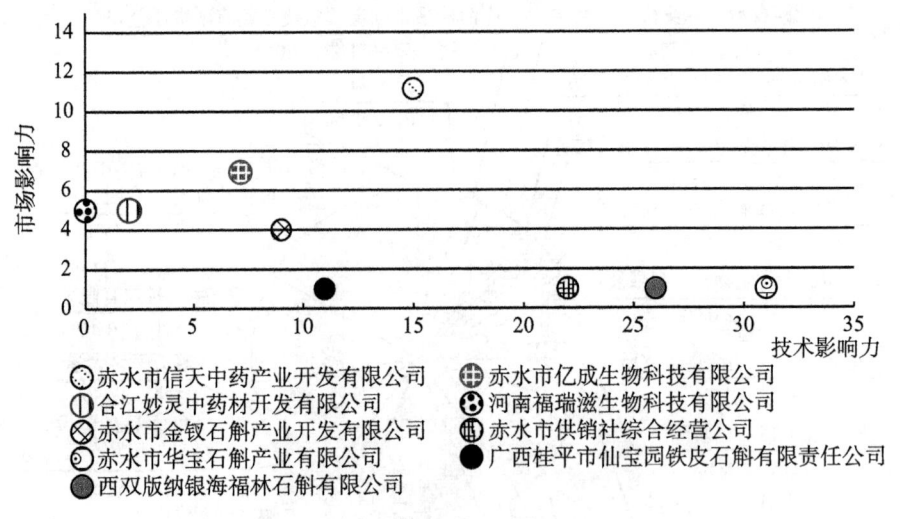

图4-6 金钗石斛种植领域申请人专利竞争力分布

表4-3 金钗石斛种植领域申请人专利竞争力基本情况

申请人	被引证次数/次	同族数量/件	专利数量/件
赤水市信天中药产业开发有限公司	15	11	9
赤水市亿成生物科技有限公司	7	7	5

续表

申请人	被引证次数/次	同族数量/件	专利数量/件
合江妙灵中药材开发有限公司	2	5	5
河南福瑞滋生物科技有限公司	0	5	5
赤水市金钗石斛产业开发有限公司	9	4	3
赤水市供销社综合经营公司	22	1	1
赤水市华宝石斛产业有限公司	31	1	1
广西桂平市仙宝园铁皮石斛有限责任公司	11	1	1
西双版纳银海福林石斛有限公司	26	1	1

七、专利转让与受让情况分析

专利转让在一定程度上可以体现科技成果的转移转化。2011年，出现首个金钗石斛种植领域的专利转让，专利转化率不高，是阻碍金钗石斛种植领域技术创新的重要因素。当前，种植领域仅有4项专利得到转化，如表4-4所示，分别是A01G（园艺；蔬菜、花卉、稻、果树、葡萄、啤酒花或海菜的栽培；林业；浇水）2件，A01H（新植物或获得新植物的方法；通过组织培养技术的植物再生）2件，如图4-7所示，金钗石斛在种植领域专利转让数量较低。

表4-4 金钗石斛种植领域专利转让关系（主要）

转让（受让）数量/件

转让人	受让人			
	隆林盈荣种养农民专业合作社	韶关学院	赤水市信天中药产业开发有限公司	昆明优利丰园科技开发有限公司
刘和勇	1	0	0	0
白音、包英华	0	1	0	0
赤水市金斛产业开发有限公司	0	0	1	0
中国科学院昆明植物研究所	0	0	0	1

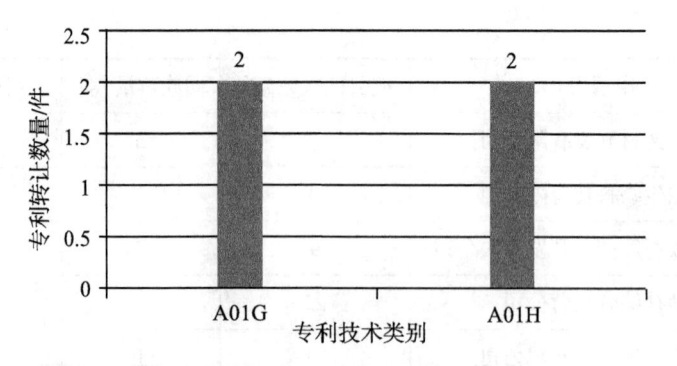

图 4-7　金钗石斛种植领域专利转让技术构成

八、专利布局分析

对目前金钗石斛种植领域专利技术布局情况进行分析，目前专利申请量最多的为 A01G（园艺；蔬菜、花卉、稻、果树、葡萄、啤酒花或海菜的栽培；林业；浇水）有 56 件，其次是 A01H（新植物或获得新植物的方法；通过组织培养的植物再生）有 12 件，C05G（肥料与栽培基质）有 3 件，A01N（种质资源保存等）有 3 件，C12N（培养基等）有 2 件，B65D（肥料存储装置等）有 1 件，A01M（防虫害装置等）有 1 件，如图 4-8 所示。目前，该领域专利大多数与栽培种植和组织培养相关，占总体技术分类的 87.18% 左右，而关系到肥料、品种选育、害虫驱避以及农业机械等方面的研究和专利的申请很少，建议今后扩大金钗石斛专利分类布局，使种植相关的不同研究领域得到均衡发展。

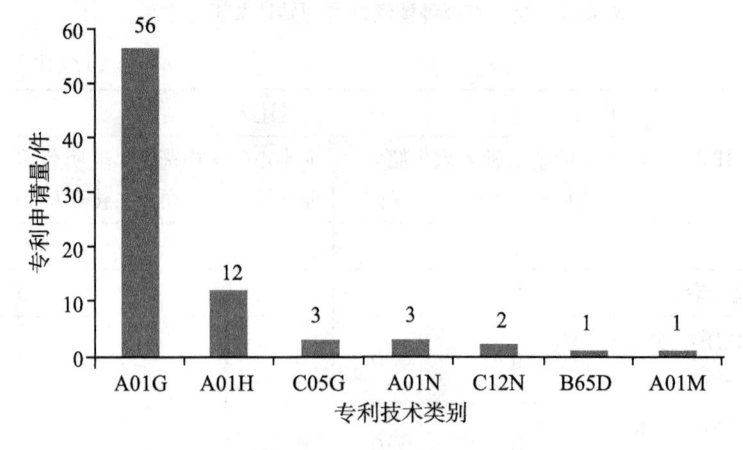

图 4-8　金钗石斛种植领域专利技术分类申请量

九、专利预警分析

金钗石斛是一种区域性明显的药材,主要在贵州省等少数几个省份种植,限制了金钗石斛在种植领域的扩大发展。贵州省在该领域发明专利授权率较低(17.24%),与云南省(发明专利授权率66.67%)相比有一定的差距。目前,金钗石斛种植领域的专利多是对传统种植栽培方法的改进,没有新的种植栽培方法的相关专利。目前,该领域专利授权率为34.62%,处于撤回(17.95%)、驳回(2.56%)、未缴纳年费(7.69%)状态的专利也较多,大部分专利未得到有效保护。

十、小结与讨论

通过对金钗石斛种植领域专利的申请量、分类情况、法律状态、申请人等的统计分析,我们发现贵州省是该领域专利申请最多的省份,但在该领域的发明专利授权率较低(17.24%)。贵州省应加大对金钗石斛种植栽培相关企业的扶持力度,特别是做好对相关企业或高校专利申请人的培训,进一步提升发明专利申报书质量,提高贵州省在金钗石斛种植栽培领域的发明专利授权率。

目前,金钗石斛种植领域尚无品种选育的相关专利,贵州省作为金钗石斛的主产区,今后应加大相关品种选育专利申报力度,特别是结合贵州省独特的适合金钗石斛生长的气候和环境,选育产量高、有效成分含量高的金钗石斛新品种。当前,部分企业自主选育了金钗石斛新品种,但未进行专利申报,这不利于对金钗石斛新品种的保护。

在金钗石斛种苗繁育方面,大多采用传统的植物组培、人工授粉、多倍体诱导等方法,建议通过对培养基的筛选、授粉方式改变、炼苗方式改变进行种苗繁育。在栽培方式方面,该领域专利大多是盆栽、树栽、近野生及垒石栽培方法的改进,且专利数量较少。该领域种苗繁育及栽培方式相关专利技术含量低,对于未来该领域专利申请,应提高其他栽培方式的创新性和实用性,使金钗石斛得到更好的栽培、开发与利用。与此同时,金钗石斛的杂交、诱变和转基因的研究报道极少,今后的研究可向这方面侧重,为开展金钗石斛的大规模种植及培育抗病、抗逆能力强及药用成分含量高的优良新品种提供理论支持。今后还可围绕金钗石斛生长需要的养分、环境因子、水肥管理等方面扩大专利申请量;金钗石斛在家庭观赏种植方面相关专利也较少，在该领域也要加强专利申请力度。金钗石斛种植领域市场竞争力和技术影响力较强的申请人均为企业，今后应引导高校及科研院所的技术人员从事该领域研究，提升该领域专利申报的技术含量。

第二节 金钗石斛药品领域专利分析

本节对金钗石斛药品领域专利的申请量、分类情况、法律状态、申请人等进行分析，以期全面了解金钗石斛药品领域相关专利的发展趋势。

一、专利年度申请量统计

截至 2020 年 6 月 30 日，金钗石斛药品领域专利申请量达 76 件，均为发明专利，共授权 8 件，其中有 4 件发生了权利转移。专利申请最早出现在 2003 年，为 4 件，到 2007 年出现了第 5 件，2008 年申请 2 件，2009 年申请 3 件，2010 年、2011 年各申请 1 件，2012 年申请 2 件，从 2013 年开始大幅度增长，2013 年共申请 6 件，2014 年共申请 7 件，2015 年共申请 14 件，2016 共申请 6 件，2017 年达到专利申请量峰值，共 16 件。总体来说，2013—2018 年该领域专利申请量一直呈增长状态，2018 年之后申请量开始下滑，如图 4-9 所示。综上所述，2013—2018 年为金钗石斛药品领域创新技术涌现时期，主要以金钗石斛药物组合物的方式进行专利申请，在药品的功效方面也不再只有增加免疫、降血糖血脂等功效，而开始往金钗石斛的其他功效方面进行专利布局。

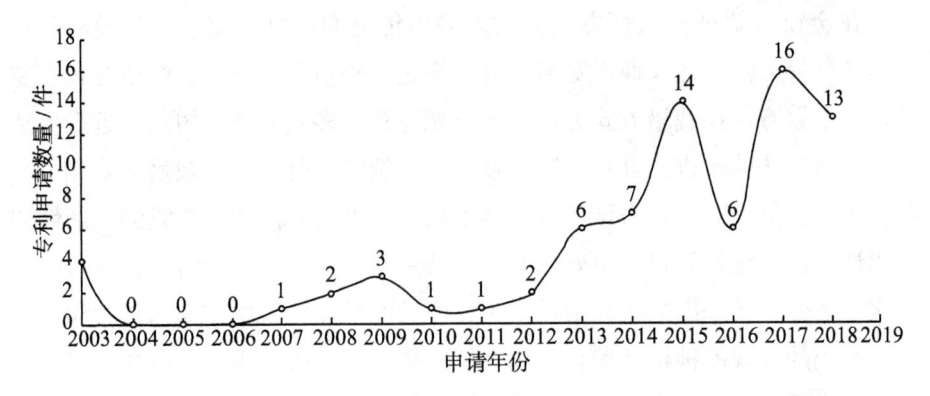

图 4-9 金钗石斛药品领域专利申请趋势

二、法律状态及专利技术分析

对金钗石斛药品领域专利法律状态进行统计,截止时间为2020年6月30日,统计结果如图4-10所示。从图中可以看出,在该技术领域总共76件专利(全部为发明专利)中,共计有21件专利尚在审查中,占比27.63%;撤回专利数共计18件,占比23.68%;已授权专利8件,授权后权利发生转移的专利件数共4件,授权后的转移率达到50%;未缴纳年费共计5件,占比6.58%,驳回共计10件,占比13.16%。总的来说,金钗石斛药品领域相对较多的专利现已由于撤回、驳回、未缴纳年费等原因相继失效,大量专利尚在审查中,授权专利相对较少,占比仅为10.53%。在授权的8件专利中,预估权利到期日在2029—2036年,如表4-5所示。贵州省在该技术领域的专利申请总量为28件,已有2件授权,其中1件"治疗更年期综合征的药物及其制备方法"授权且权利转移。由此可见,金钗石斛药品领域授权的专利不多,金钗石斛药品领域发展空间较大,加大对该技术领域的开发,具有重要的意义。

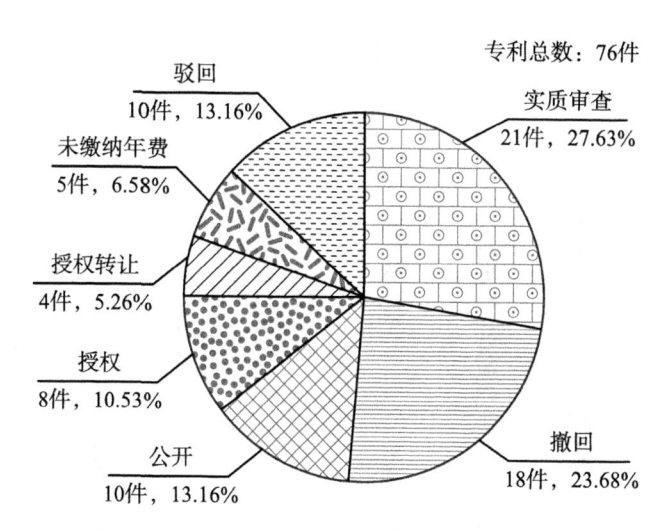

图4-10 金钗石斛药品领域专利法律状态分析

表4-5 金钗石斛药品领域授权专利

公开（公告）号	专利名称	申请日	预估到期日	法律状态/事件	当前申请（专利权）所属省份	原专利权人/现专利权人
CN101518621B	抗氧化和增强免疫力的金钗石斛胶囊	2009-03-27	2029-03-27	授权/权利转移	云南	陶国闻/王静
CN101612326A	一种消炎止痛中药及其制备方法	2009-07-22	2029-07-22	授权/权利转移	云南	陶国闻/王静
CN103356899B	治疗更年期综合征的药物及其制备方法	2013-07-08	2033-07-08	授权/权利转移	贵州	贵州宜民中医骨伤科医院有限责任公司/何秀容
CN104645082B	一种治疗肝炎的胶囊及其制备方法	2015-03-23	2035-03-23	授权/权利转移	浙江	傅宇晓/湖州优研知识产权服务有限公司
CN102600368B	一种药物组合物及其制备方法和用途	2012-03-21	2032-03-21	授权	四川	四川万安石制产业开发有限公司
CN104840816B	一种预防和治疗痛风及高尿酸血症的复合超微粉及其制备方法	2015-05-18	2035-05-18	授权	云南	昆明宝成生物科技有限公司
CN104225460B	一种治疗糖尿病及脑中风的药物	2014-08-22	2034-08-22	授权	湖北	杨学昌
CN106563076B	一种治疗胃病的药物及其制作方法	2016-08-03	2036-08-03	授权	贵州	贵州大学

三、专利地域分析

对金钗石斛药品领域专利申请地域分布情况进行统计，其结果如图 4-11 所示。从图中可以看出，该技术领域专利申请量最大的省份是贵州省，为 28 件，占比 36.84%，其次是山东省 15 件，浙江省 6 件，广东省、云南省各 5 件，河南省 4 件，安徽省、江苏省、湖北省、广西壮族自治区各 2 件，台湾省、重庆市、陕西省、福建省等仅申请 1 件专利。总的来说，该技术领域以贵州省、山东省、浙江省为创新技术主要输出地区。从各省的专利申请情况看，在金钗石斛药品专利申请中仍主要以金钗石斛药物组合物的方式进行专利申请，在药物剂型方面的申请仍以传统的胶囊为主，在功效方面主要集中在金钗石斛的滋阴润肺、益胃补肾等滋补功效上，在抗癌、消炎等功效中也主要将金钗石斛作为臣佐药，和其他药物配伍起到扶正作用。从金钗石斛药品专利的分布看，虽然贵州省的专利申请数量位居第一，但授权率不高，仅为 7.14%，尚未形成相关的专利布局，在专利的申请上处于零散状态。

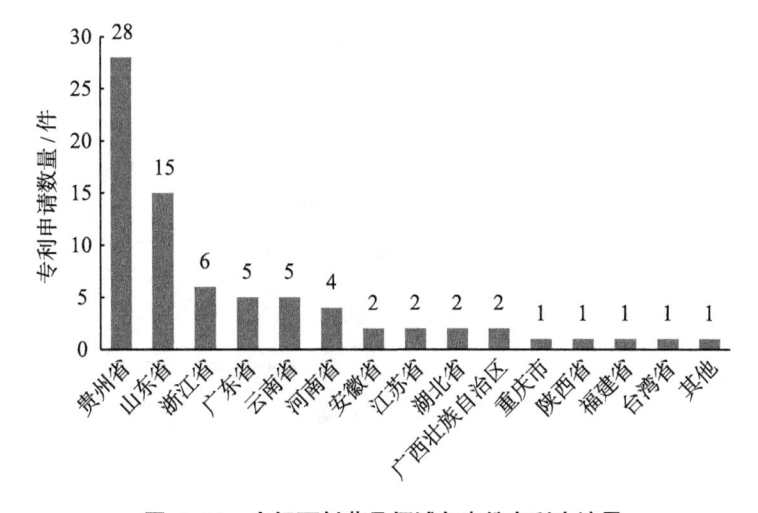

图 4-11 金钗石斛药品领域各省份专利申请量

四、专利主要申请人分析

对金钗石斛药品领域专利主要申请人分布情况进行统计，其结果如图 4-12 所示。从图中可以看出，遵义医科大学所申请专利件数最多，为 6 件，其次是贵州省赤水市金钗石斛产业开发有限公司，所申请的专利件数为 5 件，赤水市丹霞生产力促进中心有限公司申请3件，陶国闻申请3件，贵州大学申请2件，张素花申请2件，宗长兰申请2件，姚莲琴申请2件，贵州仙草生物科技有限公司申请2件，赤水市信天中药产业开发有限公司申请2件。总体来说，该技术领域以贵州省赤水市金钗石斛产业开发有限公司、赤水市丹霞生产力促进中心有限公司为专利技术主要输出企业，高校/研究机构专利主要申请人为遵义医科大学。从专利申请人情况看，专利人并没有在药品领域形成专利布局，大多数专利申请较为零散，专利被引证次数、同族数量均较低，这说明申请人并未形成技术影响力和市场竞争力，主要以金钗石斛与其他药物形成组合物的形式进行申请，形成的组合物也以药物的组成、配比为主，未进一步在提取物、剂型、功效等方面进行全面布局，也说明金钗石斛药品的发展空间较大，加大对该技术领域的开发，具有重要意义。

申请人	专利数量/件
姚莲琴	2
宗长兰	2
张素花	2
赤水市信天中药产业开发有限公司	2
贵州仙草生物科技有限公司	2
贵州大学	2
陶国闻	3
赤水市丹霞生产力促进中心有限公司	3
贵州省赤水市金钗石斛产业开发有限公司	5
遵义医科大学	6

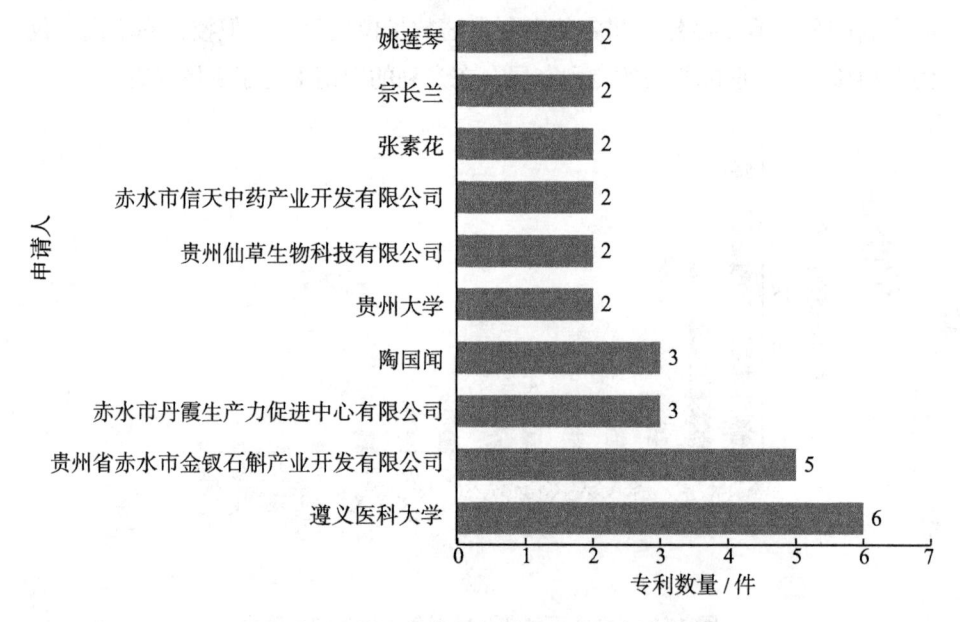

图4-12 金钗石斛药品领域专利主要申请人情况

五、专利布局分析

对金钗石斛药品相关功效进行标引，并绘制功效柱状图，以了解现阶段金钗石斛相关药品专利布局情况，发现该技术领域研发热点和空白区域，其结果如表4-6和图4-13所示。

表 4-6　金钗石斛药品领域常见药物配伍情况

序号	配伍药物	频次
1	枸杞	16
2	麦冬	11
3	西洋参	9
4	黄芪	8
5	丹参	8
6	金银花	8
7	枣仁	6
8	三七	6
9	太子参	5
10	女贞子	5
11	大黄	5
12	菟丝子	5
13	天麻	5
14	桃仁	5
15	泽泻	5

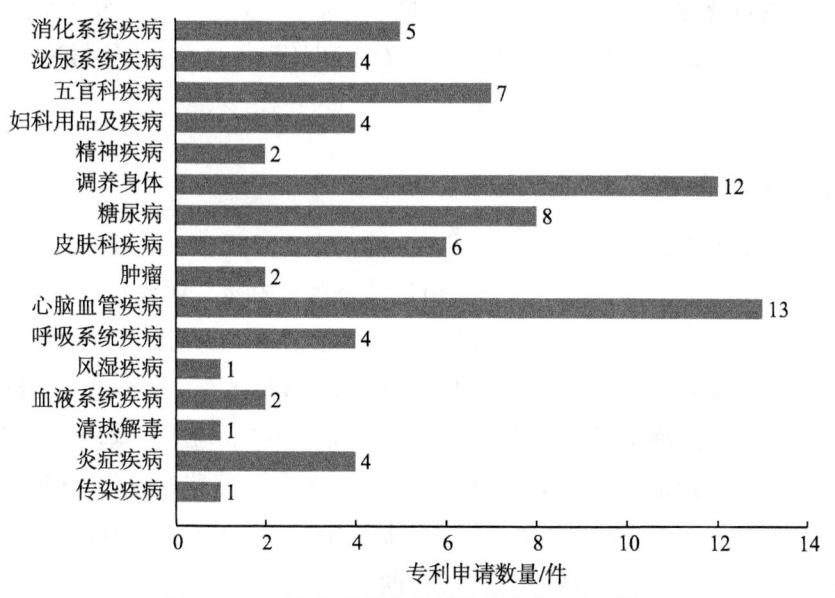

疾病类别	专利申请数量/件
消化系统疾病	5
泌尿系统疾病	4
五官科疾病	7
妇科用品及疾病	4
精神疾病	2
调养身体	12
糖尿病	8
皮肤科疾病	6
肿瘤	2
心脑血管疾病	13
呼吸系统疾病	4
风湿疾病	1
血液系统疾病	2
清热解毒	1
炎症疾病	4
传染疾病	1

图 4-13　以金钗石斛为原料的药品专利布局情况

总体来说，与金钗石斛常配伍的中药材有枸杞、麦冬、西洋参、黄芪等，主要为补益类药物；金钗石斛相关药品领域已针对消化系统疾病、泌尿系统疾病、五官科疾病、妇科疾病、精神疾病、糖尿病、皮肤科疾病、肿瘤、心脑血管疾病、呼吸系统疾病、风湿疾病、血液系统疾病、炎症疾病、传染疾病、调养身体、清热解毒16个药理功效开展专利布局工作。在心脑血管疾病及调养身体方面主要是应用金钗石斛滋阴润肺、益胃补肾的功效，在其他方面如肿瘤、呼吸系统疾病、消化系统疾病等也是应用金钗石斛与其他药物配伍发挥扶正作用。近年来金钗石斛在多个领域的应用显示，今后金钗石斛的药品专利申请将从增强机体免疫功能、强壮机体和降血糖等功效转向滋补等扶正功能，在抗癌药物、治疗风湿、治疗炎症的辅助药物配伍使用方面，也是今后金钗石斛在药品领域应用的主要方向。同时，在五官科、皮肤科疾病的药物方面也将是金钗石斛专利布局的主要方向。

六、专利预警分析

经查询国家药品监督局官网和药智网后发现，现阶段无已获批文的金钗石斛药品。

对金钗石斛药品产品名称、功效、主要原料、批准文号、是否有专利申请情况进行统计、研究发现，已申请的专利没有相关的获批文的金钗石斛药品，这也是金钗石斛的发展方向，金钗石斛药品要获取国家准字号还需进一步努力。

七、金钗石斛药品专利产品分析

金钗石斛药品领域专利的申请，主要集中在贵州省、山东省、浙江省、广东省、云南省等地，其中贵州省申请的金钗石斛药品领域专利28件（全部为发明专利），数量最多，占比36.84%，之后依次为山东省15件（占比19.74%）、浙江省6件（占比7.89%）、广东省5件（占比6.58%）。目前药品领域的专利产品主要包括颗粒、浸膏、丸剂、片剂、胶囊、口服液、超微粉、眼用剂等产品，如图4-14所示，总体来看，仍停留在对药物组成和配比进行专利保护，专利保护的范围还有扩大的空间，从药品产业的长远发展看，整个专利布局可以有较大的发挥空间。

专利总数：76件

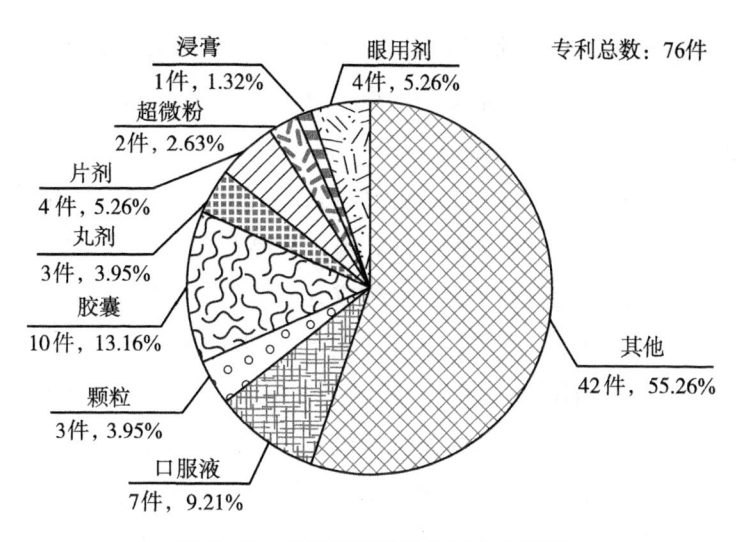

浸膏 1件, 1.32%
眼用剂 4件, 5.26%
超微粉 2件, 2.63%
片剂 4件, 5.26%
丸剂 3件, 3.95%
胶囊 10件, 13.16%
颗粒 3件, 3.95%
口服液 7件, 9.21%
其他 42件, 55.26%

图 4-14 金钗石斛药品专利产品类别

八、小结与讨论

综上所述，通过对金钗石斛药品领域专利申请量、分类情况、法律状态等进行统计分析，可知该领域专利申请量共计 76 件，专利申请量最多的省份为贵州省（专利申请量为 28 件，且全部为发明专利，占比 36.84%），其次为山东省（专利申请量 15 件，占比 19.74%）。金钗石斛药品领域相对较多的专利现已由于撤回、驳回等原因相继失效，大量专利尚在审查中（占比 27.63%），授权专利 8 件，其中有 4 件得到权利转移。贵州省申请的 28 件专利中，有 2 件授权，仅 1 件进行了权利转移。金钗石斛药品领域的专利授权率低，专利缺乏相应的创新性和新颖性，说明在该领域申请的专利水平不高，需要加大技术投入，从不同角度申请专利与研发产品，并对已有的专利进行权利保护，提高已申请专利的授权率和转让率，授权后权利转移的市场空间较为广阔。

目前，国内尚无以金钗石斛为原料获取国家准字号的药品，现有的专利都是简单的药物组合物。从专利的实用性来说，没有获得国家准字号药品，无法推广应用。因此，在新产品研发过程中，需注意加强金钗石斛国家准字号药品研发，这样才能真正提高专利的转化率和使用价值，申请时需要注意专利的创造性、新颖性和实用性，可以从以下几方面进行：

（1）从适应证方面，金钗石斛的专利主要利用滋补等扶正功能，与抗癌、治疗风湿、治疗炎症的辅助药物配伍使用。之后，可以加强现代疾病谱方面的适应证研究，扩大金钗石斛的使用范围。

（2）金钗石斛药品方面的专利仍停留在对药物组成和配比进行专利保护，专利保护的范围还有扩大的空间，可以从已有专利中深入挖掘有明确疗效的专利组合物，进行提取工艺、有效成分或有效部位的基础研发，加强创新药物、新剂型的研究，开发出相应的安全、有效的国家准字号药品。

（3）金钗石斛药用安全性高、药效高，但缺乏与其他石斛相比药效突出的基础研究数据，导致质优价不优，市面上与其他石斛通称石斛，价格具有明显弱势，导致其在中成药、医院制剂应用几乎为零，金钗石斛产量占比99%的贵州省获批的金钗石斛医院制剂为零，应加大金钗石斛医院制剂的开发及专利的申报。

第三节　金钗石斛保健食品领域专利分析

本节对金钗石斛保健食品领域专利的申请量、分类情况、法律状态等进行分析，以期全面了解金钗石斛保健食品领域相关专利的发展趋势。

一、专利年度申请量统计

截至2020年6月30日，金钗石斛保健食品领域专利申请量为119件，如图4-15所示。自1995年起，开始出现金钗石斛保健食品领域专利申请，当年专利申请量仅为1件，直至2012年专利年申请量均未有明显增长，2013年申请量显著增加，2013—2017年金钗石斛保健食品的专利申请量呈现不稳定趋势，但均处于较高水平，如表4-7所示。综上所述，2013—2017年为金钗石斛保健食品领域专利技术快速发展时期。

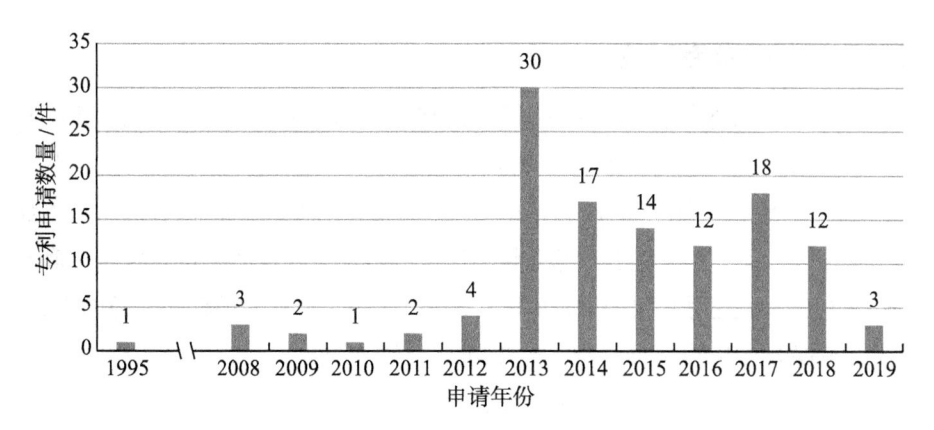

图 4-15　金钗石斛保健食品领域专利申请趋势

表 4-7　金钗石斛保健食品领域专利类型主要年度申请量

年度	发明专利/件	实用新型专利/件	年度专利总数/件	年度专利占比/%
2013	30	0	30	25.21
2014	17	0	17	14.29
2015	14	0	14	11.76
2016	12	0	12	10.08
合计				61.34

二、专利分类情况

截至 2020 年 6 月 30 日，金钗石斛保健食品领域专利申请总量为 119 件，均为发明专利，无实用新型、外观设计专利，如图 4-16 所示。

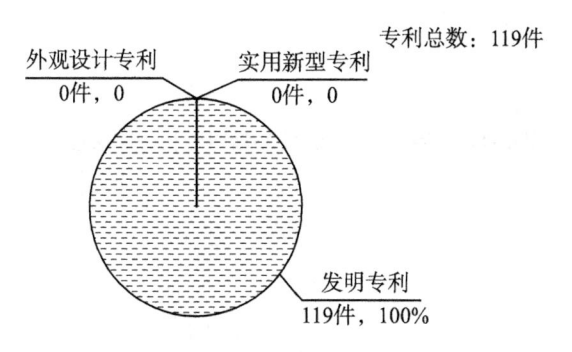

图 4-16　金钗石斛保健食品领域专利分类情况

三、法律状态及专利技术分析

对金钗石斛保健食品领域专利法律状态进行统计，统计结果如图4-17所示。从图中可以看出，该技术领域有部分专利处于撤回、驳回阶段，共计有54件，其中，被撤回专利31件（占比26.05%），被驳回专利23件（占比19.33%）；有23件专利尚处于实质审查阶段；10件专利现已公开；29件专利现已授权（全部为发明专利），授权率24.37%；3件专利未缴纳年费。总的来说，金钗石斛保健食品领域相对较多的专利现已基于撤回、驳回等原因相继失效，较多专利尚在审查中，授权专利相对较少。

该领域专利申请量排名第一的省份为贵州省，如表4-8所示，专利申请49件，授权仅2件，授权率4.08%，远低于该领域全国平均授权率。专利申请量排名第二的省份为安徽省，专利申请量41件，授权22件，授权率53.66%，高于全国平均水平2倍以上。专利申请量排名第三的省份为广东省，专利申请8件，均未授权。由此可见，贵州省专利申请量虽居全国第一，但授权率远低于安徽省。

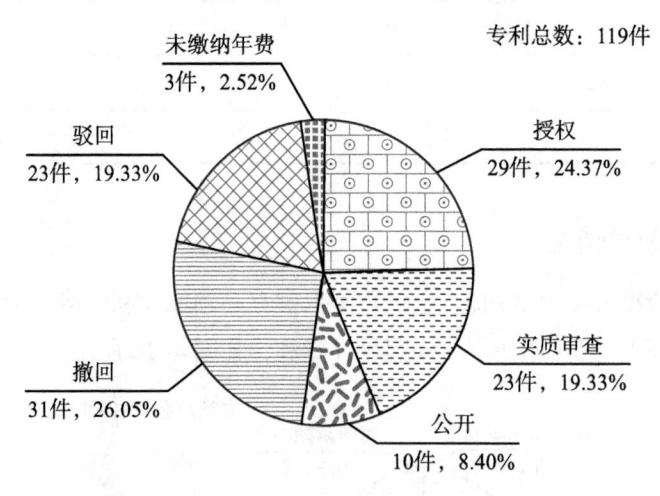

图 4-17 金钗石斛保健食品领域专利法律状态分析

表 4-8 金钗石斛保健食品领域主要授权专利

排名	省份	申请总数/件	授权数/件	占比/%	专利申请号	专利名称	专利申请人
1	贵州省	49	2	4.08	CN201410408279.7	一种金钗石斛养胃保健口服液及其制备方法	遵义医科大学
					CN201310729930.6	增强免疫力的保健食品及其制备方法	贵州三仁堂药业有限公司
2	安徽省	41	22	53.66	CN201410435012.7	一种石斛香荬保健锅巴	刘三保
					CN201410382243.6	一种玉竹红枣锅巴	汪盛松
					CN201310734194.3	一种百合保健锅巴	方小玲
					CN201310668192.9	一种锅巴的制作方法	张凤平
					CN201310604666.3	一种苦荞麦保健果冻的制作方法	汪永辉
					CN201310668228.3	一种南瓜保健锅巴	王芳
					CN201310556106.5	一种荸荠鉴菜锅巴	汪盛明
					CN201310610210.8	一种藻香味保健果冻的制作方法	刘三保
					CN201310555947.4	一种桔梗珍荬保健锅巴制作方法	魏巍
					CN201310550816.7	一种黄精保健锅巴	刘海燕
					CN201310602261.6	一种菁香味保健果冻的制作方法	汪盛明

续表

排名	省份	申请总数/件	授权数/件	占比/%	专利申请号	专利名称	专利申请人
2	安徽省	41	22	53.66	CN201310605566.2	一种清凉味保健果冻的制作方法	徐爱华
					CN201310606992.8	一种笋香味保健果冻的制作方法	刘和勇
					CN201310551212.4	一种香茶百合保健锅巴	刘三保
					CN201310550706.0	一种葛根保健锅巴	汪永辉
					CN201310603159.8	一种姜味保健果冻的制作方法	刘海燕
					CN201310599170.1	一种蒲草味保健果冻	张凤平
					CN201310596978.4	一种辣味保健果冻的制作方法	汪盛松
					CN201310550938.6	一种枸杞保健锅巴	刘和勇
					CN201310550707.5	一种玉竹红枣锅巴	汪盛松
					CN201310550758.8	一种牛膝保健锅巴	申健
					CN201110293104.2	一种石斛营养粉	刘和勇

四、专利地域分析

对金钗石斛保健食品领域专利申请地域分布情况进行统计，其结果如图4-18所示。该技术领域专利申请量最大的省份是贵州省，共申请专利49件（全部为发明专利，授权2件），其次是安徽省，共申请专利41件（全部为发明专利，授权22件），之后依次为广东省（8件）、云南省（6件）、江苏省（3件）、浙江省（3件）、河南省（2件）、四川省（2件）、北京市（1件）、辽宁省（1件）、广西壮族自治区（1件）、重庆市（1件）、其他（1件）。总的来说，该技术领域以贵州省、安徽省为创新技术主要输出地区。

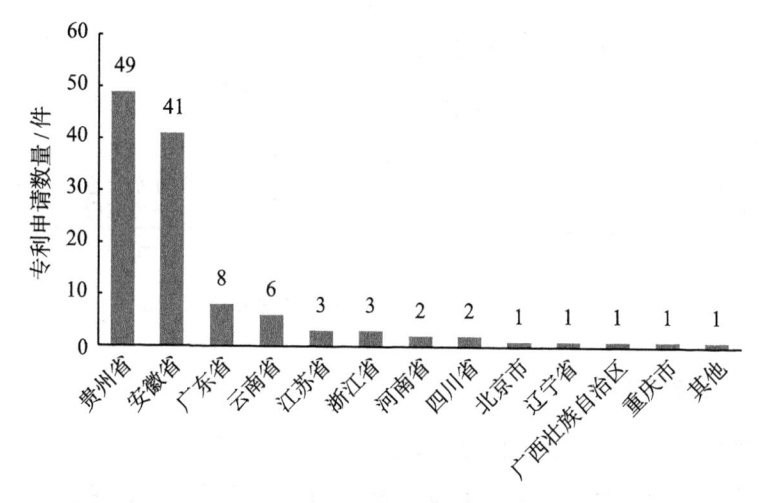

图4-18 金钗石斛保健食品领域各省份专利申请量

五、专利主要申请人分析

对该领域专利数量排名前三的省份和每省份专利数量排名前五的专利申请人分布情况进行统计，如图4-19所示，贵州省排名前三的申请人为赤水市桫龙虫茶饮品有限责任公司（12件，未获授权）、赤水市丹霞生产力促进中心有限公司（9件，未获授权）、贵州省赤水市金钗石斛产业开发有限公司（9件，未获授权）。安徽省排名第一的申请人为当涂县龙山桥粮油工贸有限公司（5件，未获授权），其余均为3件。广东省排名第一的申请人为何定（3件，未获授权），其他均为1件。

专利总数：63件

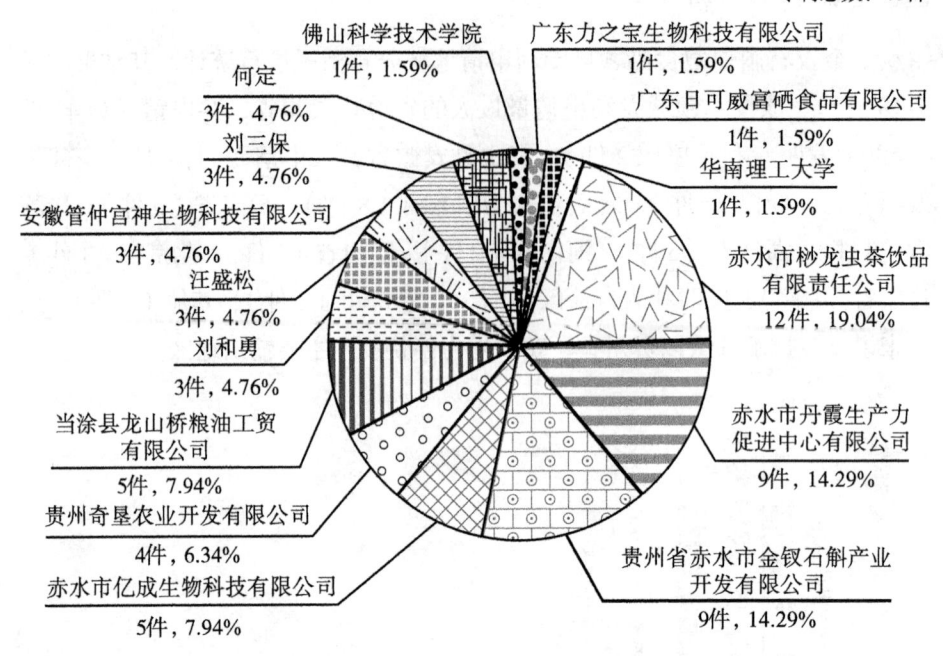

图 4-19　金钗石斛保健食品领域主要申请人分析

饼图数据：
- 佛山科学技术学院 1件, 1.59%
- 广东力之宝生物科技有限公司 1件, 1.59%
- 何定 3件, 4.76%
- 广东日可威富硒食品有限公司 1件, 1.59%
- 刘三保 3件, 4.76%
- 华南理工大学 1件, 1.59%
- 安徽管仲宫神生物科技有限公司 3件, 4.76%
- 赤水市桫龙虫茶饮品有限责任公司 12件, 19.04%
- 汪盛松 3件, 4.76%
- 刘和勇 3件, 4.76%
- 赤水市丹霞生产力促进中心有限公司 9件, 14.29%
- 当涂县龙山桥粮油工贸有限公司 5件, 7.94%
- 贵州奇垦农业开发有限公司 4件, 6.34%
- 贵州省赤水市金钗石斛产业开发有限公司 9件, 14.29%
- 赤水市亿成生物科技有限公司 5件, 7.94%

六、申请人专利竞争力分析

按照专利被引证次数、同族数量综合评价申请人专利的技术影响力（基于专利被引证的计算，专利被其他专利引用的次数越多，技术影响力越高）与市场影响力（基于专利家族规模的计算，同族专利数量越多，市场竞争力越强），如表4-9和图4-20所示。市场影响力排名前三的单位分别为赤水市桫龙虫茶饮品有限责任公司、赤水市丹霞生产力促进中心有限公司、贵州省赤水市金钗石斛产业开发有限公司，三家单位均在贵州省；技术影响力排名首位的单位为贵州省赤水市金钗石斛产业开发有限公司。由此可见，在金钗石斛保健食品领域的专利竞争力，贵州省有绝对的优势。

表 4-9　金钗石斛保健食品领域申请人专利竞争力基本情况

申请人	被引证次数/次	同族数量/件	专利数量/件
赤水市桫龙虫茶饮品有限责任公司	2	12	12
赤水市丹霞生产力促进中心有限公司	12	9	9

续表

申请人	被引证次数/次	同族数量/件	专利数量/件
贵州省赤水市金钗石斛产业开发有限公司	44	9	9
赤水市亿成生物科技有限公司	3	5	5
当涂县龙山桥粮油工贸有限公司	7	5	5
贵州奇垦农业开发有限公司	0	4	4
陶国闻	19	4	4
安徽管仲宫神生物科技有限公司	7	3	3
何定	1	7	3
刘和勇	18	3	3

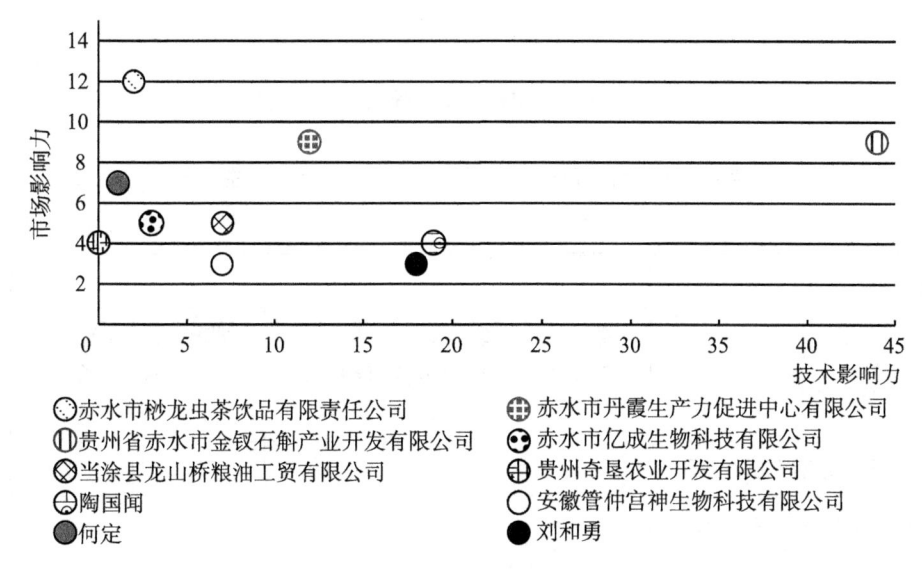

图 4-20　金钗石斛保健食品领域申请人专利竞争力分布

七、专利转让与受让情况分析

2013 年，金钗石斛保健食品领域出现了首个专利转让，如图 4-21 所示，距离金钗石斛保健食品领域首个专利申请相差 18 年，除 2015 年转让 16 件，之后每年的专利转让量均不大，大量专利成为"沉睡"的专利。专利转化率低,是阻碍金钗石斛保健食品领域技术创新的重要因素。已转化专利的技术构成与其专利数量和申请趋势基本一致,受让人主要集中在广东省、安徽省等地,如表4-10所示。

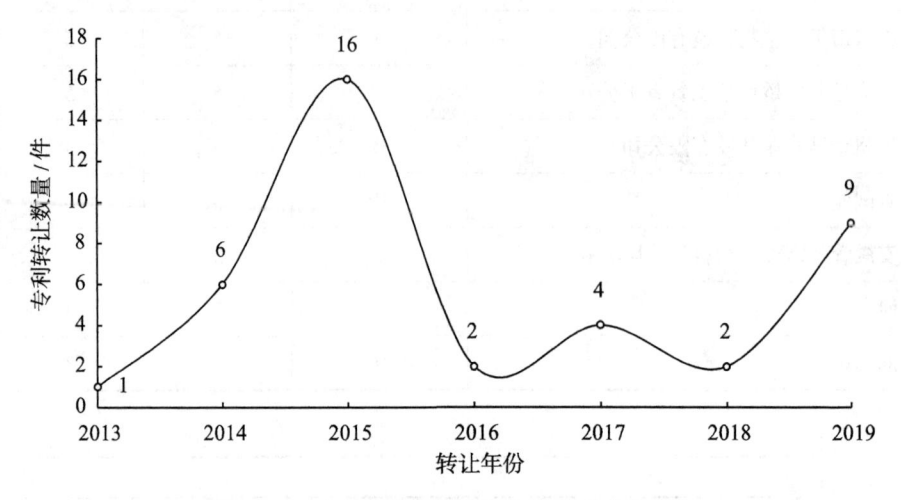

图4-21 金钗石斛保健食品领域专利转让趋势

表4-10 金钗石斛保健食品领域专利转让关系(主要)

转让(受让)数量/件

转让人	受让人					
	安徽金钗石斛有限公司	南陵旺科知识产权运营有限公司	深圳爱易瑞科技有限公司	深圳市祥根生物科技有限公司	安徽联喆玉竹有限公司
安徽金钗石斛有限公司	0	4	0	0	0
深圳爱易瑞科技有限公司	0	0	0	2	0
刘和勇	0	0	0	0	2
何定	0	0	3	2	0
刘三保	1	2	0	0	0

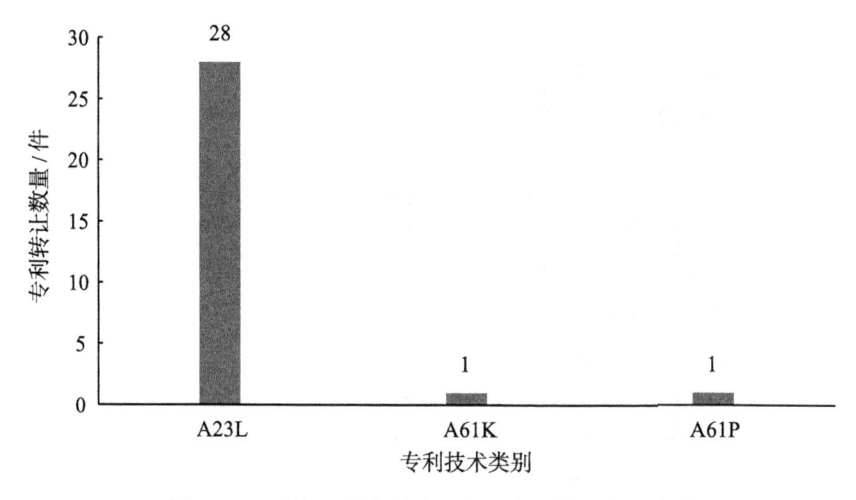

图 4-22 金钗石斛保健食品领域专利转让技术构成

八、专利布局分析

本研究对金钗石斛保健食品专利保健功效进行标引，并绘制功效矩阵图，以了解现阶段金钗石斛保健食品专利布局情况，发现该技术领域研发热点和空白区域，其结果如图 4-23 所示。按照保健食品形式分类：酒类最多（41 种），涉及增强免疫力（7 种）、辅助降血糖（3 种）、辅助降血脂（1 种）及其他（26 种）等功效；其次为制剂类（17 种），主要涉及增强免疫力（4 种）、辅助降血脂（2 种）等功效；而饮品类保健食品专利最少。在保健作用中，其他类多为中药功效，并未按照 27 类保健食品功效详细分类，不能以保健食品种类进行销售。大多数金钗石斛保健食品专利以增强免疫力、辅助降血糖、辅助降血压、辅助降血脂为开发点，在对辐射危害有辅助保护功能、提高缺氧耐受力、祛黄褐斑、改善皮肤水分、改善皮肤油分、调节肠道菌群、促进消化、通便等方面尚未有开发。因此，今后可探索新的保健功能，加大研发力度，促进金钗石斛相关保健食品产业的发展。

同时，对铁皮石斛保健食品领域检索到的 119 件专利进行了聚类分析（保留出现 25 次以上的高频词，并排除相关性不大的词汇），结果如表 4-11 所示。从结果可知：61 件专利涉及与枸杞、甘草、花椒等药材配伍使用，占专利申请总量的 51.26%，其中涉及与枸杞配伍的专利申请有 13 件，占专利申请总量的 10.92%，这可为后续专利申请与产品研发提供参考。

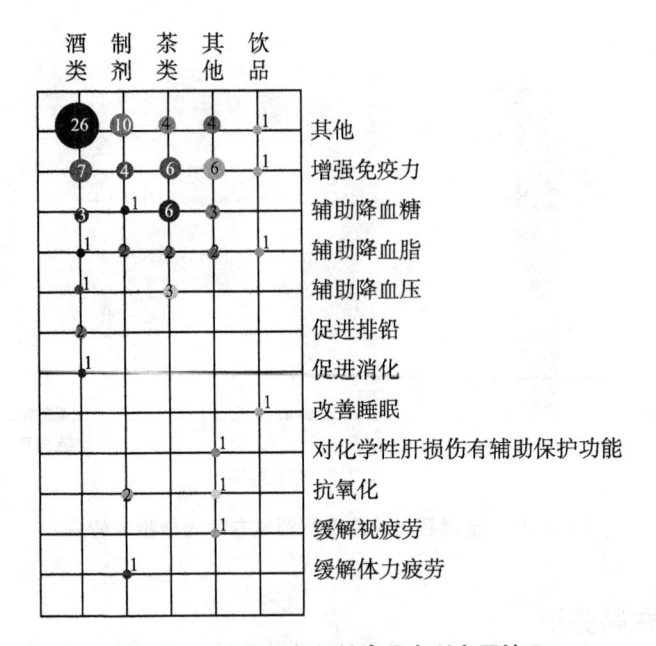

图 4-23 金钗石斛保健食品专利布局情况

表 4-11 金钗石斛保健食品领域专利聚类分析结果

分类	高频词	专利件数
与配伍相关	枸杞	13
	甘草	10
	花椒	9
	蜂蜜	9
	山楂	8
	红枣	6
	天麻	6

九、专利预警分析

近年来，金钗石斛保健食品专利的申报逐年增加，但授权率并不高。通过仔细分析专利的情况可发现，专利申请主要集中在保健酒、保健茶等品种上，创新性不足，后续研究需在金钗石斛保健食品现有产品获取国家批文过程中进一步努力，如表4-12所示。

表4-12 金钗石斛已获批文保健食品专利申请情况

序号	产品名称	保健功能	主要原料	批准文号	有无专利申请
1	林兰花牌金钗石斛西洋参胶囊	增强免疫力、缓解体力疲劳	金钗石斛（经辐照）、西洋参（经辐照）	国食健注G20080243	无
2	桂慈牌金钗石斛西洋参三七胶囊	增强免疫力	金钗石斛、灵芝、三七、西洋参	国食健注G20050875	无
3	林兰花牌金钗石斛胶囊	抗氧化、增强免疫力	金钗石斛	国食健注G20120229	无
4	林兰花牌石斛葛根杜仲叶胶囊	对化学性肝损伤有辅助保护功能、增强免疫力	金钗石斛、葛根提取物、杜仲叶提取物	国食健注G20120100	无
5	英茂牌金钗石斛含片	清咽润喉（清咽）	金钗石斛提取物、茶多酚、薄荷脑、蔗糖、乳糖、柠檬酸、甜菊甙	国食健注G20060563	无
6	威然牌金石颗粒	提高缺氧耐受力	金钗石斛、当归、玄参、乳糖、怀牛膝、可溶性淀粉、金银花、甜菊甙	国食健注G20060565	无
7	苗氏牌金钗石斛葛根西洋参胶囊	抗疲劳	金钗石斛、西洋参、葛根	卫食健字（2001）第0171号	无

十、小结与讨论

目前，贵州省在金钗石斛保健食品领域方面申请的专利最多，达到 49 件，与安徽省一起作为金钗石斛保健食品的主要输出省份。同时，涉及酒类、制剂、茶类、饮品等多个领域，在技术层面也有较大优势。贵州省在金钗石斛保健食品领域的专利数量之所以具有一定的优势，其原因可能与贵州省作为金钗石斛的主产地，大力发展金钗石斛有关。然而，由于金钗石斛是一个区域性石斛种源，与鼓槌石斛、流苏石斛等石斛同属植物构成竞争之势，且价格较其他两种石斛高出许多。因此，寻找金钗石斛在多种石斛中的显著优势，是贵州省发展金钗石斛保健食品的重要前提。目前，金钗石斛保健食品的专利中酒类保健食品占较大比重，其次为制剂类，大多数保健食品专利以增强免疫力为研究热点，尚未开发的保健功效仍有许多，因此，今后可在其空白点投入研究精力。此外，当前已获批文的金钗石斛保健食品数量相对较少，需在金钗石斛保健食品现有产品获取国家批文时进一步努力。

第四节　金钗石斛食品领域专利分析

本节对金钗石斛食品领域专利的申请量、分类情况、法律状态等进行分析，以期全面了解金钗石斛食品领域相关专利的发展趋势。

一、专利年度申请量统计

截至 2020 年 6 月 30 日，金钗石斛食品领域专利申请量为 46 件，全部为发明专利，如图 4-24、表 4-13 所示。从图中可以看出，金钗石斛食品领域，自 2011 年起，开始出现专利申请，当年仅申请专利 2 件，2013—2019 年专利申请量呈现不稳定趋势，2014 年达到专利申请量峰值，当年专利申请量达 13 件。综上所述，2013—2019 年金钗石斛食品领域专利申请量均不多。

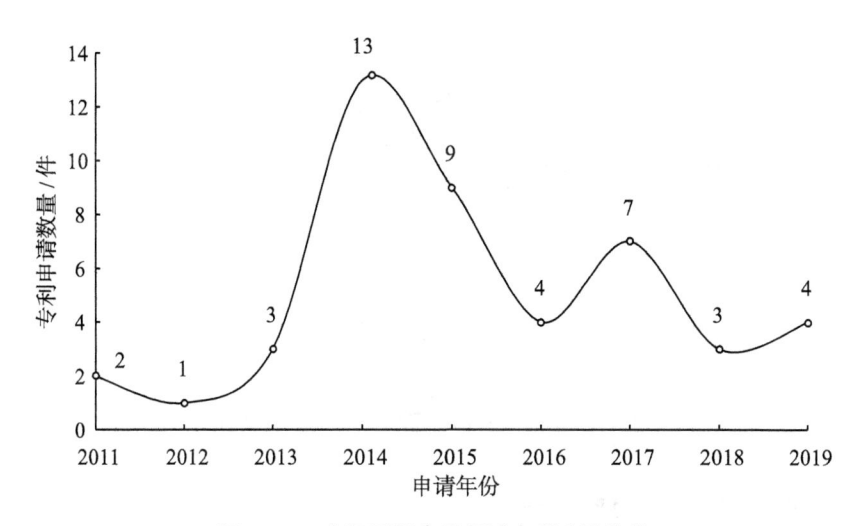

图 4-24　金钗石斛食品领域专利申请趋势

表 4-13　金钗石斛食品领域专利类型主要年度申请量

年度	发明专利/件	实用新型专利/件	年度专利总数/件	年度专利占比/%
2013	3	0	3	6.52
2014	13	0	13	28.26
2015	9	0	9	19.57
2016	4	0	4	8.70
合计				63.05

二、专利分类情况

截至 2020 年 6 月 30 日，金钗石斛食品领域专利申请量为 46 件，全部为发明专利，如图 4-25 所示。

专利总数：46件

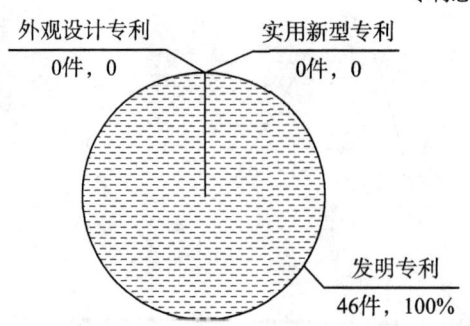

外观设计专利 0件，0
实用新型专利 0件，0
发明专利 46件，100%

图4-25　金钗石斛食品领域专利分类情况

三、法律状态及专利技术分析

对金钗石斛食品领域专利法律状态进行统计，统计结果如图4-26所示。从图中可以看出，该技术领域现有专利大部分已撤回、驳回，共计25件，占比54.35%；相对较多的专利处于实质审查阶段，共计12件，占比26.09%；3件专利现已公开；5件发明专利现已授权，授权率为10.87%。总的来说，金钗石斛食品领域相对较多的专利现因撤回、驳回等相继失效。

专利总数：46件

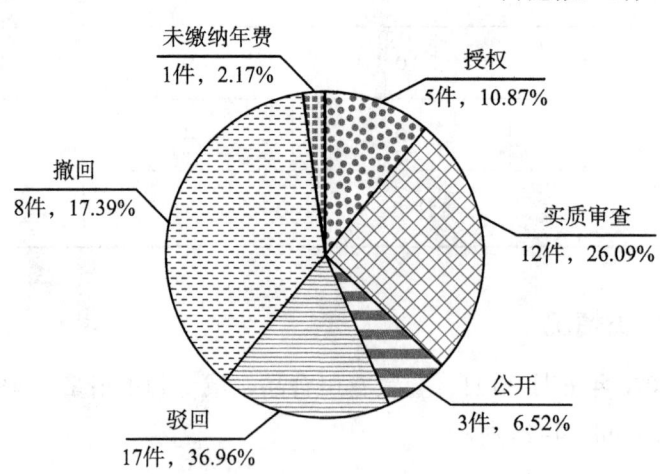

未缴纳年费 1件，2.17%
授权 5件，10.87%
撤回 8件，17.39%
实质审查 12件，26.09%
公开 3件，6.52%
驳回 17件，36.96%

图4-26　金钗石斛食品领域专利法律状态分析

该技术领域专利申请量排名第一的省份为贵州省，发明专利申请总量为18件，但均未获授权，技术领域主要集中在茶类的加工方法。该技术领域专利申请量排名第二的省份为安徽省，专利申请总量为14件，其中获授权专利2件，占比14.29%（高于全国平均水平），技术领域主要集中茶类制作与加工方法。由此可见，贵州省专利申请量虽位居全国第一位，但尚未有授权专利，因此，今后贵州省在该领域的专利申请中要注重专利质量，以提高专利授权率。

四、专利地域分析

对金钗石斛食品领域专利申请地域分布情况进行统计，其结果如图4-27所示。从图中可以看出，该技术领域专利申请量最大的省份是贵州省，共申请专利18件，其次是安徽省，共申请专利14件，之后依次为江苏省（3件）、广西壮族自治区（3件）、福建省（2件）、北京市（1件）、山西省（1件）、内蒙古自治区（1件）、广东省（1件）、四川省（1件）、云南省（1件）。总的来说，该技术领域以贵州省、安徽省为创新技术主要输出地区。

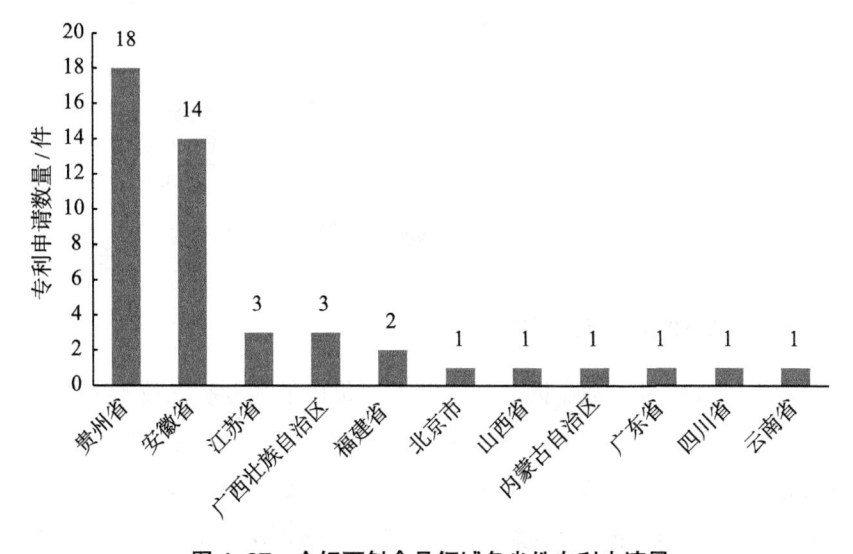

图4-27　金钗石斛食品领域各省份专利申请量

五、专利主要申请人分析

对该领域专利数量排名前三的省份和每省份专利数量排名前三的专利申请人进行统计，结果显示，贵州省排名前三的申请人有：赤水市丹霞生产力促进中心有限公司（4件，未授权）、赤水芝绿金钗石斛生态园开发有限公司

（4件，未授权）、赤水市桫龙虫茶饮品有限责任公司（3件，未授权）；安徽省排在首位的申请人为汪盛芳（7件，授权发明专利1件）；其他省份申请人申请量均为1件。由此可见，金钗石斛食品领域申请专利较多的省份为贵州省、安徽省。

专利总数：23件

广西玉林容山堂生物科技有限公司
1件，4.35%

广西洋平石斛科技研究所
1件，4.35%

蚌埠海上明珠农业科技发展有限公司
1件，4.35%

安徽霍山鹏泽生物科技有限公司
1件，4.35%

汪盛芳
7件，30.43%

张松波
1件，4.35%

赤水市丹霞生产力促进中心有限公司
4件，17.39%

赤水芝绿金钗石斛生态园开发有限公司
4件，17.39%

赤水市桫龙虫茶饮品有限责任公司
3件，13.04%

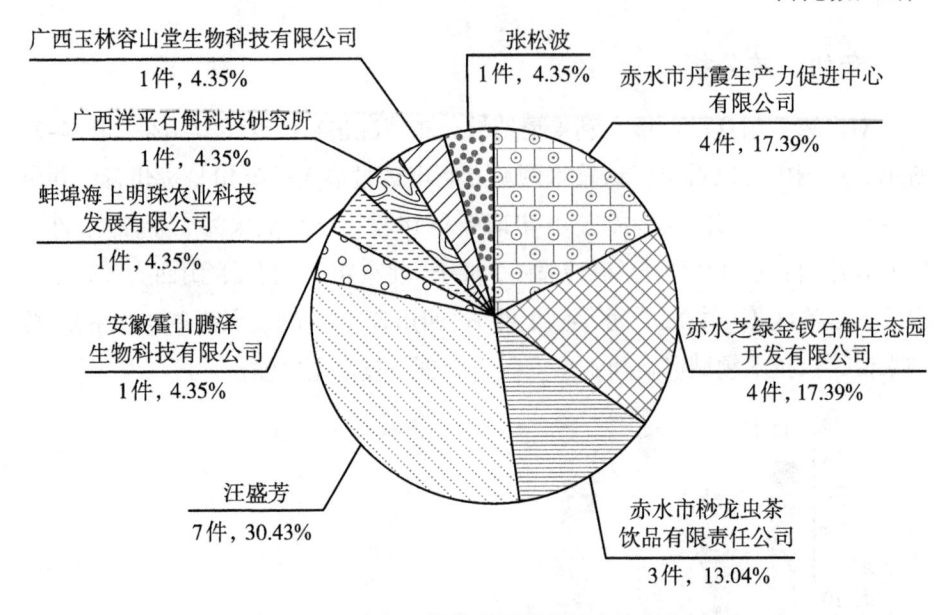

图4-28 金钗石斛食品领域主要申请人分析

六、申请人专利竞争力分析

按照专利被引证次数、同族数量综合评价申请人专利的技术影响力（基于专利被引证的计算，专利被其他专利引用的次数越多，技术影响力越高）与市场影响力（基于专利家族规模的计算，同族专利数量越多，市场竞争力越强）。由表4-14可知，市场影响力排名前三的申请人分别为：汪盛芳（安徽省）、赤水芝绿金钗石斛生态园开发有限公司、赤水市丹霞生产力促进中心有限公司；技术影响力排名首位的申请人为：贵州省赤水市金钗石斛产业开发有限公司。由此可见，贵州省在金钗石斛食品领域的专利占有绝对竞争优势。

表 4-14　金钗石斛食品领域申请人专利竞争力基本情况

申请人	被引证次数/次	同族数量/件	专利数量/件
汪盛芳	3	112	7
赤水市丹霞生产力促进中心有限公司	2	4	4
赤水芝绿金钗石斛生态园开发有限公司	0	10	4
赤水市桫龙虫茶饮品有限责任公司	0	3	3
贵州省赤水市金钗石斛产业开发有限公司	14	3	3
安徽霍山鹏泽生物科技有限公司	2	1	1
蚌埠海上明珠农业科技发展有限公司	2	1	1
北京美灵生物技术有限责任公司	0	1	1
陈玉海	1	1	1
赤水市信天中药产业开发有限公司	1	1	1

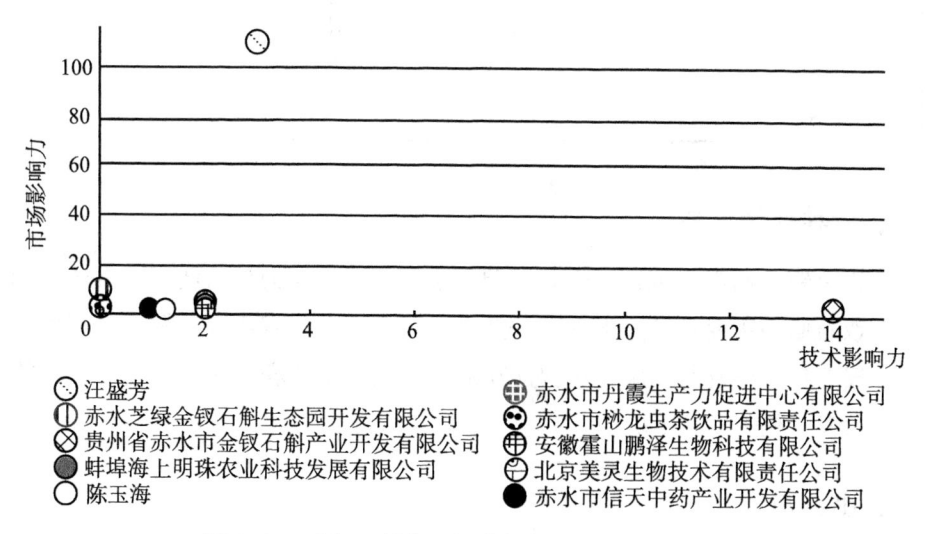

图 4-29　金钗石斛食品领域申请人专利竞争力分布

七、专利布局分析

本研究对金钗石斛相关食品专利功效进行标引，以了解现阶段金钗石斛相关食品专利布局情况，发现该技术领域研发热点和空白区域，其结果如表

4-15所示。可见，金钗石斛常用于饮品类食品中，其原因可能与生产工艺有关。利用金钗石斛的辅助降血压、促进消化等作用进行食品开发的专利较少。

表4-15 金钗石斛食品领域专利主要涉及类别

功效	类别					
	饮品	调料	糕点	其他	主食	代餐
其他	11	4	9	4	1	
增强免疫力		4			1	
辅助降血糖		4			2	
辅助降血脂		4			1	
辅助降血压	1					
促进消化	1					
改善睡眠	1					1
祛斑	1					
清咽				1		

八、专利预警分析

因金钗石斛尚未被纳入药食同源目录，故不可作为食品使用，市场上无以金钗石斛为主要食品原料的合法产品。但随着贵州省金钗石斛叶、花地方食品安全标准建立与实施，可提前布局以金钗石斛叶和花为主要食品原料的产品研发及相关专利申请。

九、小结与讨论

目前，贵州省在金钗石斛食品领域方面申请的专利最多，达18件，与其他省份相比具有明显的数量优势。同时，涉及饮品、调料、糕点、主食等多个领域，在技术层面也有较大优势。从食用角度来看，金钗石斛茎味苦不宜作为食品，但叶和花在贵州省民间有食用习惯，具有开发食品的潜力。近两年，贵州省大力发展石斛产业，尤其为推进贵州省金钗石斛叶、花食品安全地方标准建立提供了政策及经费支持。因此，贵州省可加大金钗石斛叶、花相关食品的基础研究，借鉴蔬菜、茶叶领域相关产品研发的经验，拓展思维，开发新型食品。

第五节　金钗石斛化妆品、日用品领域专利分析

本节对金钗石斛化妆品、日用品领域专利的申请量、分类情况、法律状态等进行分析，以期全面了解金钗石斛化妆品、日用品领域相关专利的发展趋势。

一、专利年度申请量统计

截至 2020 年 6 月 30 日，金钗石斛化妆品和日用品领域专利申请量为 124 件。自 2007 年起，开始出现专利申请，当年专利申请量仅为 1 件，直至 2016 年专利年申请量均未有明显增长，2017—2018 年专利申请量呈上升趋势，且在 2018 年申请量达到峰值，2018 年后专利申请量呈下滑态势，如图 4-30 和表 4-16 所示，2017—2018 年为金钗石斛化妆品和日用品领域创新技术涌现时期。

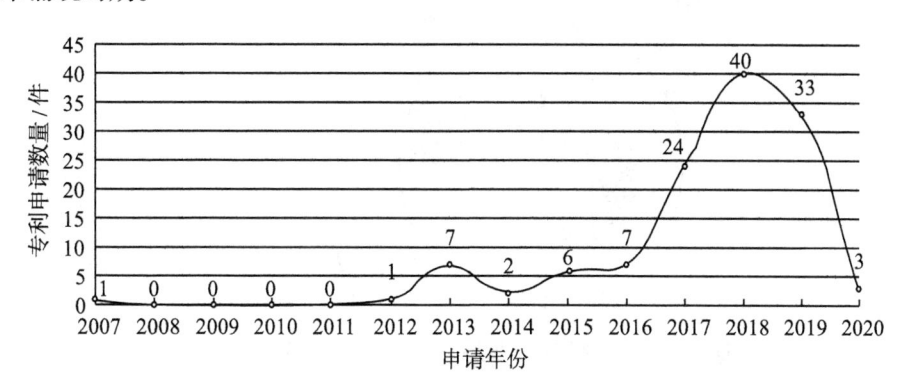

图 4-30　金钗石斛化妆品、日用品领域专利申请趋势

表 4-16 金钗石斛化妆品、日用品领域专利类型主要年度申请量

年度	发明专利/件	实用新型专利/件	年度专利总数/件	年度专利占比/%
2016	7	0	7	5.65
2017	24	0	24	19.35
2018	39	1	40	32.26
2019	33	0	33	26.61
合计				83.87

二、专利分类情况

截至 2020 年 6 月 30 日，金钗石斛化妆品和日用品领域专利申请总量为 124 件，其中，金钗石斛化妆品和日用品领域发明专利申请量为 123 件，实用新型专利申请量为 1 件，如图 4-31 所示。由此可见，金钗石斛化妆品和日用品领域专利申请绝大多数为发明专利。

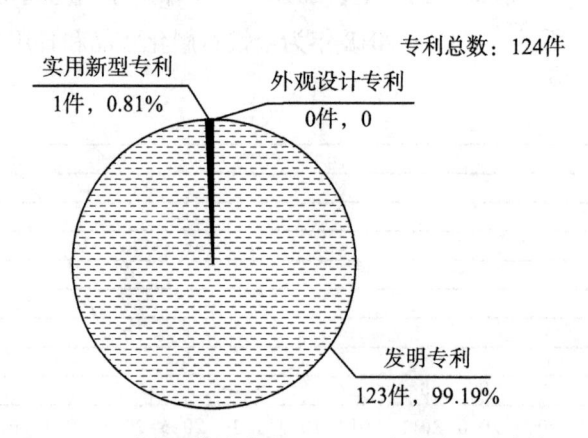

图 4-31 金钗石斛化妆品、日用品领域专利分类情况

三、法律状态及专利技术分析

对金钗石斛化妆品和日用品领域专利法律状态进行统计，统计结果如图 4-32 所示，该技术领域现有 80 件专利处于实质审查阶段，占专利申请总量的 64.52%；撤回专利数 26 件；已驳回专利 8 件；4 件专利现已公开；

6件专利现已授权（全部为发明专利），授权专利占总申请量的4.84%。

该技术领域专利申请量排名第一的省份是广东省，专利申请总量为62件（全部为发明专利），其中授权专利4件，占比6.45%（高于全国平均水平4.84%），技术领域主要集中在A61K8/00（化妆品或类似的梳妆用配制品）。该技术领域专利申请量排名第二的省份是贵州省，专利申请总量为16件（全部为发明专利），但均未获授权，技术领域主要集中在A61K8/00（化妆品或类似的梳妆用配制品）。该技术领域专利申请量排名第三的省份是上海市，专利申请总数为7件（全部为发明专利），其中获授权专利2件，占比28.57%（高于全国平均水平4.84%），专利申请技术领域主要集中在A61K8/00（化妆品或类似的梳妆用配制品）。上海市和广东省研发能力和专利授权率相对较高，贵州省在该领域需要加强优劣势分析，查找原因，增强自主创新能力，专利申请数量与质量均有待进一步提升。

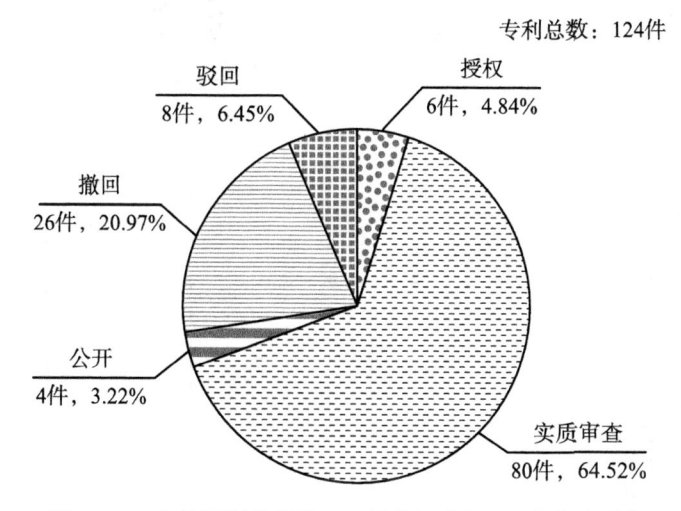

图4-32 金钗石斛化妆品、日用品领域专利法律状态分析

表 4-17 金钗石斛化妆品、日用品领域主要授权专利

排名	省份	申请总数/件	授权数/件	占比/%	专利申请号	专利名称	专利申请人
1	广东省	62	4	6.45	CN201910118102.6	一种含石斛的睡眠面膜及其制备方法	广州市盛美化妆品有限公司
					CN201811635303.5	一种抗衰老精华液及其制备方法	广州市盛美化妆品有限公司
					CN201810314649.9	一种化妆品组合物及其应用	广东芭薇生物科技股份有限公司
					CN201710266982.2	一种复合水嫩因子、化妆品及化妆品的制备方法	韩后化妆品股份有限公司
3	上海市	7	2	28.57	CN201822192610.2	一种金钗石斛眼膜	上海谷子地实业有限公司
					CN201310626158.5	金钗石斛复方提取物在具有美白功效化妆品中的应用	上海家化联合股份有限公司

四、专利地域分析

对金钗石斛化妆品和日用品领域专利申请地域分布情况进行统计，其结果如图4-33所示，该技术领域专利申请量最大的省份为广东省，共计申请相关专利62件；其次为贵州省，专利申请量也较大（16件）；之后依次为上海市（7件）、北京市（6件）、浙江省（5件）、湖南省（4件）、江苏省（3件）、福建省（3件）、广西壮族自治区（2件）、湖北省（2件）、云南省（2件）、重庆市（2件）、海南省（2件）、吉林省（2件）、四川省（2件）、辽宁省（1件）、山东省（1件）、黑龙江省（1件）、安徽省（1件），这些省市专利申请量相对较少。总的来说，该技术领域以广东省、上海市为创新技术主要输出地。

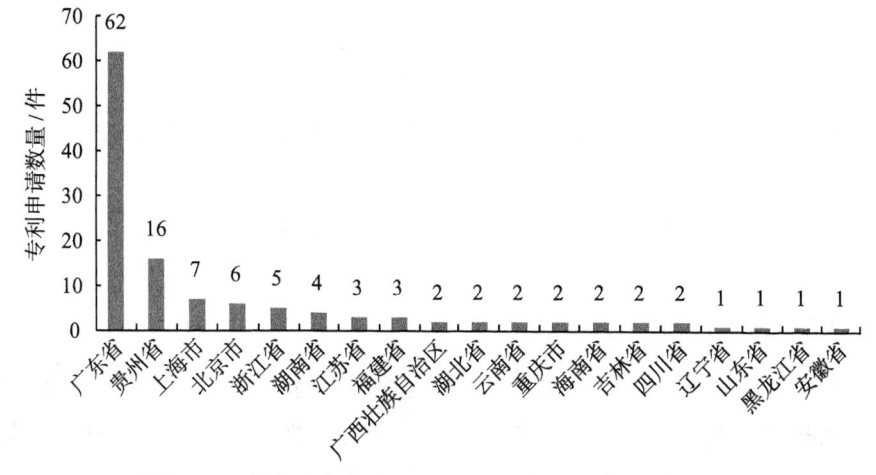

图4-33　金钗石斛化妆品、日用品领域各省份专利申请量

五、专利主要申请人分析

对金钗石斛化妆品和日用品领域专利申请量排名前三的省份且申请人排名前三的专利进行统计，其结果如图4-34所示，其中广州市盛美化妆品有限公司（主营化妆品研发、生产、销售）为专利申请量最大的申请人，共计申请相关专利21件（实质审查19件、撤回2件）；其次，贵州省赤水市金钗石斛产业开发有限公司专利申请量相对较多，为7件（全部被撤回）。总体来说，该技术领域以广州市盛美化妆品有限公司、贵州省赤水市金钗石斛产业开发有限公司为专利技术主要输出企业，但均未有授权，另外，该领域专利申请主要为企业,科研院校在该领域专利申请量极少,下一步应鼓励科研院校重视专利申请保护,调整专利的申报结构。

专利总数:46件

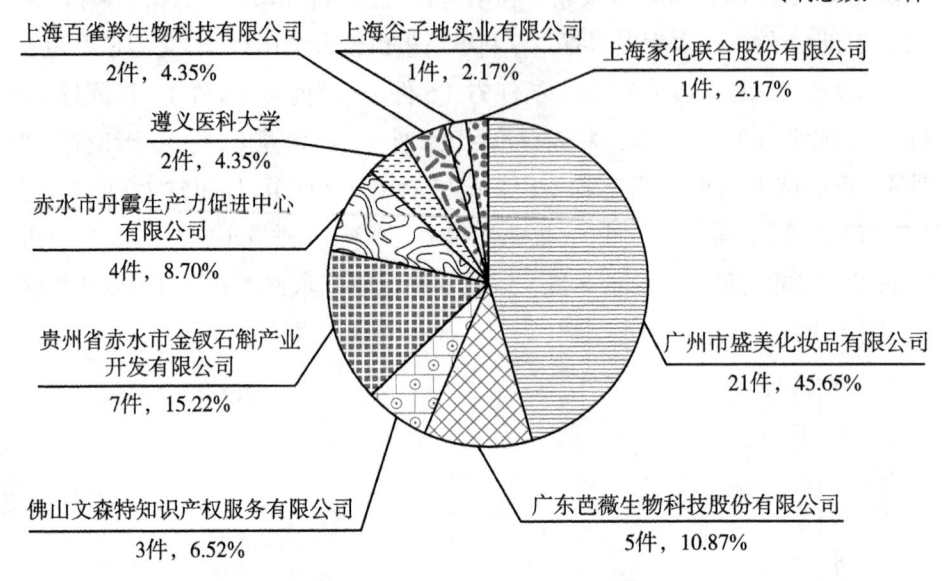

图4-34 金钗石斛化妆品、日用品领域主要申请人分析

六、申请人专利竞争力分析

按照专利被引证次数、同族数量综合评价申请人专利的技术影响力(基于专利被引证的计算,专利被其他专利引用的次数越多,技术影响力越高)与市场影响力(基于专利家族规模的计算,同族专利数量越多,市场竞争力越强)。如表4-18所示,市场影响力排名前三的申请人分别为:广州市盛美化妆品有限公司、奢脉国际化妆品(北京)有限公司、贵州省赤水市金钗石斛产业开发有限公司;技术影响力排名前三的为:贵州省赤水市金钗石斛产业开发有限公司、广东轻工职业技术学院、赤水市丹霞生产力促进中心有限公司,其中两家单位均位于贵州省。由此可见,金钗石斛化妆品和日用品领域,相关专利的市场影响力、技术影响力排列在前的单位几乎都位于广东省、贵州省。

表 4-18　金钗石斛化妆品、日用品领域申请人专利竞争力基本情况

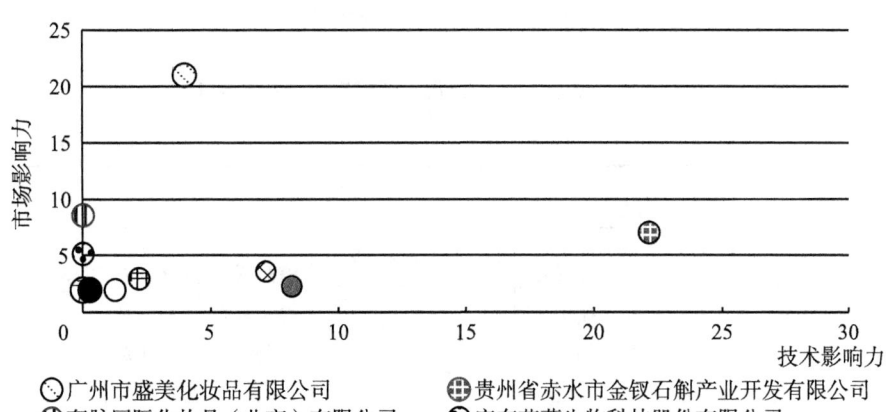

申请人	被引证次数	同族数量	专利数量
广州市盛美化妆品有限公司	4	21	21
贵州省赤水市金钗石斛产业开发有限公司	22	7	7
奢脉国际化妆品（北京）有限公司	0	9	6
广东芭薇生物科技股份有限公司	0	5	5
赤水市丹霞生产力促进中心有限公司	7	4	4
佛山文森特知识产权服务有限公司	2	3	3
长春市奢脉嘉天化妆品有限公司	0	2	2
佛山市芊茹化妆品有限公司	1	2	2
广东密尚生物科技有限公司	0	2	2
广东轻工职业技术学院	8	2	2

图 4-35　金钗石斛化妆品、日用品领域申请人专利竞争力分布

七、专利转让与受让情况分析

专利转让在一定程度上可以体现科技成果的转移转化。2019年，出现首个金钗石斛日化品的专利转让，并且专利的转让主要集中在这一年，如图4-36所示。大量专利成为"沉睡"的专利。专利转化率低，是阻碍金钗石斛日化品领域技术创新的重要因素，已转化专利的技术构成与其专利数量和申请趋势一致，主要为化妆品或类似的梳妆用配制品，如图4-37所示。

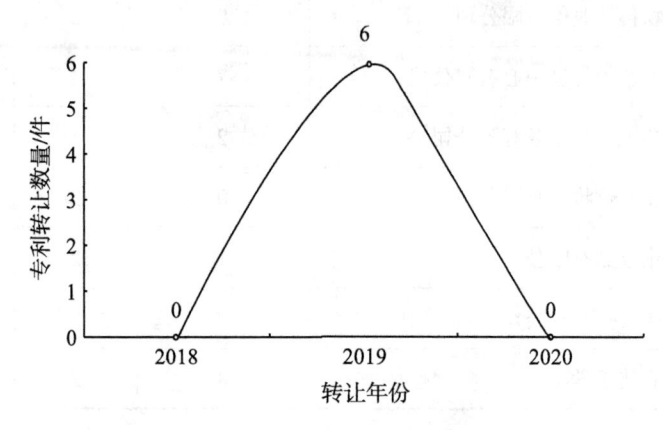

图4-36 金钗石斛化妆品、日用品领域专利转让趋势

表4-19 金钗石斛化妆品、日用品领域专利转让关系（主要）

转让（受让）数量/件

转让人	受让人			
	广东创美抗衰老研究有限公司	江西登云健康美业互联有限公司、广东创美抗衰老研究有限公司	虞琼斐、杭州唯克拉投资有限公司	贵州纳蒂尔生物科技有限公司
佛山市芊茹化妆品有限公司	1	0	0	0
佛山文森特知识产权服务有限公司	1	1	0	0
广东创美抗衰老研究有限公司	0	1	0	0

续表

转让人	受让人			
	广东创美抗衰老研究有限公司	江西登云健康美业互联有限公司、广东创美抗衰老研究有限公司	虞琼斐、杭州唯克拉投资有限公司	贵州纳蒂尔生物科技有限公司
娇时日化（杭州）股份有限公司	0	0	1	0
遵义医科大学	0	0	0	1

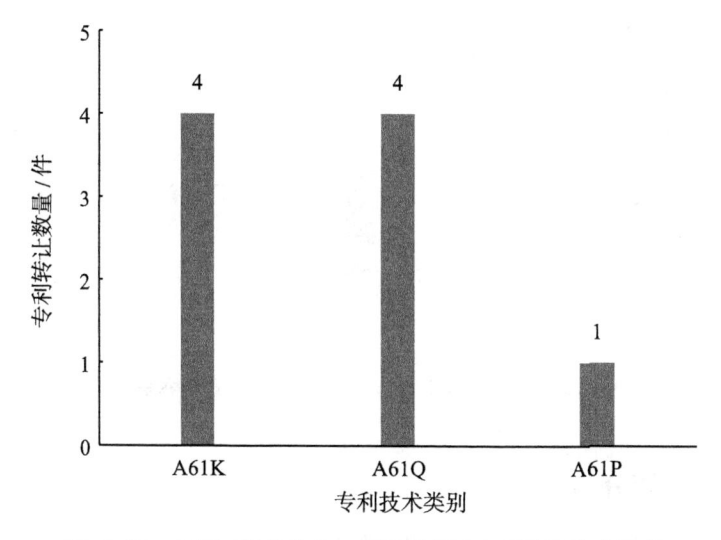

图 4-37　金钗石斛化妆品、日用品领域专利转让技术构成

八、专利布局分析

金钗石斛化妆品与日用品领域专利的申请，主要集中在我国广东省、贵州省、上海市、北京市、浙江省等地。其中，广东省申请的金钗石斛化妆品、日用品专利最多，占总量的 50.00%（62 件），其次为贵州省（16 件，占 12.90%）、上海市（7 件，占 5.65%）、北京市（6 件，占 4.84%）。化妆品、日用品专利主要包括护肤组合物、面膜、精华水/液、防晒凝乳、洁面乳、护发组合、柔肤水等，其中专利申请量种类最多的为护肤组合物 26 件（占

20.97%），其次为面膜 24 件（占 19.35%）、精华水/液 20 件（占 16.13%）、防晒凝乳 8 件（占 6.45%）、洁面乳 8 件（占 6.45%）、护发组合 6 件（占 4.84%）、爽肤水 6 件（占 4.84%）、柔肤水 6 件（占 4.84%）、眼霜 4 件（占 3.23%）、其他 16 件（占 12.90%）。贵州金钗石斛化妆品、日用品领域申请专利总量为 16 件（未授权），其中专利产品种类主要为牙膏（占 43.75%）、面膜（占 12.50%）、药枕（占 6.25%）、护肤组合（占 37.50%）。由此可见，贵州省在金钗石斛化妆品和日用品领域的专利申请量相对较少，且申请种类最多为牙膏，占申请总量近一半。

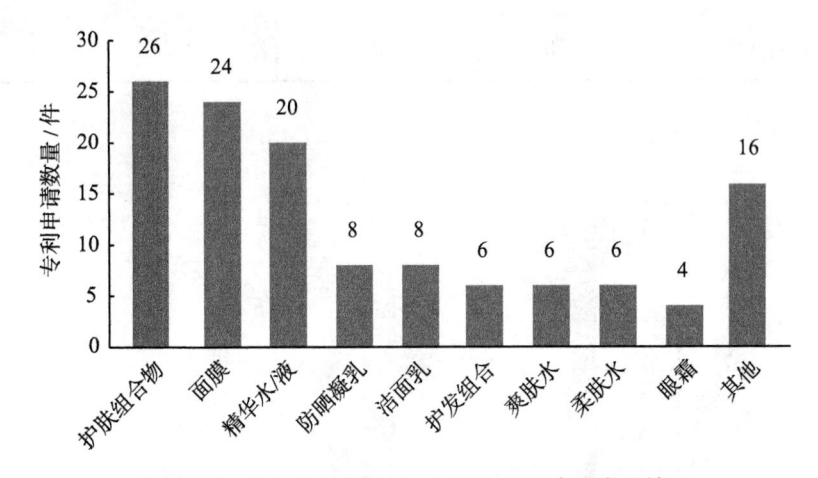

图 4-38 金钗石斛化妆品、日用品领域专利布局情况

九、专利预警分析

对现阶段已获备案的金钗石斛化妆品、日用品产品名称、主要功能、主要原料、备案编号、生产企业、专利情况进行统计，其详细情况如表 4-20 所示。从表中可以看出，当前已获备案的金钗石斛化妆品、日用品数量相对较多，但其中已申请专利保护的相对较少，仅佰草集系列化妆品已有专利申请。已获备案的金钗石斛相关化妆品产地多为广东省、北京市、上海市等地，贵州省尚无以金钗石斛为原料且取得合法身份的化妆品。今后在金钗石斛化妆品、日用品产品开发时需对现有产品配方及工艺进行规避。

表 4-20　金钗石斛化妆品、日用品领域专利申请情况

序号	产品名称	主要功能	主要原料	备案编号	生产企业	专利情况
1	美肤宝净爽活力收缩水	收缩毛孔、平衡控油、补水醒肤	防风根提取物、金钗石斛茎提取物、玉竹提取物、迷迭香叶水、龙头竹叶提取物	粤G妆网备字2016049320	广州环亚化妆品科技有限公司	无
2	芳玑蔷薇花约会面膜	抗氧化、补水保湿、舒缓抗敏	虎杖根提取物、宁夏枸杞果提取物、黄芩根提取物、金钗石斛茎提取物	京G妆网备字2017005079	诺斯贝尔化妆品股份有限公司 北京曼蕾嘉商贸有限公司	无
3	佰草集新玉润保湿菁华水	舒缓干燥、提升肌肤涵水能力	金钗石斛茎提取物、天门冬根提取物、地黄根提取物	沪G妆网备字2018006974	上海家化联合股份有限公司	
4	佰草集新玉润保湿化妆水	舒缓干燥、提升肌肤涵水能力	金钗石斛茎提取物、天门冬根提取物、地黄根提取物	沪G妆网备字2018006970	上海家化联合股份有限公司	
5	佰草集新玉润保湿洁面泡	深层清洁、净澈养颜	金钗石斛茎提取物、天门冬根提取物、地黄根提取物	沪G妆网备字2018007685	上海西西艾尔启东日用化学品有限公司 上海家化联合股份有限公司 美丽华化妆品（上海）有限公司	授权
6	佰草集新玉润保湿精华液	保湿、补水、滋润	金钗石斛茎提取物、天门冬根提取物、地黄根提取物	沪G妆网备字2018006975	上海家化联合股份有限公司	

续表

序号	产品名称	主要功能	主要原料	备案编号	生产企业	专利情况
7	佰草集水凝悦泽化妆水	保湿、补水、滋润、柔肤、舒缓肌肤	金钗石斛茎提取物、天门冬根提取物、麦冬根提取物、地黄提取物	沪G妆网备字2017008827	上海家化联合股份有限公司	授权
8	佰草集水凝悦泽洁面乳	深层清洁	金钗石斛茎提取物、天门冬根提取物、麦冬根提取物、地黄提取物	沪G妆网备字2017008102	上海家化联合股份有限公司	
9	佰草集新玉润保湿眼部啫喱	柔润眼周、淡化干纹	金钗石斛茎提取物、天门冬根提取物、生地黄根提取物、地黄提取物	沪G妆网备字2018006751	上海家化联合股份有限公司	
10	佰草集水凝悦泽精华液	渗透肌肤保湿、补水	金钗石斛茎提取物、天门冬根提取物、麦冬根提取物、地黄提取物	沪G妆网备字2017008413	上海家化联合股份有限公司	
11	佰草集水凝悦泽眼部啫喱	淡化干纹、补水	金钗石斛茎提取物、天门冬根提取物、麦冬根提取物、地黄提取物	沪G妆网备字2017008828	上海家化联合股份有限公司	
12	佰草集水凝悦泽露	清润保湿、滋养肌肤	金钗石斛茎提取物、天门冬根提取物、麦冬根提取物、地黄提取物	沪G妆网备字2017008411	上海家化联合股份有限公司	

续表

序号	产品名称	主要功能	主要原料	备案编号	生产企业	专利情况
13	佰草集新玉润保湿菁华膏	补水保湿、浸润养护肌肤	金钗石斛茎提取物、天门冬根提取物、麦冬根提取物、地黄根提取物	沪G妆网备字2018006971	上海家化联合股份有限公司	授权
14	佰草集新玉润保湿水晶面膜	补水保湿	金钗石斛茎提取物、天门冬根提取物、地黄提取物	沪G妆网备字2016014225	上海西西艾尔启东日用化学品有限公司 上海家化联合股份有限公司	无
15	DR PLANT水漾柔润倍护防晒露	有效防晒、轻薄保湿	金钗石斛茎提取物、海藻糖、向日葵籽提取物	国妆特字G20190544	北京植物医生生物科技有限公司	无
16	DR PLANT水漾柔润防晒乳	有效防晒、轻薄保湿	金钗石斛茎提取物、铁皮石斛提取物、当归根提取物	国妆特字G20161785	北京植物医生生物科技有限公司	无
17	DR PLANT滇青瓜水漾舒润洁面乳	温和细腻、深入清洁、改善油腻	金钗石斛茎提取物、库拉索芦荟叶提取物	京G妆网备字2019009446	植物医生(广东)生物科技有限公司 北京植物医生生物科技有限公司	无

223

续表

序号	产品名称	主要功能	主要原料	备案编号	生产企业	专利情况
18	DR PLANT 白茶净颜细致调理霜	补水保湿、收缩毛孔、滋养肌肤	野大豆蛋白、金钗石斛茎提取物	京G妆网备字2017000093	植物医生（广东）生物科技有限公司北京植物医生生物科技有限公司	无
19	DR PLANT 白茶净颜细致调理水	水润亮泽、滋养肌肤、补水保湿	茶叶提取物、番石榴果提取物、麦冬根提取物、金钗石斛茎提取物	京G妆网备字2017000136	植物医生（广东）生物科技有限公司北京植物医生生物科技有限公司	无
20	DR PLANT 白茶净颜细致调理孔	提亮肤色、补水保湿、收缩毛孔	茶叶提取物、北美金缕梅水、积雪草提取物、金钗石斛茎提取物	京G妆网备字2020001172	植物医生（广东）生物科技有限公司北京植物医生生物科技有限公司	无
21	DR PLANT 白茶净颜细致毛孔调理精华液	提拉紧致、补水保湿、收缩毛孔	茶叶提取物、北美金缕梅水、金钗石斛茎提取物	京G妆网备字2020001051	植物医生（广东）生物科技有限公司北京植物医生生物科技有限公司	无

续表

序号	产品名称	主要功能	主要原料	备案编号	生产企业	专利情况
22	DR PLANT 滇青瓜水漾舒润眼霜	舒缓眼部、改善细纹	牛油果树果脂、金钗石斛茎提取物	京G妆网备字2016006454	植物医生（广东）生物科技有限公司 北京植物医生生物科技有限公司	无
23	DR PLANT 元江芦荟胶	补水保湿、深层锁水	金钗石斛茎提取物、库拉索芦荟提取物、知母根提取物、黄芩根提取物	京G妆网备字2017002296	植物医生（广东）生物科技有限公司 北京植物医生生物科技有限公司	无
24	DR PLANT 白茶净颜细致洁面乳	保湿、深层清洁	茶叶提取物、北美金缕梅水、野大豆蛋白、金钗石斛茎提取物	京G妆网备字2017000090	植物医生（广东）生物科技有限公司 北京植物医生生物科技有限公司	无
25	DR PLANT 山茶花悦泽水润洁面乳	清洁肌肤	滇山茶花提取物、扭刺仙人掌茎提取物、金钗石斛茎提取物	京G妆网备字2018009163	诺斯贝尔化妆品股份有限公司 北京植物医生生物科技有限公司	无

续表

序号	产品名称	主要功能	主要原料	备案编号	生产企业	专利情况
26	DR PLANT 绿茶祛痘净透修复凝露	滋养肌肤、补水保湿、祛痘	茶叶提取物、红花花提取物、金钗石斛茎提取物	京G妆网备字2017003381	天津尚美化妆品有限公司 北京植物医生生物科技有限公司	无
27	DR PLANT 石斛兰鲜肌凝时凝露	水润亮泽、淡化细纹、补水保湿锁水	红曲/大米发酵产物、积雪草提取物、金钗石斛茎提取物	京G妆网备字2017003035	植物医生(广东)生物科技有限公司 北京植物医生生物科技有限公司	无
28	DR PLANT 雪莲美白淡斑凝露	润彻滋养、淡化黑色素及斑痕	雪莲花提取物、白睡莲花提取物、金钗石斛茎提取物	国妆特字G2018707	北京明弘科贸有限责任公司 北京植物医生生物科技有限公司	无
29	DR PLANT 石斛兰鲜肌凝时凝露液	紧致细纹、增强肌肤弹性	霍霍巴籽油、积雪草提取物、金钗石斛茎提取物	京G妆网备字2017003034	植物医生(广东)生物科技有限公司 北京植物医生生物科技有限公司	无
30	DR PLANT 雪莲美白淡斑修护乳	补充营养、调理肤色、美白肌肤	雪莲花提取物、莲籽提取物、白花百合花提取物、金钗石斛茎提取物	国妆特字G2018706	北京明弘科贸有限责任公司 北京植物医生生物科技有限公司	无

续表

序号	产品名称	主要功能	主要原料	备案编号	生产企业	专利情况
31	DR PLANT 滇青瓜水漾舒润面霜	滋养保湿、舒缓修护	金钗石斛茎提取物、积雪草提取物、齿叶乳香树脂提取物	京G妆网备字2016006453	植物医生（广东）生物科技有限公司 广州雅纯化妆品制造有限公司 北京植物医生生物科技有限公司	无
32	DR PLANT 石斛兰鲜肌凝时面霜	滋养紧致、保湿锁水	齿叶乳香树脂提取物、金钗石斛茎提取物	京G妆网备字2017003033	植物医生（广东）生物科技有限公司 北京植物医生生物科技有限公司	无
33	DR PLANT 雪莲美白淡斑美容霜	美白滋养、淡化黑色素及斑痕	雪莲花提取物、白睡莲花提取物、金钗石斛茎提取物	国妆特字G20180704	北京明弘科贸有限责任公司 北京植物医生生物科技有限公司	无
34	DR PLANT 滇青瓜水漾舒润精华液	水润保湿、舒缓肌肤	金钗石斛茎提取物、积雪草提取物、当归根提取物	京G妆网备字2016006019	广州雅纯化妆品制造有限公司 植物医生（广东）生物科技有限公司 北京植物医生生物科技有限公司	无

续表

序号	产品名称	主要功能	主要原料	备案编号	生产企业	专利情况
35	DR PLANT 石斛兰鲜肌凝时肌底精华液	提拉紧致、嫩滑提亮肤色	当归根提取物、积雪草提取物、金钗石斛茎提取物	京G妆网备字2017003032	植物医生（广东）生物科技有限公司 北京植物医生生物科技有限公司	无
36	DR PLANT 石斛兰鲜肌凝时洁面乳	洁净毛孔污垢	当归根提取物、金钗石斛茎提取物	京G妆网备字2017003329	植物医生（广东）生物科技有限公司 北京植物医生生物科技有限公司	无
37	DR PLANT 元江芦荟高补水面霜	保湿滋养、舒缓干燥肌肤	褐藻提取物、黄芩根提取物、金钗石斛茎提取物	京G妆网备字2017000486	天津尚美化妆品有限公司 北京植物医生生物科技有限公司	无
38	DR PLANT 元江芦荟高补水精华液	补水保湿嫩肤	库拉索芦荟叶提取物、褐藻提取物、茯苓提取物、金钗石斛茎提取物	京G妆网备字2017000465	天津尚美化妆品有限公司 北京植物医生生物科技有限公司	无

续表

序号	产品名称	主要功能	主要原料	备案编号	生产企业	专利情况
39	DR PLANT 元江芦荟高补水凝露	密集保湿、舒缓干燥、补水亮泽	库拉索芦荟叶提取物、褐藻提取物、金钗石斛茎提取物	京G妆网备字2017000466	天津尚美化妆品有限公司 北京植物医生生物科技有限公司	无
40	DR PLANT 元江芦荟高补水洁面乳	清洁毛孔、温和洁净	北美金缕梅提取物、金钗石斛茎提取物	京G妆网备字2017000487	天津尚美化妆品有限公司 北京植物医生生物科技有限公司	无
41	DR PLANT 元江芦荟高补水乳液	补水保湿、改善油腻皮肤	库拉索芦荟叶提取物、褐藻提取物、金钗石斛茎提取物	京G妆网备字2017000464	天津尚美化妆品有限公司 北京植物医生生物科技有限公司	无
42	DR PLANT 元江芦荟高补水BB霜	遮瑕提亮、提升水分、细腻妆容	库拉索芦荟叶提取物、银杏叶提取物、母菊花提取物、金钗石斛茎提取物	京G妆网备字2017000485	天津尚美化妆品有限公司 北京植物医生生物科技有限公司	无

续表

序号	产品名称	主要功能	主要原料	备案编号	生产企业	专利情况
43	DR PLANT 石斛兰水漾嫩肤面膜	提亮肤色、补水保湿、淡化细纹	库拉索芦荟叶提取物、积雪草、金钗石斛茎提取物	京G妆网备字2017010475	植物医生（广东）生物科技有限公司 北京植物医生生物科技有限公司	无
44	DR PLANT 花漾雪肌气垫粉凝霜	提亮肤色、美颜保湿	雪莲花提取物、金钗石斛茎提取物、当归根提取物	国妆特字G2018O613	北京明弘科贸有限责任公司 北京植物医生生物科技有限公司	无
45	DR PLANT 雪莲美白淡斑花精华液	修护保湿、润透滋养、提亮肤色	雪莲花提取物、白睡莲花提取物、金钗石斛茎提取物	国妆特字G2018O708	北京明弘科贸有限责任公司 北京植物医生生物科技有限公司	无
46	DR PLANT 红石榴鲜活盈亮凝露	提亮肤色、改善肤色不均	石榴果提取物、柑橘果皮提取物、马齿苋提取物、金钗石斛茎提取物	京G妆网备字2017000356	广州美之茵化妆品有限公司 植物医生（广东）生物科技有限公司 北京植物医生生物科技有限公司	无

第四章 金钗石斛产业专利分析

续表

序号	产品名称	主要功能	主要原料	备案编号	生产企业	专利情况
47	DR PLANT 积雪草舒缓特护安瓶晚安面膜	舒缓修护、有效强韧肌肤	积雪草、金钗石斛茎提取物	京G妆网备字2019009459	诺斯贝尔化妆品股份有限公司 植物医生（广东）生物科技有限公司 北京植物医生生物科技有限公司	无
48	DR PLANT 山茶花悦泽水润按摩眼霜	保湿补水、改善眼部暗沉、淡化细纹	积雪草提取物、北美金缕梅水、金钗石斛茎提取物	京G妆网备字2019010429	植物医生（广东）生物科技有限公司 北京植物医生生物科技有限公司	无
49	DR PLANT 黄瓜水水漾舒润清洁乳	补水保湿、柔润卸妆、疏通毛孔	金钗石斛茎提取物、芍药根提取物、当归根提取物	京G妆网备字2019009446	植物医生（广东）生物科技有限公司 广州美之茵化妆品有限公司 北京植物医生生物科技有限公司	无
50	美肤宝玉露保湿修护润手霜	保湿、滋润手部	金钗石斛提取物、玉竹提取物、黄芩根提取物、麦冬根提取物	粤G妆网备字2016087204	广州环亚化妆品科技有限公司	无

续表

序号	产品名称	主要功能	主要原料	备案编号	生产企业	专利情况
51	美肤宝玉露润颜保湿乳液	补水保湿、滋养	金钗石斛茎提取物、玉竹提取物、黄芩根提取物、麦冬根提取物	粤G妆网备字2016077048	广州环亚化妆品科技有限公司	无
52	美肤宝玉露润颜保湿面霜	补水保湿、滋润	金钗石斛茎提取物、玉竹提取物、黄芩根提取物、麦冬根提取物	粤G妆网备字2016077049	广州环亚化妆品科技有限公司	无
53	美肤宝玉露润颜保湿养肤水	补水保湿	金钗石斛提取物、玉竹提取物、黄芩根提取物、麦冬根提取物	粤G妆网备字2015054728	广州环亚化妆品科技有限公司	无
54	百雀羚瓷光素水粉霜	自然遮瑕、调理肤色	金钗石斛提取物、欧锦葵花提取物、白鹤灵芝提取物	沪G妆网备字2019015224	科玛化妆品（苏州）有限公司 上海百雀羚日用化学有限公司第三分公司 上海百雀羚日用化学有限公司	无

第四章 金钗石斛产业专利分析

续表

序号	产品名称	主要功能	主要原料	备案编号	生产企业	专利情况
55	百雀羚男士水能保湿黑炭抗黑头洁面膏	修护、保湿、滋养肌肤、舒缓肌肤	金钗石斛茎提取物、库拉索芦荟叶提取物、苦参根提取物	沪G妆网备字2019003656	莹特丽科技（苏州工业园区）有限公司 上海百雀羚日用化学有限公司第三分公司 上海百雀羚日用化学有限公司	无
56	百雀羚瓷光素肌气垫水粉霜	自然遮瑕、调理肤色	金钗石斛提取物、丹参根提取物、忍冬花提取物	沪G妆网备字2019015217	科丝美诗（中国）化妆品有限公司 上海百雀羚日用化学有限公司	无
57	百雀羚男士水能保湿强润高保湿乳	修护、补水、保湿、滋养	金钗石斛茎提取物、牛油果树果脂、蜂蜡	沪G妆网备字2019001071	科丝美诗（中国）化妆品有限公司 上海百雀羚日用化学有限公司第三分公司 上海百雀羚日用化学有限公司 科丝美诗（上海）化妆品有限公司	无

233

续表

序号	产品名称	主要功能	主要原料	备案编号	生产企业	专利情况
58	百雀羚男士水能保湿强润能量水	补水、强润保湿	金钗石斛茎提取物、库拉索芦荟叶提取物、苦参根提取物	沪G妆网备字2019001070	科丝美诗（中国）化妆品有限公司 上海百雀羚日用化学有限公司第三分公司 上海百雀羚日用化学有限公司 科丝美诗（上海）化妆品有限公司	无
59	百雀羚男士水能保湿强润高保湿精华乳	缓解肌肤刺激感、修护受损肌底	金钗石斛茎提取物、库拉索芦荟叶提取物、苦参根提取物	沪G妆网备字2019001072	莹特丽科技（苏州工业园区）有限公司 上海百雀羚日用化学有限公司第三分公司 上海百雀羚日用化学有限公司	无
60	蔚蓝之美金钗石斛锁水冻霜	补水保湿、舒缓修护	金钗石斛提取物、燕麦提取物、积雪草提取物	鄂G妆网备字2018000055	蔚伊思美容品（武汉）有限公司	无
61	天地慈清润祛痘平衡修护面膜	软化角质、清自由基、抑油脂化	白柳提取物、人参提取物、金钗石斛茎提取物	粤G妆网备字2020024851	广东芭薇生物科技股份有限公司 广州黄家圣幸生物科技有限公司	无

十、小结与讨论

金钗石斛化妆品、日用品领域已获批产品覆盖面霜、面膜、手霜、面膏、水粉、养护肤水等领域，产品品种较多，但申请专利保护数量极其有限，专利保护意识淡薄。贵州省作为金钗石斛种植面积最大的省份，金钗石斛化妆品、日用品研究开发能力较弱，研发意识淡薄，目前尚无获批授权的化妆品、日用品。在化妆品、日用品相关专利申请方面，申请地主要集中在广东省、贵州省、北京市、上海市等地，专利申请数量较为有限，专利授权率和转让率较低，全国在该领域研究投入严重不足，研究也不够深入，申请时间主要集中在2017—2019年，目前授权的6件化妆品、日用品专利为广东省和上海市的申请，贵州省金钗石斛专利仍未实现"0"的突破。贵州省金钗石斛研究开发缺乏龙头示范带头企业，研究开发经费和人才投入严重不足，化妆品和日用品研究开发科技创新性不足。近年来，贵州省委省政府对石斛产业给予高度重视，将其列为贵州省十二大特色产业之一，在政策和项目立项经费上给予倾斜支持，高校和科研院所应积极参与研究，贵州省金钗石斛系列化妆品和日用品研究开发将会取得新的突破。

第六节　总结与展望

金钗石斛种植领域专利申请量排名前三的省份为贵州省、四川省、河南省，贵州省的赤水市信天中药产业开发有限公司在该领域专利申请量较多。金钗石斛药品领域专利申请量排名前三的省份为贵州省、山东省、浙江省，从市场和技术影响力方面可以看出，贵州省在此领域具有显著优势，其中遵义医科大学在该领域具有绝对优势。金钗石斛保健食品领域专利申请量排名前三的省份为贵州省、安徽省、广东省，从市场和技术影响力方面可以看出，贵州省、安徽省在此领域具有显著优势。金钗石斛（其他）食品领域专利申请量排名前三的省份为贵州省、安徽省、江苏省，从市场和技术影响力方面可以看出，安徽省、贵州省在此领域具有显著优势。金钗石斛化妆品、日用品领域专利申请量排名前三的省份为广东省、贵州省、上海市，从市场和技术影响力方面可以看出，广东省在此领域具有显著优势。

总体来说，在金钗石斛各领域的专利申请、保护等方面做得较好的省份主要是贵州省、安徽省等，贵州省在金钗石斛相关专利的申请总量居全国第一，并且在各个领域的专利申请量几乎全部位居第一。

然而，金钗石斛仅为石斛中的一种，具有典型的区域性特征，主要在贵州等少数几个省份种植，其食品相关专利的申请也主要集中在少数企业，限制了金钗石斛保健食品产业的扩大发展。金钗石斛目前主要分布在贵州省赤水市等区域，与鼓槌石斛、流苏石斛等石斛同属植物构成竞争之势。金钗石斛价格高，而其他石斛多数价格较低，如何在众多石斛中脱颖而出，是金钗石斛食品发展面临的主要问题之一。此外，贵州省与安徽省为金钗石斛保健食品专利的主要输出省份，且安徽省还特有的霍山石斛，其可在系统评价霍山石斛与金钗石斛品质及药效的基础上，有针对性地开展金钗石斛系列产品的研究，对贵州省的金钗石斛保健食品的开发可能有一定的竞争。

因此，贵州省需在发挥现有特色优势的前提下，加大投入，明确金钗石斛在石斛属植物中的优势，展开有针对性的产品研发，才能更好地推进贵州省金钗石斛产业的健康发展。

第五章　贵州省石斛产业发展制约因素及对策建议

本章结合前四章的内容，梳理总结制约贵州省石斛产业发展的九个因素，并针对这些制约因素，结合贵州省实际情况，提出对策建议。

一、产业受行业政策影响较大

国家卫生健康委员会、国家市场监督管理总局已于 2019 年 11 月将铁皮石斛纳入按照传统既是食品又是中药材的物质管理试点工作，但该政策在贵州省至今未获公布实施，因此，贵州省铁皮石斛产业发展的政策空间没有得到根本性转变。对于此，提出以下建议。

（一）建议出台加快贵州省石斛产业发展的指导意见

建议政府层面出台相关加快铁皮石斛产业发展的指导意见，尽快开展铁皮石斛纳入按照传统既是食品又是中药材的物质管理试点工作[①]，把石斛作为林业新兴产业和大健康产业的重要组成部分加以扶持。科学制定石斛产业规划，明确石斛产业的战略定位、产业布局、技术体系，在财政、税收、金融、科技等方面出台扶持措施，为石斛产业健康有序发展提供政策支撑。

（二）建立"一品一策"帮扶政策

为帮助企业进一步加强管理、提升质量、创立品牌，结合企业实际情况，对企业量身定制"一品一策"服务方案，帮扶企业加强与地方政府的沟通合作，助推企业产品质量和品牌提升。

（三）建议出台特殊药品医保报销政策

建议将铁皮石斛纳入针对特殊人群增强免疫力的特殊药品，并制定对应

[①] 食品安全标准与监测评估司.关于对党参等 9 种物质开展按照传统既是食品又是中药材的物质管理试点工作的通知（国卫食品函〔2019〕311 号）[EB/OL].（2020-01-06）[2021-06-16].http://www.nhc.gov.cn/sps/s7885/202001/1ec2cca04146450d9b14acc2499d854f.shtml.

的医保报销政策。

二、知识产权意识薄弱

浙江、广西等省份对石斛产业的专利布局已走在全国前列，贵州省石斛专利申请人多为企业与个人，省内科研机构与高校专利申请少，研究成果水平有待提高。目前，贵州省铁皮石斛发明专利申请数量较少，金钗石斛种植领域专利申请数量较多，但专利权利要求范围较窄，专利排他性差，创新性、新颖性不够，授权率低，保护力度不强。与此同时，对上中下游技术创新与保护的意识不强，在铁皮石斛与金钗石斛药品、保健食品、日化品等中下游领域方面还存在以下问题：（1）贵州省专利布局相对不足，专利转让率低，"沉睡"专利较多；（2）技术创新机制尚未完全形成，未能形成铁皮石斛、金钗石斛核心专利保护群。对于此，提出以下建议。

（一）重视专利质量，优化专利结构，提升专利聚集度

贵州省石斛企业应从长远出发，合理规划专利布局，调整专利产品结构，围绕石斛及相关产品形成核心专利，应加强科研机构及高校石斛产业研究的参与度，提升研究成果创新性，完善专利保护网。政府在鼓励石斛企业进行专利"数量布局"的同时，应兼顾以专利"质量取胜"。

（二）加强海外专利布局，提升国际市场竞争力

应加强产业链上中下游的技术创新攻关与保护，同时提高专利质量，提升贵州省石斛品种地位，产学研协同，加强应用基础研究和海外专利布局。

三、药材市场混乱

石斛药材市场存在五大乱象：（1）统称"石斛"。常见的石斛基源物种有铁皮石斛、铜皮石斛、紫皮石斛、金钗石斛、马鞭石斛、霍山石斛等，但在石斛市场，商家统称为"石斛"。（2）以次充好。商家不标明石斛具体品种，为以次充好提供了空间。等级高、价格贵的铁皮石斛、金钗石斛常常被等级较次的石斛"冒充"。（3）以假乱真。医疗机构药房出售的石斛一般是马鞭石斛、鼓槌石斛等多种石斛原植物的加工品，石斛伪品也有一定市场。（4）天价价格。市场出售的铁皮石斛、霍山石斛、金钗石斛、紫皮石斛和鼓槌石斛等常

见石斛多为人工种植，极少数为野生药材。人工种植主要有仿野生种植、大棚种植两种，大多数消费者却认为野生石斛最好、近野生种植石斛次之、大棚种植石斛最差。消费者对石斛的认可度体现在价格上，使得野生石斛的价格往往是天价。（5）非采收期铁皮石斛流入市场。1~4月采收的铁皮石斛鲜条多糖含量高、口感好、功效好。《中华人民共和国药典》中也写明，铁皮石斛采收时间为头年11月至次年3月。然而，市场上一年四季均有铁皮石斛鲜条出售，非采收期内的铁皮石斛鲜条也流入市场。对于这些问题，提出以下建议。

（一）加强市场监管力度

开展石斛市场质量监督检查整治，打击无证经营、制售假冒伪劣产品等违法行为，维护石斛产业生产、经营正常秩序，护航产业的良性发展。

（二）建立健全石斛流通市场

充分发挥行业协会在推进行业自律、行业公约等方面的作用，引导企业诚信经营、公平竞争；建立完善行业运行统计分析制度、生产基地信息体系发布制度和行业预警机制；规划建设石斛交易市场，配合发展电子商务平台，打造在全国有影响力的线上、线下石斛交易中心。

四、产业快速发展资金不足

石斛产业是高投入、长周期、高回报的产业，前期需要大量资金注入，贵州省由于经济发展相对滞后，企业资金投入有限，严重制约市场的拓展。对于此，提出以下建议：畅通融资渠道，各级财政采取以奖代股、绩效奖补、融资担保的多种形式撬动社会资本的投入，确立企业投入的主体义务，充分利用各种市场化的融资手段，广泛吸纳社会资金，出台专门的政策，加大招商引资力度，加快发展。

五、种质资源研究滞后导致道地性专用品种匮乏

我国铁皮石斛已有新品种44个，贵州省至今尚无新品种相关记载，且未能完全把本地野生资源开发并加以选育利用。如何开展品种的提纯复壮、选育适应贵州省不同区域近野生种植的优良品种、培育道地性专用品种、培

育优质种质资源迫在眉睫。

与此同时，种质资源混杂。石斛盲目引种、杂交，导致其种源混杂，而不同品种其种植方式、采收期药用价值、化学成分和功效方面存在较大差异。据统计，贵州省石斛种植的苗木主要来源于浙江、福建、广东、云南等省份，省内只有贵阳、赤水、从江、黎平、安龙、兴义及义龙新区等县（市、区）有个别企业从事石斛育苗工作，且大多数尚处于起步探索阶段。

此外，缺乏优良品种认证标准，种植技术标准尚不完善。贵州省内尚未建立优良品种认证标准和检测认证机构。目前，铁皮石斛种植技术仅参考《铁皮石斛栽培技术规程》（LY/T 2547—2015）和《铁皮石斛仿野生栽培技术规程》（DB53/T 853—2017），金钗石斛尚未制定栽培技术标准规程。

鉴于以上问题，提出以下建议。

（一）立足本省资源，建立石斛种质基因库

把贵州省本土石斛基因作为战略资源，健全石斛种质收集、保护、保存等可持续发展措施，尽快建成贵州省石斛种质基因库。

（二）利用本省资源，选育既符合市场趋势，又突出本省特色的新品种

充分利用本地资源进行新品种选育，加大新品种选育力度，创制新种质，选育本地自身有利品种。从品种选育技术方面来看，主要选育指标为亩产、有效成分含量等，但是在目前铁皮石斛药食同源的背景下，铁皮石斛新品种选育应该更加注重食用方面，以铁皮石斛口感、食用安全性为主要指标进行新品种选育，填补铁皮石斛食品新品种选育的空缺。突出贵州省石斛的道地性、特色和优势。

（三）加大种植适生地研究力度，把好种源关

正本清源，加快系统研究铁皮石斛种质资源的分布状况，推进优质铁皮石斛的选育工作，大力推动绿色种植；管好种源，有助于实现贵州省铁皮石斛的"道地性"，把好种质种苗关，保障种源稳定性，有序组织生产，采取有效措施，加大适合贵州省种植的优良种苗推广应用力度，特别是认真评估近野生种植的适生地。

（四）完善有关制度，推进产业良性发展

建议由省农业林业主管部门、石斛专班会同科研院所、药企成立优良品种检测认证机构，制定监测内容清单，开展对石斛品种质量的检测以及认证工作，加快石斛产业的良性发展。

六、基础研究薄弱

铁皮石斛产业的快速发展，使企业注重经济效益而忽略基础研究，有关铁皮石斛、金钗石斛作用物质基础及作用机制研究及不同采收期化学成分及药效影响相关研究几乎是空白的，基础研究有待深入；与此同时，铁皮石斛药典仅以多糖、甘露糖作为质量控制指标，不能全面反映铁皮石斛质量，其近似种齿瓣石斛、兜唇石斛等多糖含量高于铁皮石斛[1]。

鉴于此，提出以下建议。

（一）加大基础研究力度

加大铁皮石斛优良种源选育、药效物质基础、作用机理、质量控制、古籍配方、产品种类等诸多领域基础研究的投入。

（二）加大已有产品二次开发研究力度

进一步加大贵州省已有药品、保健食品等产品的二次开发研究（如化学成分与药效的相关性），优化关键工艺参数，提高质量控制水平，给消费者以有力的证据支撑，证明产品的安全、有效、可控、均一。

（三）加大系列产品开发力度

加大铁皮石斛、金钗石斛系列药品、保健食品、食品、化妆品、日用品等新产品的上市开发力度，注重产品创新，人无我有，人有我优，人优我特，扩大消费群体。

---

[1] 赵俊凌，王云强，李学兰，等.几种人工栽培"枫斗类"石斛的多糖含量分析[J].中华中医药杂志，2011，26（9）：2001-2005.

七、产品开发力度严重不足

目前，国内石斛准字号药品有 10 个，但铁皮石斛准字号药品仅有 2 个，由 187 个制药企业生产。由于金钗石斛的价格是其他石斛的数倍，制药企业用作中成药生产的原料受限，仅作为饮片形式销售，极大限制了其使用量及价值。同时，贵州省尚无以铁皮石斛为原料的医院制剂，以石斛为主要原料的医院制剂仅 1 个。2018 年 6 月，铁皮石斛花、铁皮石斛叶纳入地方特色食品管理；2020 年 7 月，铁皮石斛叶食品安全地方标准正式发布，但铁皮石斛花食品地方安全标准仍未颁布。2019 年 11 月，铁皮石斛被纳入《党参等 9 种试点按照传统既是食品又是中药材的物质名单》，但试点相关许可未公布。金钗石斛花、金钗石斛叶为食品原料的产品未合法化，严重制约其扩大销售。目前，贵州省的非合法化的铁皮石斛、金钗石斛食品，多为简单食品形式（面条、茶等），低水平重复，创新性差；加之金钗石斛中石斛碱类成分含量较高、功效较强，其获得国家允许做食品原料使用的道路会非常漫长。贵州省已获批的铁皮石斛保健食品仅有 2 个，尚无金钗石斛保健食品。获备案的铁皮石斛相关化妆品仅有 3 个，尚无获备案的金钗石斛相关化妆品。总体来看，铁皮石斛、金钗石斛的大规模种植造成了前端原料的过剩，原料销路出现问题，产品开发力度严重不足，导致产业"头重脚轻"、畸形发展。基于此，建议采取以下措施。

（一）以试点品种为契机，加快推进产品合法化进度

把握好已公布的试点品种机遇，组织专门的工作组，加快原料合法化的进程，力争早日实现铁皮石斛茎叶花、金钗石斛茎用作食品原料及产品的合法化。

（二）加快医用制剂的开发

投入专项资金及组织专家学者有效指导，根据铁皮石斛、金钗石斛的治疗功效，适应疾病谱变化的需要合理组方，加快具有一定科技含量和知识产权的铁皮石斛、金钗石斛医院制剂的开发。

（三）加大资金投入力度，重点开发保健食品及特医食品

投入专项资金，根据铁皮石斛、金钗石斛的保健功效及市场需求，重点

开发具有辅助降血糖功能、对辐射危害有辅助保护功能、提高缺氧耐受力功能、抗氧化功能、对化学性肝损伤有辅助保护功能、辅助改善视力功能、清咽利嗓功能等市场急需，且有差异化的铁皮石斛、金钗石斛保健食品及特医食品。

八、金钗石斛原药材用于医药工业原料举步维艰

金钗石斛在《中华人民共和国药典》中称为石斛，金钗石斛价格是其他石斛的3~4倍，故造成中成药的工业化生产原料应用基本为零。针对此现状，建议设立专项研究资金，填补金钗石斛与其他石斛的化学成分、药效作用等对比研究的空白，找出贵州省金钗石斛有别于同为《中华人民共和国药典》收载的其他石斛的优势和特点，为实现优质有价提供药效支撑。组织省内外专家学者及政府职能部门，共同探讨能否仿效铁皮石斛的做法，在《中华人民共和国药典》中单列，只有及时出台相关配套制度，加大政策支持，才有可能实现其在中成药、医院制剂、保健食品等领域中的广泛应用。

九、品牌知名度低

贵州省铁皮石斛、金钗石斛产业中规模较大的龙头企业尚无，目前省内企业规模较小，市场推广能力有限，难于形成大品牌、大市场；与此同时，金钗石斛业内公认其药用价值高，但社会知名度低。基于此，建议采取以下措施。

（一）加大政策、资金的扶持力度

探索如何资本注入，组织营销策划，对现有较好基础的企业及品种，加大政策、资金的扶持力度，培育大企业、大品牌、大市场。例如，针对贵州省仅有的2个石斛产业链的保健食品［威门牌铁皮石斛西洋参牛磺酸口服液（增强免疫力、缓解体力疲劳）、威门牌铁皮石斛蝙蝠蛾拟青霉颗粒（增强免疫力）］、目前具有唯一合法身份的食品（铁皮石斛叶植物饮料）、贵州中医药大学第二附属医院以石斛为主药的医疗机构制剂（"养阴解毒合剂"），给予重点扶持，推广使用，促成其成为大产品，形成大市场。

（二）强化合作

强化与药企、科研院所的合作，建立产销一体化企业联盟或订单式营销产业链，降低产业风险系数，营造健康稳定的产业发展模式，鼓励企业形成"抱团"发展态势。

（三）加大宣传力度

各级职能部门，特别是新闻媒体应加大铁皮石斛、金钗石斛的宣传力度，提高消费者认知度。

（四）构建可查、可验、可追溯的产品信息体系，提升石斛品牌信誉

加强品牌的设计规划，构建可查、可验、可追溯的产品信息体系，鼓励龙头企业通过技术创新和工艺改进塑造品牌的核心价值，有效利用互联网新媒体，创新策划宣传方式，加大贵州省石斛品牌的宣传力度，加快石斛文化传播。

参 考 文 献

［1］王枫，石红青. 我国铁皮石斛产业发展研究[J]. 中国林业经济，2019（3）：88-90，135.

［2］诸燕. 铁皮石斛种质资源收集与评价[D]. 杭州：浙江农林大学，2010.

［3］倪勤武，来平凡. 浙江富阳发现野生铁皮石斛新分布[J]. 林业科学研究，2000（2）：222.

［4］周丽，王苑. 黔西南州石斛资源调查保护与开发利用[J]. 黔西南民族师范高等专科学校学报，2006（2）：85-87.

［5］雷衍国，缪剑华，赖家业，等. 桂西北三地野生石斛属资源调查研究[J]. 安徽农业科学，2008（23）：9963-9964.

［6］戴燕萍. 铁皮石斛生产质量管理规范研究[D]. 杭州：浙江农林大学，2012.

［7］倪勤武，来平凡，陈益平. 富阳市野生铁皮石斛资源调查与驯化栽培研究[J]. 中医正骨，2005（2）：21-22.

［8］张绍云，马伟光，尚建华，等. 思茅地区石斛属植物资源的调查[J]. 云南中医学院学报，2005（1）：24-27.

［9］胡永亮，白燕冰，赵云翔，等. 德宏地区药用石斛资源调查与保护利用[J]. 热带农业科技，2009，32（1）：33-35，45.

［10］毛伟强，张晓燕，曲渭仙，等. 天斛1号铁皮石斛[J]. 上海蔬菜，2009（1）：18-19.

［11］徐程. 铁皮石斛种质资源与组培工厂化生产研究[D]. 杭州：浙江大学，2005：7.

［12］斯金平，诸燕，朱玉球. 铁皮石斛人工栽培技术研究与应用进展[J]. 浙江林业科技，2009，29（6）：66-70.

［13］白音. 药用石斛鉴定方法的系统研究[D]. 北京：北京中医药大学，2007.

［14］张志勇.铁皮石斛人工杂交育种快繁技术[J].福建农业科技，2011（6）：88-90.

［15］刘亚娟.铁皮石斛多糖对小鼠胚胎干细胞生长的影响及抗癌免疫活性研究[D].杭州：浙江工业大学，2014.

［16］朱启发，黄娇丽.铁皮石斛产品开发研究进展[J].现代农业科技，2015（9）：70-71，73.

［17］颜美秋，陈素红，周桂芬，等.不同种植年限铁皮石斛多糖、甘露糖含量的测定及其它化学成分比较研究[J].中华中医药学刊，2015，33（4）：878-881.

［18］陈晓梅，王春兰，杨峻山，等.铁皮石斛化学成分及其分析的研究进展[J].中国药学杂志，2013，48（19）：1634-1640.

［19］龚庆芳，何金祥，黄宁珍，等.铁皮石斛花化学成分及抗氧化活性研究[J].食品科技，2014，39（12）：106-110.

［20］孙恒，胡强，金航，等.铁皮石斛化学成分及药理活性研究进展[J].中国实验方剂学杂志，2017，23（11）：225-234.

［21］石梅兰.铁皮石斛对高糖环境下HUVECs氧化应激损伤的保护作用[D].衡阳：南华大学，2012：1-48.

［22］唐军荣，刘云，董燕平.组培铁皮石斛多糖对自由基清除作用的研究[J].食品研究与开发，2015，36（23）：14-17.

［23］董昕，廖慧颖，陆素青，等.铁皮石斛多糖对MPP^+诱导的PC12细胞损伤的抑制作用[J].中南医学科学杂志，2015，43（4）：379-382.

［24］梁楚燕，梁颖敏，赵雪洁，等.铁皮石斛改善记忆能力及延缓衰老的初步研究[J].暨南大学学报（自然科学与医学版），2016，37（2）：99-104.

［25］李伟，张静，周雯，等.铁皮石斛对免疫抑制小鼠的免疫调节作用和血清细胞因子的影响[J].卫生研究，2016，45（1）：137-139.

［26］凌敏，吕中明，俞萍，等.铁皮石斛纯浓缩粉对小鼠免疫调节功能的影响[C]//中国毒理学会.中国毒理学会第七次全国毒理学大会暨第八届湖北科技论坛论文集，2015：1.

［27］刘易.铁皮石斛多糖对肾阴虚大鼠抗氧化活性和免疫调节影响的研究[D].广州：广州中医药大学，2015：1-45.

［28］郑秋平，邱道寿，刘晓津，等.铁皮石斛抗肿瘤活性成分的探究[J].现代食品科技，2014（5）：12–17.

［29］张红玉，戴关海，马翠，等.铁皮石斛多糖S_{180}肉瘤小鼠免疫功能的影响[J].浙江中医杂志，2009，44（5）：380–381.

［30］吕圭源，陈素红，张丽丹，等.铁皮石斛对小鼠慢性酒精性肝损伤模型血清2种转氨酶及胆固醇的影响[J].中国实验方剂学杂志，2010，16（6）：192–193.

［31］梁楚燕，李焕彬，候少贞，等.铁皮石斛护肝及抗胃溃疡作用研究[J].世界科学技术－中医药现代化，2013，15（2）：233–237.

［32］王爽，弓建红，张寒娟，等.石斛多糖抗氧化活性研究[J].中国实用医药，2009（30）：15–16.

［33］鹿伟，陈玉满，徐彩菊，等.铁皮石斛抗疲劳作用研究[J].中国卫生检验杂志，2010，20（10）：2488–2490.

［34］辛甜，储智勇，栾洁，等.铁皮石斛胚状体对大鼠抗疲劳能力的影响[J].药学实践杂志，2011，29（1）：21–23.

［35］严文津.金钗石斛的种质保存、遗传多样性及叶绿体基因组研究[D].南京：南京师范大学，2015.